分析化学实验

（第二版）

主　编　王冬梅

副主编　邱凤仙　谭正德　齐　誉　罗杨合
　　　　刘晓庚　李　晶　景伟文　谢贞建

参　编　范伟强　任丽彤　周俐军　纪　蓓
　　　　唐尧基　马　宁　刘　红　宫　红
　　　　宫晓洁　李秀萍　魏文阁　刘丽华

华中科技大学出版社

中国·武汉

图书在版编目(CIP)数据

分析化学实验/王冬梅主编. —2 版. —武汉：华中科技大学出版社，2017. 9 (2022. 12重印)
全国普通高等院校工科化学规划精品教材
ISBN 978-7-5680-3372-5

Ⅰ. ①分…　Ⅱ. ①王…　Ⅲ. ①分析化学-化学实验-高等学校-教材　Ⅳ. ①O652. 1

中国版本图书馆 CIP 数据核字(2017)第 226869 号

分析化学实验(第二版)
Fenxi Huaxue Shiyan

王冬梅　主编

策划编辑：王新华
责任编辑：王新华
封面设计：秦　茹
责任校对：曾　婷
责任监印：周治超
出版发行：华中科技大学出版社(中国・武汉)　电话：(027)81321913
武汉市东湖新技术开发区华工科技园　邮编：430223
录　　排：华中科技大学惠友文印中心
印　　刷：武汉洪林印务有限公司
开　　本：710mm×1000mm　1/16
印　　张：13.5
字　　数：283 千字
版　　次：2022 年12月第 2 版第 3 次印刷
定　　价：28.00 元

内容提要

本书介绍了分析化学的基础知识、基本操作。全书共分五篇:基础知识篇、基本技能篇、实验提高篇、综合设计篇和英文篇。其中有21个基础分析化学实验、14个综合性设计实验、3个英文文献实验,这些实验可供不同专业的学生选做。

本书的特点是在重视基本操作标准规范的基础上,强调实验的多样性和新颖性,将加强基础训练、注重能力培养、提高综合素质作为指导思想,通过文献检索、综合性设计实验、英文文献实验来扩展学生的知识面,培养学生分析问题和解决问题的能力。

本书可供化工、轻工、食品、生物工程、冶金、石油、环境工程、化学等专业的学生作为分析化学实验课的基础训练教材,也可供相关企事业单位的专业技术人员参考。

第二版前言

随着21世纪的到来，人类进入了知识经济时代。在这崭新的时代里，新思想、新观念对高等教育的课程体系设置、人才培养模式、人才训练方式等方面都提出了新的挑战。21世纪对人才的要求是知识、能力、素质三方面全面发展。我们在编写《分析化学实验》一书时，也正是努力按着这一人才培养目标，注重对大学生综合素质的全面培养。

《分析化学实验》一书是我们在全国普通高等院校工科化学规划精品教材建设研讨会上，经十所普通高等院校的教师交流教学经验，总结各学校在分析化学实验教学方面的实际情况，详细讨论编写大纲，然后编写完成的。在这一实验教材的编写过程中，我们坚持将加强基础训练、注重能力培养、提高综合素质作为指导思想，从而满足全面发展的人才培养目标对分析化学实验教材的要求。

化学是一门实验性很强的学科。分析化学实验是分析化学课程的重要组成部分，将分析化学实验设置为独立的课程，其目的是对学生进行分析化学实验技能的严格训练，并与分析化学课堂教学密切配合，帮助学生加深对分析化学基本理论知识的理解，培养学生运用分析化学理论知识解决与化学相关的实际问题的能力。

知识是能力和素质的载体，如果没有丰富的知识，就无法有较强的能力和较高的素质。能力是在掌握了一定的知识的基础上经过训练和实践锻炼而形成的。在组织教材内容时，我们将分析化学实验基础知识和基本技能作为很重要的部分来编写。本书对上述基本知识进行系统的介绍，使学生对分析化学实验中诸如实验室用水的规格、制备与检验，玻璃器皿的洗涤，化学试剂的规格，标准溶液及其配制方法，以及实验室安全等基本知识有系统的了解；同时也介绍了相关的分析化学基本操作，从而对学生的基本实验操作进行规范。实验提高篇所列定量分析基础实验，是在进一步强化基本实验技能训练的同时，通过完成实际样品的分析，使学生对分析化学基本理论的理解得到进一步加深，使学生对“量”的概念的认识不断加强，培养学生实事求是的科学作风、严谨务实的科学态度与良好的实验习惯。为了提高学生的创新意识，我们在综合性设计实验的内容的选取和安排上，不仅注意实验的典型性、系统性，还注意与化学相关学科如无机分析、有机分析、环境分析、药物分析等多方面相结合，强调知识的实用性、先进性、综合性和趣味性。这样的训练，将使学生在扎实的理论知识基础上拥有较强的动手能力。

化学实验对学生能力的培养，不仅仅局限于对学生实验技能和运用知识解决化学问题的能力的培养，更重要的是培养学生运用信息不断获取知识和创新知识的能力。本书选编了较多的综合性设计实验。这些实验是参编院校在多年的基础实验教学改革的基础上提炼出来的。这些实验不是简单地提出任务,而是通过“实验原理”和“讨论与思考”,启发学生的思路,帮助学生在理解实验原理的基础上,结合所学的分析化学基础知识和所掌握的分析化学实验技能,自拟出合理的实验方案。同时,信息时代的到来,也对学生获取计算机网络中的知识和其他国家的先进实验技术提出了要求,所以我们在本书的编写中也加入了相关的文献实验,借此给学生打开一扇了解国外分析化学教学研究与发展的“窗口”,通过这一“窗口”使学生开阔视野、拓宽知识,让学生面向时代、接触新的知识,有利于学生站在一个较高的起点上发展,也有利于其创新能力的培养。

知识、能力、素质三方面是综合发展型人才的质量评价标准,其核心是素质。素质是把从外在获得的知识、技能内化于人的身心,升华成稳定的品质和素养。这里强调了素质对知识的获取与积累、能力的培养与提高的依附性。我们期望通过扎实的基础训练,促进知识的积累,通过综合性设计实验的训练,提高学生分析问题和解决问题的能力,并以此促进人才素质的提高。

本书由山东科技大学、江苏大学、湖南工程学院、石河子大学、贺州学院、南京财经大学、辽宁科技大学、新疆农业大学、成都大学和辽宁石油化工大学等十所普通高校的教师共同编写。在第一版的基础上,结合各学校实验教学改革的情况,我们对全书内容进行了重新编排。全书分为基础知识篇、基本技能篇、实验提高篇、综合设计篇和英文篇五部分。本书由王冬梅主编,参加本书编写的有:山东科技大学王冬梅、周俐军、纪蓓、唐尧基、魏文阁、刘丽华,江苏大学邱凤仙、范伟强,湖南工程学院谭正德,石河子大学齐誉、任丽彤、刘红,贺州学院罗杨合,南京财经大学刘晓庚、马宁,辽宁科技大学李晶,新疆农业大学景伟文,成都大学谢贞建,辽宁石油化工大学宫红、宫晓洁、李秀萍。

在书稿的修改过程中,我们得到了吉林大学分析化学基础实验室主任王英华教授的大力支持。王英华教授对本书给予了详尽的指导,提出了宝贵意见。同时本书的出版得到了华中科技大学出版社的大力支持。在此我们表示衷心感谢。

由于编者水平有限,书中难免有不足之处,恳请读者批评指正。

编　者

目　录

一　基础知识篇

二　基本技能篇

三　实验提高篇

四　综合设计篇

五　英文篇

附录

一　基础知识篇

第一章　分析化学实验的基本要求

分析化学实验是与分析化学理论紧密结合的一门独立的实验课程。学生通过本课程的学习，可以加深对分析化学基础理论和基本知识的理解，掌握正确的分析技能和规范化的基本操作，充分运用所学的理论知识指导实验；培养手脑并用的能力和统筹安排的能力，在动手和动脑的过程中提高自己分析、观察和解决问题的能力，培养严谨细致的工作作风和实事求是的科学态度，树立严格的"量"的概念；通过综合性设计实验，培养综合能力，如信息、资料的收集与整理，数据的记录与分析，问题的提出与证明，观点的表达与讨论等，树立敢于质疑、勇于探究的意识，学习通过多种渠道获取相关化学知识，创造性地解决现实生活中的实际问题，并为后续课程和未来从事科学研究及实际工作打下良好的基础，从而在知识、能力和素质方面得到全面的训练和培养，将来尽快适应社会的需要。

为了使学生在知识、能力和素质三方面都得到提高，要求学生在分析化学实验课中必须做到以下几点：

(1) 实验前认真预习：结合分析化学理论知识，领会实验原理，了解实验步骤和注意事项，探寻影响实验结果的关键环节，做到心中有数。实验前一定要做好预习笔记，画好必要的表格，充分利用本书附录，查好有关数据，以便在实验中快速、准确地记录实验数据、观察现象和进行数据处理。课前必须认真预习，未预习者不得进行实验。

(2) 在进入实验室时，认真阅读实验室的各项规章制度。了解消防设施和安全通道的位置。树立环境保护意识，尽量降低化学物质（特别是有毒、有害物品）的消耗量。

(3) 做实验时，必须遵守实验室各项规章制度，注意保持室内安静，要严格按照规范进行操作，仔细观察实验现象，并及时做好记录。要善于思考，学会运用所学的理论知识解释实验现象，研究实验中的问题。实验过程中要保持水池、实验台面和实验室地面的整洁。

(4) 所有的实验数据,尤其是各种测量的原始数据,必须随时记录在专用的、预先编好页码的实验记录本上。不得记录在其他任何地方,不得无故涂改原始实验数据。要认真写好实验报告。实验报告一般包括实验名称、日期、实验目的、实验原理、仪器与试剂、实验方法、实验结果(一定要列出计算公式)和问题与讨论。上述各项内容的繁简,应根据每个实验的具体情况而定,以清楚、简明、整齐为原则。实验报告中的有些内容,如原理、表格、计算公式等,要求在预习实验时准备好,其他内容则可在实验过程中以及实验完成后记录、计算和撰写。

(5) 实验结束,要马上清洗自己使用过的玻璃仪器,清理实验台面,并把自己使用过的仪器、药品整理归位,及时打扫实验室卫生,关好煤气、水、电的开关和门窗。要注意爱护仪器和公共设施,养成良好的实验习惯。

学生实验成绩评定,应包括以下几项内容:预习情况及实验态度,实验操作技能,实验报告的撰写是否认真和符合要求,实验结果的精密度、准确度和有效数字的表达等。特别需要强调的是实事求是的态度、严谨创新的精神与动手能力的培养,严禁弄虚作假,伪造数据。

要做好分析化学实验,不仅要有较强的动手能力,还要有较高的获取信息的能力,在实验中应注意运用理论课中学到的知识、积累操作经验、总结失败教训。实验当中不仅要动手,更要动脑,要把自己观察到的现象及时记录下来,为发现新物质、合成新材料做准备。只有做个有心人,才能为今后的学习和工作打下坚实的基础。

附:实验报告的格式示例

分析化学实验报告

实验名称:铅铋混合液中 Pb^{2+}、Bi^{3+} 的连续测定　　成绩:________
专业班级:________　姓名:________　学号:________　E-mail:____________
实验日期:____年____月____日　　实验报告日期:____年____月____日
同组者:________________　　气温:______℃　　大气压:______kPa

一、实验目的

(1) 了解用控制酸度的方法进行铋、铅的连续滴定的原理。

(2) 掌握合金试样的酸溶解技术。

(3) 学会铋、铅的连续滴定分析方法。

二、实验原理

Bi^{3+}、Pb^{2+} 虽然均能与 EDTA 形成稳定的配合物,但其 $\lg K$ 值分别为 27.94 和 18.04,两者的稳定常数相差近 10 个数量级。因此,可以利用控制溶液酸度的方法来进行连续滴定。通常在 pH 值为 1 时滴定Bi^{3+},在 pH 值为 5～6 时滴定Pb^{2+}。

以二甲酚橙(XO)为指示剂的水溶液在 pH$>$6.3 时呈红色,pH$<$6.3 时呈黄色;pH 值在 1 附近时和 pH 值为 5～6 时,二甲酚橙分别与Bi^{3+}、Pb^{2+}形成紫红色配合物。用 EDTA 滴定Bi^{3+}和Pb^{2+}至终点时,溶液由紫红色突变为亮黄色。

注意:如果实验涉及相关的反应方程式,在这里一定要写清楚。

三、仪器与试剂

1. 仪器

锥形瓶、移液管、滴定管。

2. 试剂

EDTA 标准溶液(0.020 mol · L^{-1})、HNO_3溶液(0.10 mol · L^{-1})、六亚甲基四胺溶液(200 g · L^{-1})、Bi^{3+}和Pb^{2+}混合液(含Bi^{3+}、Pb^{2+}各约为 0.010 mol · L^{-1},含 HNO_3 0.15 mol · L^{-1})、二甲酚橙水溶液(2 g · L^{-1})。

四、实验步骤

用移液管移取 25.00 mL Bi^{3+} 和Pb^{2+}混合液于 250 mL 锥形瓶中,加入 12 mL 0.10 mol · L^{-1} HNO_3溶液、2 滴二甲酚橙指示剂,用 EDTA 标准溶液滴定至溶液由紫红色变为亮黄色,即为终点,记下所消耗 EDTA 标准溶液的体积 V_1;然后加入 15 mL 200 g · L^{-1}六亚甲基四胺溶液,溶液变为紫红色,用 EDTA 标准溶液滴定至溶液由紫红色变为亮黄色,即为终点,记下所消耗 EDTA 标准溶液的体积 V_2。平行测定

3 次。

根据滴定时所消耗的 EDTA 标准溶液的体积和 EDTA 标准溶液的浓度，计算混合液中Bi^{3+}和Pb^{2+}的含量。(也可画成流程图)

五、实验数据与结果分析

	Ⅰ	Ⅱ	Ⅲ
$V_1(EDTA)/mL$			
$\rho(Bi^{3+})/(g \cdot L^{-1})$			
$\bar{\rho}(Bi^{3+})/(g \cdot L^{-1})$			
相对平均偏差 $\bar{d}_{r1}/(\%)$			
$V_2(EDTA)/mL$			
$\rho(Pb^{2+})/(g \cdot L^{-1})$			
$\bar{\rho}(Pb^{2+})/(g \cdot L^{-1})$			
相对平均偏差 $\bar{d}_{r2}/(\%)$			

$$\rho(Bi^{3+}) = \frac{c(EDTA) \times V_1(EDTA) \times M(Bi^{3+})}{25.00} \tag{1}$$

$$\rho(Pb^{2+}) = \frac{c(EDTA) \times V_2(EDTA) \times M(Pb^{2+})}{25.00} \tag{2}$$

求出 $\bar{\rho}(Bi^{3+})$与 $\bar{\rho}(Pb^{2+})$。

六、讨论与思考

讨论实验指导书中提出的思考题，写出心得与体会。(略)

第二章　化学实验基本常识

第一节　实验室用水的要求、制备与检验

分析实验室中所用的水必须是纯化的水，根据实验要求的不同，对使用的水质的要求也有所不同。在国家标准（GB/T 6682—2008）中，明确规定了中国分析实验室用水的级别、主要技术指标、制备方法及检验方法。该标准采用了国际标准（ISO 3696—1987）。

一、实验室用水的规格

一级水用于有严格要求的分析实验，包括对颗粒有要求的实验，如高压液相色谱分析用水。一级水可用二级水经过石英设备蒸馏或离子交换混合床处理后，再经过0.2 μm 微孔滤膜过滤来制取。

二级水用于无机痕量分析等实验，如原子吸收光谱分析用水。二级水可用多次蒸馏或离子交换等方法制取。

三级水用于一般化学分析实验。三级水可用蒸馏或离子交换等方法制取。

由于在一级水、二级水的纯度下，难以测定其真实的 pH 值，因此，对其 pH 值范围不作规定。另外，由于在一级水的纯度下，难以测定其可氧化物质和蒸发残渣，因此，对其限量不作规定。

二、实验室纯水的制备方法

实验室制备纯水一般用蒸馏法、离子交换法和电渗析法。蒸馏法的优点是设备成本低、操作简单，缺点是只能除掉水中非挥发性杂质，且能耗高。离子交换法制得的水称为“去离子水”。此法去离子效果好，但不能除掉水中非离子型杂质，常含有微量的有机物。电渗析法是在直流电场作用下，利用阴、阳离子交换膜对原水中存在的阴、阳离子的选择性渗透而除去离子型杂质。电渗析法也不能除掉非离子型杂质。在实验中，要依据需要选择实验用水，不应盲目地追求水的高纯度。

三、实验室用水的检验方法

纯水的水质一般以其电导率为主要质量检验指标，也可通过检验 pH 值、重金属离子、Cl^-、SO_4^{2-} 等指标来衡量纯水的质量；此外，根据实际工作需要及生物化学、医药化学等方面的特殊要求，有时还要进行一些特殊项目的检验。实验室用水的级别

及主要技术指标见表 1-1。

表 1-1 实验室用水的级别及主要技术指标[①]

指标名称	一级	二级	三级
pH 值范围(25 ℃)			5.0～7.5
电导率(25 ℃)/($mS \cdot m^{-1}$)	≤0.01	≤0.10	≤0.50
可氧化物质(以氧计)/($mg \cdot L^{-1}$)		<0.08	<0.4
蒸发残渣(105 ℃±2 ℃)/($mg \cdot L^{-1}$)		≤1.0	≤2.0
吸光度(254 nm,1 cm 光程)	≤0.001	≤0.01	
可溶性硅(以 SiO_2 计)/($mg \cdot mL^{-1}$)	<0.01	<0.02	

第二节 化学试剂的一般知识

一、试剂的规格

试剂的规格是以其中所含杂质的含量来划分的,一般可分为四个等级,其规格和适用范围见表 1-2。此外,还有光谱纯试剂、基准试剂、色谱纯试剂等。

表 1-2 试剂规格和适用范围

级别	中文名称	英文名称	符号	适用范围	标签标志
一级品	优级纯(保证试剂)	Guarantee Reagent	G. R.	纯度很高,用于精密分析和科学研究工作	绿色
二级品	分析纯	Analytical Reagent	A. R.	纯度仅次于一级品,用于大多数分析工作和科学研究工作	红色
三级品	化学纯	Chemical Pure	C. P.	纯度较二级品低,适用于定性分析和有机、无机化学实验	蓝色
四级品	实验试剂	Laboratorial Reagent	L. R.	纯度较低,适用于一般的实验和要求不高的科学实验	棕色
	生物试剂	Biological Reagent	B. R. 或 C. R.	生物化学与医学化学实验	黄色或其他颜色

① 来自 GB/T 6682—2008。

光谱纯试剂（符号 S. P.）的杂质含量用光谱分析法已测不出或者其杂质的含量低于某一限度，这种试剂主要作为光谱分析中的标准物质。

基准试剂的纯度相当于或高于保证试剂。基准试剂作为滴定分析中的基准物质是非常方便的，也可用于直接配制标准溶液。

色谱纯试剂是指进行色谱分析时使用的标准试剂，在色谱条件下只出现指定化合物的峰，不出现杂质峰。色谱用试剂是指用于气相色谱、液相色谱、气液色谱、薄层色谱、柱色谱等分析方法中的试剂，包括固定液、担体、溶剂等。

在分析工作中，选用的试剂的纯度要与所用方法相当，实验用水、操作器皿等要与试剂的等级相适应。若试剂都选用 G. R. 级的，则不宜使用普通的蒸馏水或去离子水，而应使用经两次蒸馏制得的重蒸水；所用器皿的质地也要求较高，使用过程中不应有物质溶解，以免影响测定的准确度。

选用试剂时，要注意经济原则，不要盲目追求高纯度，应根据具体要求选用。优级纯和分析纯试剂，虽然是市售试剂中的纯品，但有时也会因包装或取用不慎而混入杂质，或在运输过程中发生变化，或储藏日久而变质，所以还应具体情况具体分析。对所用试剂的规格有所怀疑时，应该进行鉴定。在特殊情况下，市售的试剂纯度不能满足要求时，应自己动手精制。

二、取用试剂时的注意事项

（1）取用试剂时应注意防止试剂被污染。瓶塞不许任意放置，取用后应立即盖好，以防试剂被其他物质沾污或变质。

（2）固体试剂应用洁净、干燥的小勺取用。取用强碱性试剂后的小勺应立即洗净，以免被腐蚀。

（3）用吸管吸取液体试剂时，绝不能使用未经洗净干燥的吸管或将同一吸管插入不同的试剂瓶中吸取试剂。

（4）所有盛装试剂的瓶上都应贴有明显的标签，标明试剂的名称、规格及配制日期。千万不能在试剂瓶中装入不是标签上所写的试剂。没有标签标明名称和规格的试剂，在未查明前不能随便使用。书写标签最好用绘图墨汁，并用蜡封，以免日久褪色。

（5）在分析工作中，试剂的浓度及用量应按要求使用，过浓或过多，不仅造成浪费，而且还可能产生副反应，甚至得不到正确的结果。

三、试剂的保管

试剂的保管也是实验室中一项十分重要的工作。有的试剂因保管不善而变质失效，影响实验效果，造成浪费，甚至还会引起事故。一般的化学试剂应保存在通风良好、干净、干燥的房子内，以防止水分、灰尘和其他物质污染。同时，根据试剂性质的不同应有不同的保管方法。

（1）容易侵蚀玻璃而影响试剂纯度的试剂，如氢氟酸、氟化物（氟化钾、氟化钠、氟化铵)、苛性碱(KOH、NaOH)等,应保存在塑料瓶或涂有石蜡的玻璃瓶中。

(2) 见光会逐渐分解的试剂如 H_2O_2(双氧水)、$AgNO_3$、$KMnO_4$、草酸等,与空气接触容易逐渐被氧化的试剂如氯化亚锡、硫酸亚铁、亚硫酸钠等,以及易挥发的试剂如溴、氨水等,应存放在棕色瓶内,并置于冷暗处。

(3) 吸水性强的试剂如无水碳酸盐、氢氧化钠等,应严格密封(蜡封)。

(4) 容易相互发生反应的试剂,如挥发性的酸与氨、氧化剂与还原剂,应分开存放。易燃的试剂如乙醇、乙醚、苯、丙酮和易爆炸的试剂如高氯酸、过氧化氢、硝基化合物,应分开储存在阴凉通风、不受阳光直接照射的地方。

(5) 剧毒试剂如氰化钾、氰化钠、氯化汞、三氧化二砷(砒霜)等,应特别妥善保管,经一定手续方可取用,使用后,必须有必要的污水处理记录,以免发生事故。

第三节 化学实验安全常识

化学实验室是我们学习、研究化学的重要场所。在实验室中我们经常会接触到各种化学试剂和各种仪器,它们常常潜藏着发生着火、爆炸、中毒、烧伤、割伤、触电等事故的危险性。所以实验者必须掌握化学实验室的安全防护知识。

一、化学试剂的正确使用和安全防护

(一) 防毒

大多数化学试剂都有不同程度的毒性。有毒化学试剂可通过呼吸道、消化道和皮肤进入人体而造成中毒现象。下面分别对几种常见的有害试剂的防护知识进行介绍。

(1) 氰化物和氢氰酸。氰化物如氰化钾、氰化钠、丙烯腈等均系烈性毒品,进入人体量达 50 mg 即可致死,甚至与皮肤接触经伤口进入人体,即可引起严重中毒。这些氰化物遇酸生成氢氰酸气体,易被吸入人体而引起中毒。在使用氰化物时严禁用手直接接触,使用这类试剂时,应戴上口罩和橡皮手套。含有氰化物的废液,严禁倒入酸缸,应先加入硫酸亚铁使之转变为毒性较小的亚铁氰化物,然后倒入水槽,再用大量水冲洗原存放的器皿和水槽。

(2) 汞和汞的化合物。汞是易挥发的物质,在人体内会积累起来而引起慢性中毒。汞盐(如 $HgCl_2$) 0.1~0.3 g 可致人死命。在室温下,汞的蒸气压为 0.0012 mmHg 柱(0.16 Pa),比安全浓度标准大 100 倍。使用汞时,不能直接暴露于空气中,其上应加水或其他液体覆盖;任何剩余的汞均不能倒入水槽中;储存汞的器皿必须是结实的厚壁容器,且器皿应放在瓷盘上;盛装汞的器皿应远离热源;如果汞掉在地上、台面或水槽中,应尽量用吸管把汞珠收集起来,再用能与汞形成汞齐的金属片(Zn、Cu、Sn 等)在汞落处多次扫过,最后用硫黄粉覆盖;实验室应通风良好;手上有伤口时，切勿触摸汞的可溶性化合物如氯化汞、硝酸汞等剧毒物品；实验中应避免碰到损坏的含有金属汞的仪器(如温度计、压力计、汞电极等)。

(3) 砷的化合物。单质砷和砷的化合物都有剧毒，常见的是三氧化二砷和亚砷酸钠。这类物质的中毒一般因口服引起。当用 HCl 溶液和粗锌粒制备氢气时，也会产生少量的砷化氢剧毒气体，应加以注意。一般将产生的氢气通过 $KMnO_4$ 溶液洗涤后再使用。砷的解毒剂是二巯基丙醇，通过肌肉注射即可解毒。

(4) 硫化氢。硫化氢是毒性极强的气体，有恶臭鸡蛋味，它能麻痹人的嗅觉，因此特别危险。使用硫化氢和用酸分解硫化物时，应在通风橱中进行。

(5) 一氧化碳。煤气中含有一氧化碳，使用煤炉和煤气时应提高警惕，防止中毒。发生煤气中毒后，轻者会头痛、眼花、恶心，重者会昏迷。对中毒的人应立即移至通风处，让其呼吸新鲜空气，进行人工呼吸，注意保暖，及时送医院救治。

(6) 很多有机化合物的毒性很强，它们作为溶剂时的用量大，而且大多数沸点很低，蒸气浓，能穿过皮肤进入人体，容易引起中毒，特别是慢性中毒，所以使用时应特别注意和加强防护，应避免直接与皮肤接触。常用的有毒的有机化合物有苯、二硫化碳、硝基苯、苯胺、甲醇等，经常吸入苯、四氯化碳、乙醚、硝基苯等蒸气会使人嗅觉减弱，必须高度警惕。

(7) 溴。溴为棕红色液体，易蒸发成红色蒸气，对眼睛有强烈的刺激催泪作用，会损伤眼睛、气管、肺部，触及皮肤后，轻者剧烈灼痛，重者溃烂，长久不愈，因此使用时应戴橡皮手套。

(8) 氢氟酸。氢氟酸和氟化氢都有剧毒、强腐蚀性，灼伤肌体，轻者剧痛难忍，重者使肌肉腐烂，渗入组织，如不及时抢救，就会造成死亡。因此在使用氢氟酸时应特别注意，操作必须在通风橱中进行，并戴橡皮手套。

其他的有毒、腐蚀性的无机物还有很多，如磷、铍的化合物，铅盐，浓硝酸，碘蒸气等，使用时都应加以注意。使用有毒气体(如 H_2S、Cl_2、Br_2、NO_2、HCl、HF 等)应在通风橱中进行操作；剧毒试剂如汞盐、镉盐、铅盐等应妥善保管；实验操作要规范，离开实验室之前要洗手。

(二) 防火

应防止煤气管、煤气灯漏气，使用煤气后一定要把阀门关好；乙醚、乙醇、丙酮、二硫化碳、苯等有机溶剂易燃，实验室不得存放过多，切不可倒入下水道，以免积集而引起火灾；钠、钾、铝粉、电石、黄磷以及金属氢化物要小心使用和存放，尤其不宜与水直接接触，万一着火，应冷静判断，根据不同情况分别选用水、沙、泡沫、CO_2 或 CCl_4 灭火器灭火。

(三) 防爆

化学试剂的爆炸分为支链爆炸和热爆炸。氢、乙烯、乙炔、苯、乙醇、乙醚、丙酮、乙酸乙酯、一氧化碳、水煤气和氨气等可燃性气体与空气混合至爆炸极限,一旦有热源诱发,极易发生支链爆炸;过氧化物、高氯酸盐、叠氮铅、乙炔铜、三硝基甲苯等易爆物质,受震或受热可能发生热爆炸。

对于防止支链爆炸,主要是防止可燃性气体或蒸气散失在室内空气中,保持室内通风良好。当大量使用可燃性气体时,应严禁使用明火和可能产生电火花的电器。为了预防热爆炸,强氧化剂和强还原剂必须分开存放,使用时轻拿轻放,远离热源。

(四) 防灼伤

除了高温以外,液氮、强酸、强碱、强氧化剂、溴、磷、钠、钾、苯酚、乙酸等物质都会灼伤皮肤,应注意不要让皮肤与之接触,尤其防止溅入眼中。

二、仪器设备使用安全和用电安全

(一) 人身安全防护,安全用电

实验室日常用电是频率为 50 Hz,电压为 220 V 的交流电。人体通过 1 mA 的电流,便有发麻或针刺的感觉,达到 10 mA 以上时人体肌肉会强烈收缩,达到 25 mA 以上则呼吸困难,有生命危险;直流电对人体也有类似的危险。

为防止触电,应做到:修理或安装电器时,应先切断电源;使用电器时,手要干燥;电源裸露部分应有绝缘装置,电器外壳应接地;不能用试电笔去试高压电;不能用双手同时触及电器,防止触电时电流通过心脏;一旦有人触电,应首先切断电源,然后抢救。

(二) 仪器设备的安全用电

一切仪器均应按说明书接适当的电源,需要接地的一定要接地;若是直流电器设备,应注意电源的正、负极,不要接错;若电源为三相,则三相电源的中性点要接地,这样万一触电可降低接触电压;接三相电动机时要注意其转动方向与正转方向是否符合,否则,要切断电源,对调相线;接线时应注意接头要牢,并根据电器的额定电流选用适当的连接导线;接好电路后应仔细检查无误后方可通电使用;仪器发生故障时应及时切断电源。

(三) 使用高压容器的安全防护

化学实验常用到高压储气钢瓶和一般受压的玻璃仪器,使用不当,会导致爆炸,因此,必须掌握有关常识和操作规程。

气体钢瓶的识别(颜色相同的要看气体名称)见表 1-3。

表 1-3　实验室常用压缩气体及气体钢瓶的标志

内装气体名称	外表涂料颜色	字　　样	字样颜色	横条颜色
氧气	天蓝	氧	黑	
氢气	深绿	氢	红	红
氮气	黑	氮	黄	棕
氩气	灰	氩	绿	
压缩空气	黑	压缩空气	白	
石油气体	灰	石油气体	红	红
硫化氢	白	硫化氢	红	
二氧化硫	黑	二氧化硫	白	黄
二氧化碳	黑	二氧化碳	黄	
光气	草绿	光气	红	红

（四）高压气瓶的安全使用

高压气瓶必须专瓶专用，不得随意改装；高压气瓶应放置在阴凉、干燥、远离热源的地方，装易燃气体的气瓶与明火距离应大于 5 m，氢气瓶应与明火隔离；搬运高压气瓶时动作要轻要稳，放置要牢靠；各种气压表一般不得混用；氧气瓶严禁沾上油污；气瓶内气体不能用尽，以防倒灌。

开启气门时应站在气压表的一侧，实验者绝不能将头或身体对准高压气瓶的总阀，以防阀门或气压表冲出伤人。

（五）使用辐射源仪器的安全防护

化学实验室的辐射，主要是指 X 射线的辐射。长期反复的 X 射线照射，会导致疲倦、记忆力减退、头痛、白细胞数量减少等。

防护的方法就是避免身体各部位（尤其是头部）直接受到 X 射线照射，操作时需要屏蔽 X 射线，屏蔽物常用铅、铅玻璃等。

三、实验室中意外事故的处理常识

实验室中都备有小药箱，以备发生意外事故的紧急救助之用。

（1）割伤（玻璃或铁器刺伤等）。先把碎玻璃从伤处挑出，如轻伤可用生理盐水或硼酸溶液擦洗伤处，涂上紫药水（或红汞水），必要时撒些消炎粉，用绷带包扎。伤势较重时，则先用医用酒精在伤口周围擦洗消毒，再用纱布按住伤口压迫止血，立即送医院治疗。如果是被带锈铁器所伤，应稍作处理，立即送医院。

（2）烫伤。可用 10％$KMnO_4$ 溶液擦洗灼伤处，轻伤涂以玉树油、正红花油、鞣酸油膏、苦味酸溶液均可。重伤撒上消炎粉或烫伤药膏,用油纱绷带包扎,送医院治疗,切勿用冷水冲洗。

(3) 磷烧伤。用1% $CuSO_4$、1% $AgNO_3$或浓 $KMnO_4$溶液处理伤口后,送医院治疗。

(4) 受强酸腐伤。先用大量水冲洗,然后擦上碳酸氢钠油膏。如受氢氟酸腐伤,应迅速用水冲洗,再用5%碳酸钠溶液冲洗,然后浸泡在冰冷的饱和硫酸镁溶液中半小时,最后敷由硫酸镁(26%)、氧化镁(6%)、甘油(18%)、盐酸普鲁卡因(1.2%)和水配成的药膏(或用甘油和氧化镁(2∶1)的悬浮剂涂抹,用消毒纱布包扎),伤势严重时,应立即送医院急救。如果酸溅入眼内,首先用大量水冲眼,然后用3%的碳酸氢钠溶液冲洗,最后用清水洗眼。

(5) 受强碱腐伤。立即用大量水冲洗,然后用1%柠檬酸或硼酸溶液洗。如果碱液溅入眼内,除用大量水冲洗外,再用饱和硼酸溶液冲洗,最后滴入蓖麻油。

(6) 吸入溴、氯等有毒气体时,可吸入少量乙醇和乙醚的混合蒸气以解毒,同时应到室外呼吸新鲜空气。

(7) 触电事故。应立即拉开电闸,切断电源,尽快地利用绝缘物(如干木棒、竹竿等)将触电者与电源隔离。

如果伤势严重,应立即送医院救治。

四、实验室灭火常识

实验室中发生着火或爆炸事故,通常有以下几种情况:

(1) 有机物,特别是有机溶剂,大都容易着火,它们的蒸气或其他可燃性气体(如氢气、一氧化碳、苯蒸气、油蒸气等)、固体粉末(如面粉等)与空气按一定比例混合后,当有火花(如点火、电火花、撞击火花等)时就会引起燃烧或猛烈爆炸。

(2) 由于某些化学反应放热而引起燃烧,如金属钠、钾等遇水燃烧甚至爆炸。

(3) 有些物品易自燃(如白磷遇空气就很容易燃烧),由于保管和使用不善而引起燃烧。

(4) 有些化学试剂混在一起,在一定的条件下会引起燃烧和爆炸。如将红磷与氯酸钾混在一起,就会燃烧和爆炸。

如果发生着火,要沉着、快速处理,首先组织人员有序、迅速撤离,切断热源、电源,把附近的可燃物品移走,再针对燃烧物的性质采取适当的灭火措施。常用的灭火措施有以下几种,使用时要根据火灾的轻重、燃烧物的性质、周围环境和现有条件进行选择:

(1) 石棉布。适用于小火。用石棉布盖上以隔绝空气,就能灭火。如果火很小,用湿抹布或石棉板盖上就行。

(2) 干沙土。一般装于沙箱或沙袋内,只要抛洒在着火物体上就可灭火。适用于不能用水扑救的燃烧,但对火势很猛、面积很大的火焰欠佳。

(3) 水。水是常用的救火物质。它能使燃烧物的温度下降至燃点以下温度，但对有机物着火一般不适用，因溶剂与水不相溶，又比水轻，水浇上去后，溶剂还漂在水面上，扩散开来继续燃烧。但若燃烧物与水互溶，或用水没有其他危险时可用水灭火。在溶剂着火时，先用泡沫灭火器把火扑灭，再用水降温是有效的救火方法。

(4) 泡沫灭火器。泡沫灭火器是实验室常用的灭火器材，使用时，把灭火器倒过来，往火场喷，由于它生成 CO_2 及泡沫，使燃烧物与空气隔绝而灭火，效果较好，适用于除电流起火外的灭火。

(5) CO_2 灭火器。在小钢瓶中装入液态 CO_2，救火时打开阀门，把喇叭口对准火场喷射出 CO_2 以灭火。在工厂、实验室都很适用，它不损坏仪器，不留残渣，对于通电的仪器也可以使用，但金属镁燃烧时不可使用它来灭火。

(6) CCl_4 灭火器。CCl_4 沸点较低，喷出来后形成沉重而惰性的蒸气掩盖在燃烧物体周围，使它与空气隔绝而灭火。CCl_4 不导电，适于扑灭带电物体的火灾，但它在高温时分解出有毒气体，故在不通风的地方最好不用。另外，当钠、钾等金属存在时不能使用 CCl_4 灭火器，因为 CCl_4 有引起爆炸的危险。

(7) 水蒸气。在有水蒸气的地方把水蒸气对准火场喷，也能隔绝空气而起灭火作用。

(8) 石墨粉。当钾、钠或锂着火时，不能用水、泡沫、CO_2、CCl_4 灭火器等灭火，可用石墨粉扑灭。

(9) 电路或电器着火时扑救的关键是首先要切断电源，防止事态扩大。电器着火的最好灭火器是 CCl_4 和 CO_2 灭火器。

五、实验室“三废”处理常识

实验中不可避免地产生的某些有毒气体、液体和固体(特别是某些剧毒物质)，都需要及时排弃，如果直接排出就可能污染周围环境，损害人体健康。因此，对废液和废气、废渣必须经过一定的处理，才能排弃。

对于产生少量有毒气体的实验，可在通风橱内进行，通过排风设备将少量有毒气体排到室外，以免污染室内空气。对于产生毒气量较大的实验，必须备有毒气吸收或处理装置。如二氧化氮、二氧化硫、氯气、硫化氢、氟化氢等可用碱溶液吸收，一氧化碳可直接点燃使其转为二氧化碳。少量有毒的废渣可埋于地下(应有固定地点)。下面主要介绍常见废液处理的一些方法。

(1) 实验产生的废液中量较大的是废酸液，可先用耐酸塑料网纱或玻璃纤维过滤，滤液用石灰或碱中和，调 pH 值至 6～8 后就可排出。少量的滤渣可埋于地下。

(2) 实验中含铬量较大的是废弃的铬酸洗液，可用 $KMnO_4$ 氧化法使其再生，继续使用。方法是：先在 110～130 ℃下不断搅拌加热浓缩，除去水分后，冷却至室温，缓缓加入 $KMnO_4$ 粉末，每 1000 mL 洗液中加入 10 g 左右 $KMnO_4$，直至溶液呈深褐色或微紫色(注意不要加过量)，边加边搅拌，然后直接加热至有红色三氧化铬出现，停止加热。稍冷,通过玻璃砂芯漏斗过滤,除去沉淀,冷却后析出三氧化铬沉淀,再加适量硫酸使其溶解即可使用。少量的洗液可加入废碱液或石灰使其生成氢氧化铬沉淀,将废渣埋于地下。

(3) 氰化物是剧毒物质,含氰废液必须认真处理。少量的含氰废液可先加NaOH调至pH值大于10,再加入少量$KMnO_4$使CN^-氧化分解。量大的含氰废液可用碱性氯化法处理,方法是:先用碱调至pH值大于10,再加入漂白粉,使CN^-氧化成氰酸盐,并进一步分解为CO_2和N_2。

(4) 含汞盐废液应先调pH值至8～10后,加入适当过量的硫化钠,生成硫化汞沉淀,同时加入硫酸亚铁生成硫化亚铁沉淀,从而吸附硫化汞使其沉淀下来。静置后分离,再离心过滤,清液中的含汞量降到0.02 $mg \cdot L^{-1}$以下时,可直接排放。少量残渣可埋于地下,大量残渣需要用焙烧法回收汞,但要注意,一定要在通风橱内进行。

(5) 含重金属离子的废液,最有效和最经济的处理方法是加碱或硫化钠把重金属离子变成难溶性的氢氧化物或硫化物而沉积下来,再过滤分离,少量残渣可埋于地下。

第三章　分析化学文献检索

科技文献是指在一定载体上用文字、图形、符号、声频、视频等手段对科技信息所做的记录。分析化学文献按其出版形式可分为图书、期刊、科技报告、会议资料、学位论文、专利、技术标准等；按文献的性质，则可分为一级文献、二级文献、三级文献和四级文献。一级文献即原始文献，如期刊上发表的论文、科技报告、学位论文、会议资料及专利说明书。二级文献即检索工具，是把大量分散的原始文献加以收集、摘录并进行科学分类、组织、整理，以便查阅的文摘、索引、题录等。三级文献是指通过二级文献，选择一级文献的内容而编写出来的成果，如专题评论、综述、动态、进展报告、手册、指南等。四级文献是指以磁带（盘）为载体，把题录、文摘，甚至全文经过编号存入计算机所形成的机读文献。一级文献是检索的对象和目的，二级文献是检索的手段和工具，三、四级文献既可作为检索的手段，从中得到检索文献的线索，又可作为检索对象，从中得到所需的知识。

第一节　常用分析化学文献种类及简介

常用的分析化学文献种类主要包括字典和辞典、期刊与文摘、专著、教科书及手册等。

一、字典和辞典

字典和辞典按收词范围可分为综合性和专业性两大类。常用的有《英汉化学化工词汇》、《英汉化学辞典》、《英汉科技词典》、《俄汉化学化工词汇》、《德汉化学化工词汇》、《日汉科技词汇大全》、《日英汉化学化工词汇》、《日英汉分析化学词汇》、《中英日对照分析化学词汇》、《英日汉环境科学词汇》、《Russian-English Chemical and Polytechnical Dictionary》、《German-English Science Dictionary》、《French-English Science and Technology Dictionary》、《化学大辞典》（日文）、《分析化学辞典》（日文）、《分析化学用语辞典》（日文）、《Compendium of Analytical Nomenclature》（分析术语简编）。

二、期刊与文摘

（一）期刊

期刊是及时报道新理论、新技术、新方法等的定期出版物。其特点是出版周期短,刊登近期论文,内容新颖,能及时反映科技水平。

我国出版的分析化学期刊主要有以下几类。

1. 综合性分析化学期刊

常用的综合性分析化学期刊有《分析化学》、《理化检验(化学分册)》、《分析实验室》、《分析测试通报》、《岩矿测试》、《药物分析杂志》、《冶金分析》、《中国环境监测》、《痕量分析》、《分析化学译刊》。

2. 仪器分析方面的专门期刊

常用的仪器分析方面的专门期刊有《分析仪器》、《国外分析仪器——技术与应用》、《波谱学杂志》、《质谱学杂志》、《色谱》、《光谱学与光谱分析》、《仪器仪表与分析监测》。

3. 部分地刊登分析化学文献的综合性化学期刊

部分地刊登分析化学文献的综合性期刊有《中国科学》、《科学通报》、《化学学报》、《高等学校化学学报》、《化学通报》、《应用化学》、《化学世界》、《环境科学学报》、《中国环境科学》、《环境化学》、《环境科学》、《大学化学》、《核化学与放射化学》、《稀有金属》、《化学试剂》、《世界环境》。

国外的综合性分析化学期刊主要有以下十几种:

(1) Analytical Chemistry(美国,分析化学)(英文):它是分析化学专业中水平较高的刊物,接受各国作者的投稿。它主要刊登分析化学理论、技术和应用方面的论文,同时刊登有新仪器、新试剂等的介绍。

(2) Analytical Letters(美国,分析通讯)(英文):它是分析化学专业的国际性快速报道杂志,按作者交寄的打字稿影印出版,发表周期较短。内容包括光谱测定、分离方法、环境分析、生物分析、临床分析、电化学分析和色谱分析等方面。从1978年(11卷)起,分为A、B两辑出版。A辑为化学分析,B辑为临床与生物化学分析。

(3) CRC,Critical Review in Analytical Chemistry(美国,CRC精选分析化学评论)(英文)。

(4) The Analyst(英国,分析家)(英文):它是涉及分析化学各分支学科的国际性刊物,登载原始研究论文和评论文章。

(5) Talanta(英国,塔兰塔)(英文):它主要登载分析化学各方面的原始研究论文和研究简报,也发表一些重要的专题评论和分析化学家人物介绍文章。

(6) Analytica Chemica Acta(荷兰,分析化学学报)(英文、德文):它是国际纯粹与应用化学联合会(IUPAC)分析化学部的刊物,刊登有关分析化学理论和应用方面的原始论文、研究简讯与书评等英文、德文或法文文摘,且每篇均有英文文摘。

(7) Fresenius' Zeischrift für Analytische Chemie(德国,弗来生牛氏分析化学杂志)(英文、德文)。

(8) International Journal of Environmental Analytical Chemistry(英国,环境分析化学国际杂志)(英文、德文、法文):它发表关于环境污染物质的浓度与分布测定方法等原始研究论文,包括新方法或改进的分析方法。论题涉及在大气与水中有机、无机及放射性污染物的分析,在环境与生物样品中代谢破坏或其他化学降解形式用的分析方法,以及仪器仪表、新技术的开发、改良与自动化等。

(9) 分析化学(日文):它主要发表原始论文和研究札记、评论,介绍日本最新分析化学研究成果等。

(10) Microchemical Journal(美国,微量化学杂志)(英文):它刊登微量技术在化学各方面的应用研究论文,包括制备、分离、提纯、检测、痕量分析及仪器应用等内容。

(11) Science Citation Index(科学引文索引):简称 SCI,创刊于 1961 年,是美国 Institute for Scientific Information(科学情报研究所,简称 ISI)编辑出版的。

SCI 的特点是它给出某一篇论文被哪些文章所引用的信息,因而是了解科研课题有什么新进展的一种索引。这是 SCI 和其他索引的不同之处。

SCI 所涉及的领域包括化学、物理、生物、医学、农学、技术和行为科学。

(12) The Engineering Index(工程索引):简称 EI 或 Ei,它是工程文摘。这是涉及土木、矿冶、机械、电子、化工、管理等工程技术领域的著名文摘。

(13) Index to Scientific and Technical Proceedings(科学技术会议录索引):由美国科学情报研究所编辑发行,简称 ISTP。

(14) World Patent Index(世界专利索引):简称 WPI,创刊于 1974 年,由 Derwent Publication Ltd.(德温特出版公司)出版,周刊,用于报道 30 多个国家和组织的专利。化学专利索引 CPI 分 12 分册,以字母表示:A. 聚合物及塑料;B. 药物;C. 农业化学品;D. 食品,洗涤剂,水处理,生物技术;E. 一般化学品;F. 纺织和造纸;G. 印刷,涂料,摄影;H. 石油;J. 化学工程;K. 原子能,爆炸物,防护;L. 耐火材料,陶瓷,水泥;M. 冶金。

(二) 文摘

文摘(abstract)又称摘要、提要。它是用简练的文字把每篇论文、专利、图书等缩小成摘要,使读者以较短的时间了解原有资料的要点,判断与读者的工作有无关系,以决定是否取得原文献作进一步的了解。每条文摘包括题目名称、作者姓名、文摘出处、主要内容等。文摘均有索引,它是将文摘的某期或某卷的著者、关键词、分子式等按一定原则与方法排列起来,便于检索。

1.《分析化学文摘》(中国)

《分析化学文摘》是分析化学综合性检索刊物,从 1982 年起收录国外期刊 1600 余种,国内期刊 500 余种,年文摘量 10000 余条。每期内容分为九类:(A)一般问题;(B)无机化学;(C)有机化学;(D)生物化学;(E)药物化学;(F)食品;(G)农业;(H)环境化学;(J)食品与技术。

2. Chemical Abstracts(美国)

Chemical Abstracts 简称 CA,创刊于 1907 年,由美国 Chemical Abstracts Service(化学文摘社,简称 CAS)编辑出版。CA 收集了 98%以上的由世界各国用各种文字出版的化学化工文献,是三大化学文摘中收录文摘最多的刊物,是化学化工科学技术研究人员必须掌握的重要文献检索工具书。

CA 将各种文摘分成 5 大部分,共 80 类。这 5 大部分的类目如下:Biochemistry Sections(生物化学部分),Organic Chemistry Sections(有机化学部分),Macromolecular Chemistry Sections(大分子化学部分),Applied Chemistry and Chemical Engineering Sections(应用化学和化学工程部分),Physical、Inorganic、Analytical Chemistry Sections(物理化学、无机化学和分析化学部分)。

3. Dissertation Abstracts International

Dissertation Abstracts International(国际学位论文文摘)简称 DAI,是由美国 University Microfilms International(国际大学微缩制片公司,缩写为 UMI)编辑出版的。

DAI 原分为 Section A 和 Section B,月刊;后来又增加了 Section C,为季刊。Section A 和 Section B 为北美博士论文文摘,Section A 分为人文和社会科学,Section B 分为自然科学与工程技术。Section C 为欧洲学位论文文摘。

三、专著、教科书及手册

(一) 专著

专著(treatise 或 monograph)是指围绕某一学科或某一专题进行系统且较深入论述的著作,其学术价值比较高。专著中所列录的参考文献,往往可以为某些课题的研究工作提供重要的文献线索。

1. Treatise on Analytical Chemistry(分析化学大全)(英文)

这是分析化学专业中一套最权威的巨著,其内容包括经典分析化学和近代分析化学的各个方面。

第一篇为理论与实践,共 12 卷。内容为分析化学的目的、作用和范围,化学原理在分析化学中的应用,分离原理与技术,器具使用原理和技术,物理和物理化学计量方法(电法、磁法、光学方法、根据同位素及放射现象的方法、根据古典物理性质测量的方法、热学法、粒子大小和面积测量方法等),经典方法,显微分析及其技术,分析背景和计划等。其中最后一卷(第 12 卷)为目次和主题字序索引。

第二篇为无机和有机化合物的分析化学,共 17 卷。内容为元素的系统分析化学、有机分析化学(元素测定和官能团测定)、定性分析。其中最后一卷(第 17 卷)为总目次和主题字序索引。

第三篇为工业分析化学。按产品分类编排,分章叙述各种工业产品的分析方法。

2. Wilson & Wilson's Comprehensive Analytical Chemistry(综合分析化学)(英文)

这是英文的综合分析化学系列专著。

3. 分析化学丛书

“分析化学丛书”是我国科学出版社组织编辑的一套分析化学丛书，共 6 卷 29 册。

第一卷为化学分析，分为七册：化学分析原理，分析化学中的离子平衡，分析化学中的多元络合物，分析化学中的溶剂萃取，络合滴定，无机痕量分析，分析化学中的数理统计方法。

第二卷为有机分析，分为两册：近代有机定性分析，近代有机定量分析。

第三卷为色谱分析，分为五册：色谱理论基础，气相色谱法，高效液相色谱法，无机色谱，纸色谱和薄层色谱。

第四卷为光学分析，分为四册：分光光度分析，光度分析中的有机试剂，原子吸收及原子荧光光谱，现代发射光谱分析。

第五卷为电化学分析，分为七册：电分析化学导论，离子选择性电极，电解与库仑分析，极谱电流理论，极谱催化波，方波与脉冲极谱，溶出伏安法。

第六卷分为四册：放射化学分析，热量分析，金属中的气体分析，分析化学中的电子技术。

（二）教科书

教科书是专为学习这门学科编写的书籍，它具有严格的科学性、系统性和逻辑性。其内容是最基本的知识，论点较成熟，论据经实践反复验证比较可靠。例如：

(1) 刘淑萍，孙晓然，高筠，等编. 分析化学实验教程[M]. 北京：冶金工业出版社，2004.

(2) 邓珍灵主编. 现代分析化学实验[M]. 长沙：中南大学出版社，2002.

(3) 武汉大学化学与分子科学学院实验中心编. 分析化学实验[M]. 武汉：武汉大学出版社，2003.

（三）手册

手册是某一范围内基础知识和基本数据资料的汇编。因其主题明确、内容丰富、实用，它是从事某种专项工作的专业人员的参考性工具书。

手册除用一定篇幅的文字对概念、定义、原理、现象、方法等作出适当的阐述外，还同时采用大量的数据、表格、图、照片。

由化学工业出版社组织编写的《分析化学手册》，是一部比较全面地反映现代分析技术，供化学工作者使用的专业工具书。现已扩充和修订为以下 13 分册：

第 1 分册——基础知识与安全知识，第 2 分册——化学分析，第 3A 分册——原子光谱分析，第 3B 分册——分子光谱分析，第 4 分册——电分析化学，第 5 分册——

注：络合滴定是配位滴定的旧称。

气相色谱分析,第 6 分册——液相色谱分析,第 7A 分册——氢-1 核磁共振波谱分析,第 7B 分册——碳-13 核磁共振波谱分析,第 8 分册——热分析与量热学,第 9A 分册——有机质谱分析,第 9B 分册——无机质谱分析,第 10 分册——化学计量学。

由科学出版社 2003 年组织翻译并出版的《分析化学手册》,是美国迪安 J. A. 教授为帮助分析化学、生物化学、环境化学及化学工程专业人员评价和选择特定情况下最恰当的分析方法所编辑的一本单卷式的实验室指南。全书共分 23 章,除提供必备的基础知识外,还重点介绍了 19 方面的最新权威性资料。

第二节　分析化学文献检索方法

为了教学、科研、生产的需要,分析化学工作者需要查阅有关资料。一般来说,先查阅国内资料,后查阅国外资料,这样可以减少查阅的工作量。由于查阅的目的不同,检索方法也就有所不同。

(1) 查阅有关化学常数、物理常数、缓冲溶液的配制、各类有机试剂的应用等,一般是查手册。

(2) 查阅有关分析方法。当接受一项分析任务时,如何选用合适的分析方法,要根据被分析物的性质、组成、含量的高低及对分析结果准确度的要求来选择。

(3) 查阅某一研究课题的有关资料。需要系统地检索近几年甚至十几年来该课题有关的研究动态,这就需要借助引文、索引和文摘了。

利用计算机等现代化设备进行检索,途径多、速度快,打破了地理上的障碍,避免了时间的延迟,极大地提高了情报资料的可获取性。下面通过实例介绍利用计算机进行文献检索的方法。

一、《化学文摘》光盘数据库(CA on CD)的计算机检索方法

进入 CA on CD 后主检索界面显示如图 1-1 所示,它提供了四种基本检索途径,即索引浏览式检索(Index Browse)、词条检索(Word Search)、化学物质等级名称检索(Substance Hierarchy)、分子式检索(Formula),分别对应于图 1-1 中从左到右的 4 个功能按钮。

图 1-1　主检索界面

1. 索引浏览式检索(Index Browse)

在检索菜单窗口用鼠标点击【Browse】按钮或在 Search 命令菜单中选择 Browse 命令，即可进入索引浏览格式检索，如图 1-2 所示。

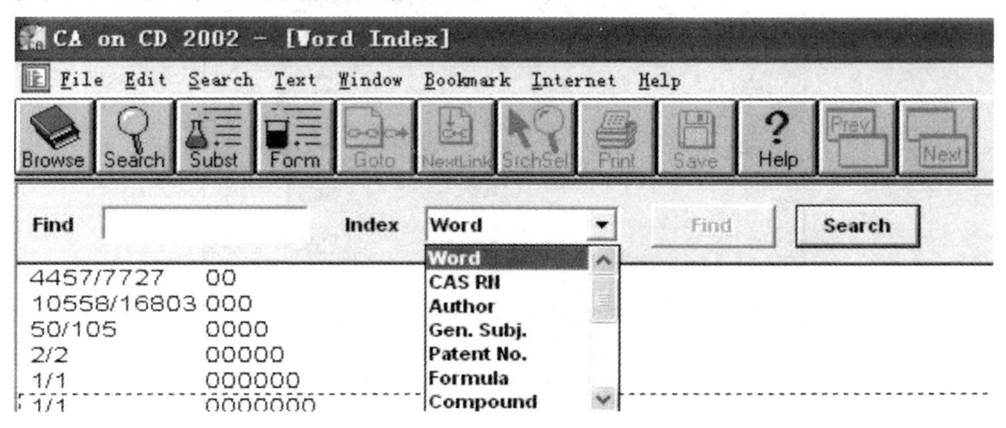

图 1-2　索引浏览式检索界面

点击 Index 框中的箭头可拉出索引菜单，再点击所选的索引字段(缺省词为 Word)，然后在检索词输入框(Find)中输入检索词的前若干个字符，即可翻到指定索引的指定检索词处(可根据需要选择多个检索词)。点击要选的检索词，再点击【Search】按钮或回车键，系统执行相应检索，给出检索结果和标题，双击标题可显示该记录的全部内容。

Index 框中索引字段有 Word(自由词，包括出现在文献题目、文摘、关键词、主题词中的所有可检索词汇)、CAS RN(CAS 登记号)、Author(作者及发明者姓名)、Gen. Subj.(普通主题)、Patent No.(专利号)、Formula(分子式)、Compound(化合物名称)、CAN(CA 文摘号)、Organization(组织机构、团体作者、专利局)、Journal(刊物名称)、Language(原始文献的语种)、Year(文摘出版年份)、Document Type(文献类型)、CA Section(CA 分类)、Update(文献更新时间或书本式 CA 的卷、期号)。

在输入检索词时应注意：作者名的输入方式为姓在前，名在后；姓名之间用逗号加一个空格隔开。例如检索作者为张永强的文章，点击【Browse】按钮，在 Index 框中选择“Author”，然后在 Find 输入框中输入“zhang, y”，屏幕自动按照输入顺序滚动，就可以找到“zhang, yongqiang”。作者机构的输入应充分考虑同一机构的不同写法。更新时间可按“年—月”的输入方式限定检索，如需检索 1999 年 1 月更新的记录则输入“1999—01”；更新的卷、期可按“卷—期”的输入方式检索，如需检索 130 卷第 4 期的记录则输入“130—04”。

2. 词条检索(Word Search)

词条检索是用逻辑组合方式将检索词、词组、数据、登记号、专利号等结合起来进行检索的方法。

点击【Search】按钮或在 Search 命令菜单选择 Word Search 命令,出现新窗口,如图 1-3 所示。

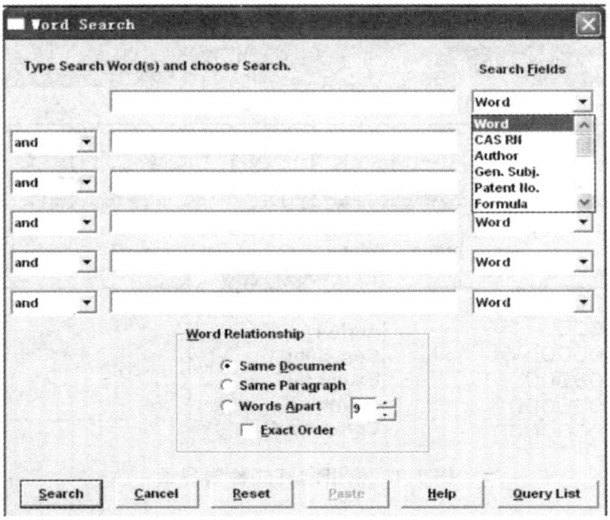

图 1-3 词条检索界面

该界面提供了 5 个检索框,每个检索框均可当索引选项,选择输入检索词。点击 Search Fields 框,显示出有关字段检索,可通过 Word 、CAS RN、Author、Gen. Subj. 、Patent No. 、Formula、Compound、Organization、Journal、Language 等途径进行检索。输入检索词时,可以用代字符"?"及通配符" * ",每一个"?"代表一个字符(如输入 ep? xy 即可查到 epoxy)," * "则表示做前方一致检索(如用"catalytic * "可以查到 catalytic 和 catalytical);可以输入多个词,词间用空格或逻辑算符(AND、OR、NOT)隔开,用空格隔开的检索词间的关系缺省为相邻(即为词组)。对不同检索框的检索运算次序为从上到下。应注意的是系统规定了以下检索禁用词:an、as、at、by、from、for、in、not、of、on、or、the、to、with。

在"Word Relationship"提供的几种关系中选择,可选的位置关系有以下几种:

Same Document,同一文献;

Same Paragraph,同一段落;

Word Apart,词间允许的最大间隔词数(0~9);

Exact Order,输入的检索词次序不可颠倒。

检索词输入完毕后,执行检索。点击【Search】按钮,系统将执行对检索词或检索式的检索,并给出检索到的结果数目及相应的标题列表。双击标题,立即显示出该标题的全部记录。

检索式的保存与调用:点击 Word Search 检索界面下部的【Query List】按钮,可以保存当前检索词或调用以前存储的检索词。在 Query List 弹出的窗口中,Add 为保存当前检索式，Recall 为可调用以前存储的检索词，Delete 为删除选定的存储检索词，Delete All 为删除保存的所有检索词。

3. 化学物质等级名称检索(Substance Hierarchy)

化学物质等级名称检索与书本式的 CA 的化学物质索引基本相同(见图 1-4)，它按化学物质母体名称进行检索，有各种副标题和取代基。

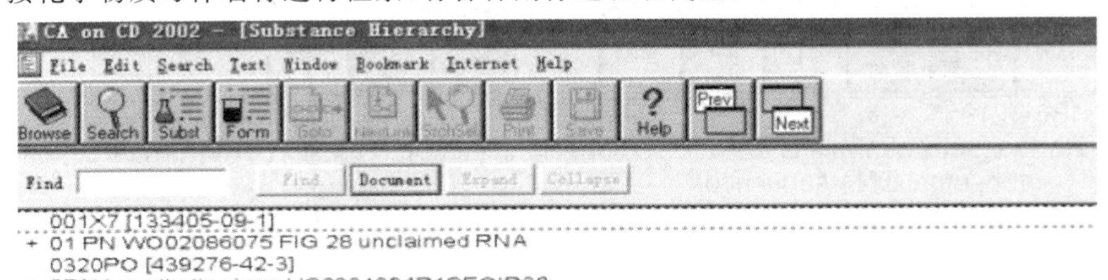

图 1-4　化学物质等级名称检索

具体检索方法是在检索界面中点击【Subst】按钮即可进入化学物质检索界面，输入化学物质名称，显示物质的第一级主题词名称，即母体化合物名称的正名，无下一级的化合物条目则直接给出相关文献检索结果，有下一级化合物时名称前会出现"+"符号。然后双击选中索引，将同一级别的化学物质索引表打开，直至所需检索内容。双击该物质条目即可进行检索，双击检索结果即可显示文摘具体内容。

4. 分子式检索(Formula)

在分子式检索中，分子式索引由 A 到 Z 顺序排列。数据库提供了与书本式 CA 的分子式索引结构相似的分子式及物质名称等级索引。文献量较大的物质名称被细分为一组子标题。不带"+"的索引词为最终索引词，直接给出相关文献数；带有"+"的包括二级或多级扩展索引词，可以双击或按 Expand 命令进行显示，分子式索引检索过程与化合物等级名称检索相似。

5. 其他检索途径

系统还提供了可从检出记录中拣取检索词的检索功能。在显示结果后，可用鼠标定位在所有字段中需要的任何词上，然后双击，系统会对所选词在所属的字段中重新检索。或选定后，从 Search 命令菜单中选择 Search for election 命令，系统即对所选词条进行检索，检索完毕后，显示命中结果。

如果想从记录中选择 CAS 登记号进行检索，点击该登记号显示其物质记录，或在记录显示窗口，点击【NextLink】按钮，光标将出现在该记录的第一个 CAS 登记号处，再点击【NextLink】按钮，光标将移到下一个 CAS 登记号处，用 GotoLink 来显示其物质记录，可在物质记录中点击 CA 索引名称查询该物质名称的文献。

二、检索结果的显示、标记、存储、打印

双击标题即显示全部记录内容，如图 1-5 所示，包括 CA 文摘号、标题、作者、第

一作者单位、来源出处、文摘、关键词、索引条目等。

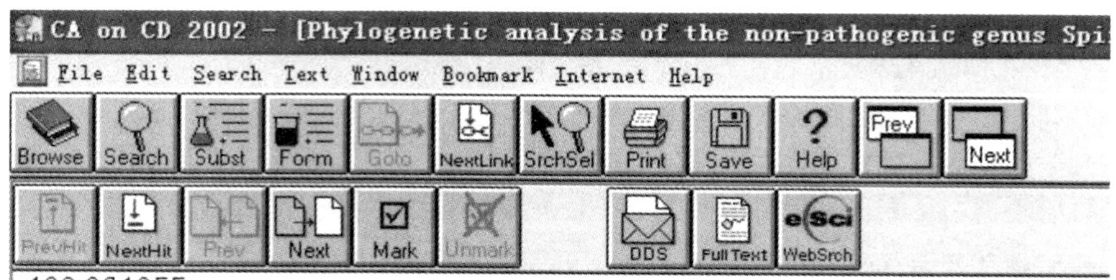

图 1-5 检索结果

当检索出的记录数较多时,需要进一步浏览选择,对选择的记录可点击【Mark】按钮给以标记,或点击【Unmark】按钮取消标记,Mark All 是表示对全部检出的记录作标记,如果要取消已作的所有标记只要点击【Clear】按钮即可。

点击【Save】按钮可存储当前屏幕显示的记录,如果要存储所有已作标记的记录,点击【Save Mark】按钮即可(可最小化或关闭所有记录显示窗口)。如果要把检索出的全部记录存储,点击【Save Bibliography and Abstract】按钮即可。

点击【PrintMk】按钮可选打印格式来输出检索结果,点击【Print】按钮打印当前屏幕显示内容。

第四章　分析样品的采集与预处理

分析过程主要由样品采集、样品预处理、样品测定、数据分析和结果报告五个环节组成，其中的每一个环节都是非常重要的。在实际应用中，绝大多数样品需要进行预处理，将样品转化为可以测定的形态以及将被测组分与干扰组分分离。由于实际的分析对象往往比较复杂，在测定某一组分时，除了采样外，分析过程中最大的误差来源于样品预处理过程。因此，为了获得准确的分析结果，样品采集和样品预处理过程的设计与实验是不容忽视的。同时，在整个分析过程中，样品测定步骤日趋自动化，而样品预处理往往是很费时而又十分关键的步骤。所以，必须设计合理的预处理方案，同时争取实现预处理的自动化。

从样品的采集到将样品转化成能够用于直接分析（包括化学分析和仪器分析）的澄清、均一的溶液，称为样品的制备。它包括很多步骤：样品的采集，样品的干燥，成分的浸出、萃取或者基底的消化和分离，溶剂的清除以及样品的富集。

样品制备步骤必须能够为样品测定提供如下条件或实现如下目标：

（1）样品溶于合适的溶剂（对于测定液体样品的分析方法）；

（2）基底干扰被消除或者大部分被消除；

（3）最终待测样品溶液的浓度范围应适合于所选定的分析方法；

（4）方法符合环保要求；

（5）方法容易自动化。

选择样品制备方法的一个指导原则是：所制得的样品中的被分析物质要达到定量回收，也就是说，被测组分在分离过程中的损失要小到在允许的误差范围内。常用被测组分的回收率 R 来衡量，即在整个分析过程中，回收的被分析物质的量占加入量的质量分数。

$$R=\frac{\text{回收测量值}}{\text{原始加入值}}\times 100\%$$

回收率越高越好。在实际工作中因被测组分的含量不同，对回收率有不同的要求。对于主要组分，回收率应大于 99.9%；对于含量在 1%以上的组分，回收率应大于 99%；对于微量组分，回收率应为 95%～105%。如果回收率小于 80%，则需要改进方法以提高回收率。

另一个指导原则是：在分离过程中要尽可能地消除干扰。被测组分与干扰组分分离效果的好坏一般用分离因数 $S_{\mathrm{I,A}}$ 表示，其定义为在分离过程中，干扰物的回收率（R_{I}）与被分析物质的回收率（R_{A}）的比值。

$$S_{\mathrm{I,A}}=\frac{R_{\mathrm{I}}}{R_{\mathrm{A}}}$$

理想的分离效果是 $R_A=1$，$R_I=0$，即 $S_{I,A}=0$。通常，对于有大量干扰存在下的痕量物质的分离，$S_{I,A}$应为 10^{-7}；对于被分析物质和干扰物存在的量相当的情况，$S_{I,A}$应为 10^{-3}。

第一节　样品的采集与制备

分析检验的第一步就是样品的采集，从大量的分析对象中抽取有代表性的一部分作为分析材料（分析样品），这项工作称为样品的采集，简称采样。

采样是一项困难而且需要非常谨慎对待的操作过程。要从一大批被测物质中，采集到能代表整批被测物质的小质量样品，必须遵守一定的规则，掌握适当的方法，并防止在采样过程中，造成某种成分的损失或外来成分的污染。

被测物质可能有不同形态，如固态、液态、气态或两者混合态等。固态的可能因颗粒大小、堆放位置不同而带来差异，液态的可能因混合不均匀或分层而导致差异，采样时都应予以注意。

正确采样必须遵循的原则如下：采集的样品必须具有代表性；采样方法必须与分析目的保持一致；采样及样品制备过程中设法保持原有的理化指标，避免待测组分发生化学变化或丢失；要防止沾污待测组分；样品的处理过程尽可能简单易行，所用样品处理装置尺寸应当与处理的样品量相适应。

采样之前，对样品的环境和现场进行充分的调查是必要的，需要弄清的问题如下：

（1）采样的地点和现场条件如何；

（2）样品中的主要组分是什么，含量范围如何；

（3）采样完成后要做哪些分析测定项目；

（4）样品中可能存在的物质组成是什么。

采样是分析工作中的重要环节，不合适的或非专业的采样会使正确可靠的测定方法得出错误的结果。

一、水样的采集与保存

水样的采集与保存是水化学研究工作的重要部分，正确的采样方法和很好地保存样品，是使分析结果正确反映水中被测组分真实含量的必要条件。因此，在任何情况下都必须严格遵守取样规则，以保证分析数据可靠。

供分析用的水样应该能够代表该水的全面性，水样采集的方法、次数、深度、时间等都由采样分析的目的来决定。

水样的体积取决于分析项目、所需精度及水的矿化度等，通常应比各项测定所需水试样总和多20%。盛水样的容器应选用无色硬质玻璃瓶或聚乙烯塑料瓶。取样前至少用水样洗涤瓶及塞子3次，取样时水应缓缓注入瓶中，不要起泡，不要用力搅动水源，并注意勿使沙石、浮土颗粒或植物杂质进入瓶中。采取水样时，不能把瓶子完全装满，应留有 2 cm 以上高（或 10～20 mL）的空间，以防水温或气温改变时将瓶塞挤掉。取完水样后塞好瓶塞（保证不漏水），并用石蜡或火漆封瓶口。如欲采集平行分析水样，则必须在同样条件下同时取样。采集高温泉水样时，在瓶塞上插一根内径极细的玻璃管，待水样冷却至室温后拔出玻璃管，再密封瓶口。

1. 洁净水的采集

（1）采集自来水或具有抽水设备的井水时，应先放水数分钟，将积留在水管中的杂质冲洗掉，然后才取样。

（2）没有抽水设备的井水，应该先将提水桶冲洗干净，然后再取出井水装入取样瓶，或直接用取样瓶采集。

（3）采集河、湖表面的水样时，应该将取样瓶浸入水面下 20～50 cm 处，再将水样装入瓶中。当水面较宽时，应该在不同的地方分别采样，这样才具有代表性。

（4）采集河、湖较深处的水样时，应当用取样瓶采集。最简单的方法是用一根杆子，上面用夹子固定一个取样瓶或是用一根绳子系着一个取样瓶，将已洗净的金属块或砖石紧系瓶底，另用一根绳子系在瓶塞上，将取样瓶沉降到预定的深度，再拉动绳子打开瓶塞取样。

2. 生活污水的采集

生活污水的成分复杂，变化很大，为使水样具有代表性，必须分多次采集后加以混合。一般是每小时采集一次（收集水样的体积可根据流量取适当的比例），将 24 h 内收集的水样混合，即为代表性样品。

3. 工业废水的采集

由于工业工艺过程的特殊性，工业废水成分往往在几分钟内就有变化。因此，工业废水的采集比生活污水的采集更为复杂。采样的方法、次数、时间等都应根据分析目的和具体条件而定。但是共同的原则是所采集的水样有足够的代表性。如废水的水质不稳定，则应每隔数分钟取样一次，然后将整个生产过程所取的水样混合均匀。如果水质比较稳定，则可每隔 1～2 h 取样一次，然后混合均匀。如果废水是间隙性排放，则应适应这种特点而取样。水样采集时还应考虑到取水量问题，每次的取水量应根据废水量的比例增减。

采样和分析的间隔时间越短，则分析结果越可靠。对某些成分和物理数据的测定应在现场即时进行，否则在送样到实验室期间或在存放过程中可能发生改变。采集与分析之间允许的间隔时间取决于水样的性质和保存条件，而无明确的规定。供物理化学检验用水样的允许存放时间：洁净的水为 72 h，轻度污染的水为 48 h，严重污染的水为 12 h。

采集与分析相隔的时间应注明于检验报告中。对于确实不能立刻分析的水样，应作相应的处理，低温妥善保存。

二、食物样品的采集与制备

样品分为检样、原始样品和平均样品三种。采样一般分三步，依次获得检样、原始样品和平均样品。由分析的大批样品的各部分采集的少量样品，称为检样；许多份检样混合在一起，称为原始样品；原始样品经过技术处理，再抽取其中的一部分供分析检验的样品，称为平均样品。

样品的采集有随机抽样和代表性取样两种方法。通常采用随机抽样与代表性取样相结合的方式，具体的取样方法因分析对象的性质而异（见表 1-4）。

表 1-4　食物样品采集的一般方法

样品种类	采样方法
散粒状样品（粮食及粉状食品等）	用双套回转取样管取样，每一包装须由上、中、下三层分别取出 3 份检样，同一批的所有的检样混合为原始样品。用“四分法”缩分原始样品至所需数量为止，即得平均样品
稠的半固体样品	用采样器从上、中、下三层分别取出检样，然后混合缩减至所需数量的平均样品
液体样品	一般采用虹吸法分层取样，每层各取 500 mL 左右，装入小口瓶中混匀。也可用长形管或特制采样器采样（采样前须充分混合均匀）
小包装的样品	罐头、瓶装奶粉等连包装一起采样
鱼、肉、菜等组成不均匀的样品	视检验目的，可由被检物有代表性的各部分（肌肉、脂肪，蔬菜的根、茎、叶等）分别采样，经充分打碎、混合后成为平均样品

采集的样品应在当天进行分析，以防止其中水分或挥发性物质的散失及其他待测物质含量的变化。如果不能立即进行分析，必须加以妥善保存。

为保证分析结果的正确性，对分析样品必须加以适当处理即制备。制备包括样品的分取、粉碎及混匀等过程，其具体方法因产品类别不同而异，也因测定项目的不同而不同（见表 1-5）。

表 1-5　常规食品样品的制备方法

样品种类	制备方法
液体、浆体或悬浮液体、互不相溶的液体	将样品充分摇动或搅拌均匀。常用玻棒、电动搅拌器
固体样品	切细、捣碎，反复研磨或用其他方法研细。常用绞肉机、磨粉机、研钵等
水果及其他罐头	捣碎前须清除果核。肉、禽、鱼类罐头须将调味品（葱、辣椒等）分出后再捣碎。常用高速组织捣碎机等
鱼类	洗净去鳞后取肌肉部分，置纱布上控水至 1 min 内纱布不滴水，切细混匀取样。若量大，则以“四分法”缩分留样。备用样品储于玻璃样品瓶中，置冰箱保存
贝类和甲壳类	洗净，取可食部分（贝类须含壳内汁液）。蛤、蚬经速冻后，连屑挖出，切细混匀取样，备用样品储于玻璃样品瓶中，置冰箱保存

食品样品由于其本身含蛋白质、脂肪、糖类等，对分析测定常常产生干扰，在测定前必须进行预处理。常用的方法及使用范围见表 1-6。

表 1-6 食品样品的预处理方法及使用范围

类型	方法	使用范围及条件
有机物破坏法	干法灰化、湿法消化	适用于食品中无机元素的测定。通常采用高温或高温加强氧化条件，使有机物质分解呈气态逸散，而被测组分残留下来
蒸馏法	常压蒸馏	低于 90 ℃用水浴，高于 90 ℃用油浴、沙浴、盐浴或直接加热
	减压蒸馏	适用于高沸点或热稳定性较差的物质的分离
	水蒸气蒸馏	分离沸点较低且不与水混溶的有机组分
	分馏	用于分离干扰比较严重且沸点差较小的组分
	扫集共蒸馏	集蒸馏、层析等方法于一身，高效、省时、省溶剂，适用于测蔬菜、水果、食用油脂和乳制品中有机氯（磷）农药残留量
溶剂提取法	溶剂萃取法	所用溶剂视样品组成及检测项目而定
	浸取法	用于从混合物中提取某物质，常用索氏抽提器进行操作
	盐析法	常用来分离食品中的蛋白质
磺化和皂化法	磺化净化法	用于处理油脂或含油脂样品，以增大其亲水性。主要用于对酸相对稳定的有机氯农药，一般不用于有机磷农药
	皂化法	主要用于除去一些对碱稳定的农药中混入的脂肪
色谱分离法	薄层色谱法、柱色谱法	色谱分离法同时也是鉴定的方法，目前以柱色谱更为常用

三、土壤样品的采集与制备

1. 土壤样品的采集

土壤样品采集的时间、地点、层次、方法、数量等都由土壤样品分析的目的来决定。

（1）采样前的准备工作。采样前必须了解采样地区的自然条件（地质、地形、植被、水文、气候等），土壤特征（土壤类型、层次特征、分布）及农业生产特性（土地利用、作物生长、产量、水利、化肥农药的使用情况等），是否受到污染及污染的状况等。在调查的基础上，根据需要和可能来布设采样点，同时挑选一定面积的对照地块。

（2）采样点的选择。由于土壤本身在空间分布上具有较大的不均匀性，需要在同一采样地点作多点采样，再混合均匀。采样点的常用分布方法见表 1-7 及图 1-6。

表 1-7　土壤样品采样点选择方法

方法名称	适用田块	具体方法
对角线采样法	受污染的水灌溉的田块	自该田块的进水口向对角作直线,并将此对角线分成三等份,以每等份的中央点作采样点。可视不同情况作适当的变动
梅花形采样法	适宜于面积较小、地势平坦、土壤较均匀的田块	一般取 5～10 个采样点
棋盘式采样法	中等面积、地势平坦、地形完整、土壤较不均匀的田块	采样点一般在 10 个以上,测定固体废物污染时须在 20 个以上
蛇形采样法	面积较大、地势不太平坦、土壤不够均匀的田块	采样点较多

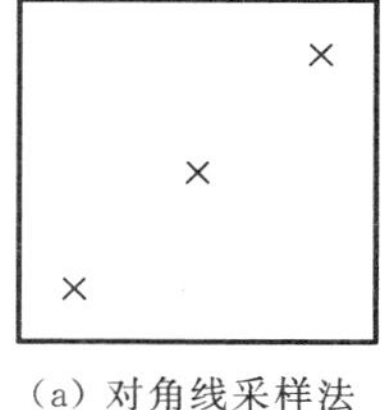

(a) 对角线采样法

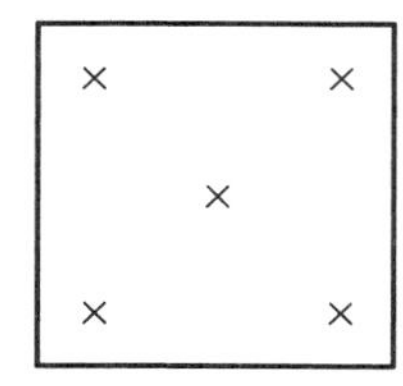

(b) 梅花形采样法

(c) 棋盘式采样法

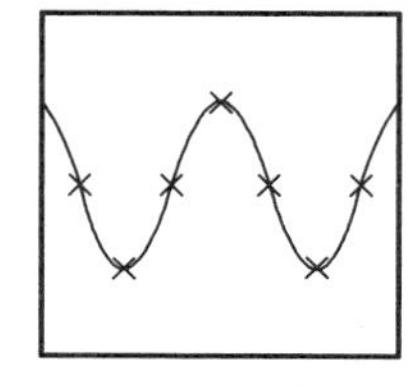

(d) 蛇形采样法

图 1-6　土壤的采集方法

(3) 采样深度。如果只需一般性地了解土壤受污染情况,采集深度约 15 cm 的耕层土壤和耕层以下 15～30 cm 的土样。如果要了解土壤污染深度,则应按土壤剖面层次分层取样。

(4) 土样数量。一般要求采样 1 kg 左右。由于土壤样品不均匀需要多点采样而取土量较大时,应反复以"四分法"缩分到所需量。

2. 土壤样品的制备

(1) 土样的风干。除了测定游离挥发分等项目须用新鲜土样外,大多数项目须用风干土样,因为风干的土样较易混匀,重复性和准确性都较好。风干的方法为,将采回的土样倒在盘中,趁半干状态,把土块压碎,除去植物残根等杂物,铺成薄层并经常翻动,在阴凉处让其慢慢风干。

(2) 磨碎与过筛。风干后的土样,用有机玻棒(或木棒)碾碎后过 2 mm 塑料(尼龙)筛,除去 2 mm 以上的沙砾和植物残体(当沙砾量多时应计算其占土样的质量分数)。然后将细土样用"四分法"缩分到足够量(如测重金属约需 100 g),其余土样另装瓶备用。

(3) 含水量的测定。无论何种土样,均须测定土样的含水量以便按烘干土为基准进行计算。

四、大气样品的采集

大气样品的采集方法包括直接采样法、富集采样法和无动力采样法。

1. 直接采样法

当空气中被测组分浓度较高，或所用分析方法灵敏度高，直接进样就能满足环境监测要求时，可用直接采样法。常用的采样容器有注射器、塑料袋、球胆等。

2. 富集采样法

当空气中被测物质的浓度很低（$10^{-3}\sim1\ mg \cdot m^{-3}$），而所用的分析方法又不能直接测出其含量时，须用富集采样法进行空气样品的采集。富集采样的时间一般比较长，所得的分析结果是在富集采样时间内的平均浓度。富集采样法有溶液吸收法、固体吸收法、低温冷凝法、滤料采样法等，需根据监测目的和要求、被测物质的理化性质、在空气中的存在状态、所用的分析方法等来选择。

3. 无动力采样法

无动力采样法往往用于单一的检测项目。如用过氧化铅法、碱片法采集大气中的含硫化合物，以测定大气硫酸盐化的速率；用石灰滤纸法采集大气中的微量氟化物；用集尘缸采样法测定灰尘自然沉降量等。

根据测定的目的选择采样点，同时应考虑到工艺流程、生产情况、被测物质的理化性质和排放情况，以及当时的气象条件等因素。每一个采样点必须同时平行采集两个样品，测定结果之差不得超过 20%，记录采样时的温度和压力。如果生产过程是连续性的，可分别在几个不同地点、不同时间进行采样；如果生产是间断性的，可在被测物质产生前、产生后以及产生的当时，分别测定。

第二节　试样的分解

分解试样的要求：试样应该完全分解，在分解过程中不能引入待测组分，不能使待测组分有所损失，所用试剂及反应产物对后续测定应无干扰。

分解试样最常用的方法是溶解法和熔融法。溶解法通常按照水、稀酸、浓酸、混合酸的顺序处理。酸不溶的物质采用熔融法。熔融法是将熔剂和试样混合后，于高温下，使试样转变为易溶于水或酸的化合物。对于那些特别难分解的试样，采用增压溶样法可收到良好效果。有机试样的分解主要采用灰化处理，对于待测组分可能引起的损失应予注意。那些容易形成挥发性化合物的测定组分，采用蒸馏的方法处理可使试样的分解与分离得以同时进行。

第三节　干扰的消除——分离、富集与掩蔽

干扰是指在分析测试过程中，由于非故意原因导致测定结果失真的现象（有意造

成的失真称为过失)。干扰可能是由于样品中与待测成分性质相似的共存物质引起的,也可能是由于某种外来因素给出与待测成分相同的信号响应,从而产生错误的结果。例如,双硫腙分光光度法测定某样品中的 Zn、Cd、Hg 时,由于它们的吸收曲线彼此严重重叠,若不事先予以分离,很难准确测定它们各自的含量。干扰是分析误差的主要来源。为了得到准确、可靠的分析结果,在进行测定之前,必须了解干扰情况并设法消除干扰。建立一种新的分析方法时,有关干扰的研究和讨论必不可少,而且干扰消除的难易、可靠与否,是评价该新方法的应用性的重要指标。

消除干扰的主要方法是分离(富集)和掩蔽。

分离的目的是分离基体或干扰成分,消除基体干扰,特别是当待测成分含量低于预定测试方法的检出极限时,通过分离提取待测成分,还可进行富集,从而提高分析结果的准确度。总之,通过分离,减少了杂质,富集了被测成分,降低了空白值,可大大提高分析的准确性。常用的分离手段有沉淀、萃取、离子交换、蒸馏、离心、超滤、浮选、吸附、气相色谱、液相色谱、毛细管电泳等。

掩蔽是分析测试中常用的消除干扰的有效手段之一。掩蔽作用的实质是改变干扰成分的反应活性,使其减小甚至失去与待测成分的竞争能力。通常采用配位掩蔽法,即向待测体系中加入掩蔽剂的方式,利用干扰离子和待测成分与掩蔽剂形成的配合物稳定性不同,以改变干扰成分的存在形式。理想的配位掩蔽剂只与干扰离子形成稳定的配合物,而完全不与待测离子反应。实际工作中也可以同时使用多种掩蔽剂。例如,用 EDTA 滴定 In^{3+} 时,用 1,10-邻二氮菲配位掩蔽 Ni^{2+},用 KI 配位掩蔽 Hg^{2+},用硫脲使 Cu^{2+} 还原成 Cu^{+},并配位掩蔽 Cu^{+}。

利用反应速率差异也可以消除干扰,其原理就是设法降低干扰离子与试剂的反应速率。例如,用 EDTA 滴定 Sn^{4+} 时,Cr^{6+} 会产生干扰,若将 Cr^{6+} 还原为 Cr^{3+},同时,保持室温下滴定,由于 Cr^{3+} 与 EDTA 的反应需几十小时才能完成,故其干扰实际上已经消除了。

掩蔽可看成一种“均相分离”,它既未从体系中除去任何成分,也不形成新相。它只是将干扰成分的有效浓度降到对主反应的影响可以忽略的程度。当然,对掩蔽剂的选择还应考虑到掩蔽反应的生成物的性质(最好为无色、溶于水、不引起新的副反应)以及掩蔽剂适用的酸度范围等因素。

由于干扰情况非常复杂,尽管进行了分离或掩蔽,甚至进行了仪器校准和空白实验等,仍不一定能达到预期的效果。这时,还可以采用标准物质和标准分析方法进行对照分析,综合消除干扰的影响。例如,将实际样品与标准物质在同样优化好的条件下测试,当标准物质的测定值与标准物质的标准值一致时,可以认为该测定结果可靠;若无标准物质,可选用标准方法进行测定,以确定其可靠程度。尤其在痕量组分的分析中,校准曲线法和加标回收法是消除总体干扰、对待测结果作出最佳估计的重要方法。值得说明的是,校准曲线不可一劳永逸,其斜率常会变化,建议每次测定时绘制校准曲线。

第五章　分析化学实验结果的处理

第一节　实验的误差与来源

一、准确度与误差

准确度是指测定值与真实值相互接近的程度，它表示测定结果的可靠性。测定值与真实值之间的差值越小，则测定值的准确度越高。

准确度的高低用误差来衡量。误差有两种表示方法：绝对误差和相对误差。绝对误差是测定值(x)与真实值(μ)之差，相对误差是绝对误差在真实值中所占的百分比。即

$$\text{绝对误差} = x - \mu$$

$$\text{相对误差} = \frac{x-\mu}{\mu} \times 100\%$$

相对误差与真实值和绝对误差两者的大小有关，用相对误差来比较各种情况下测定结果的准确度更为确切些。

二、精密度与偏差

精密度是指在相同条件下多次重复测定(称为平行测定)各测定值之间彼此相接近的程度，它反映结果的再现性。

精密度的高低常用偏差来衡量。偏差是指个别测定值(x_i)与 n 次测定结果的算术平均值($\bar{x}$)的差值。偏差越小，分析结果的精密度就越高。

偏差有以下几种表示方法：绝对偏差和相对偏差、平均偏差、标准偏差。

1. 绝对偏差和相对偏差

设 n 次平行测定的数据分别为 $x_1, x_2, \cdots, x_n$，其算术平均值为：

$$\bar{x} = \frac{x_1 + x_2 + \cdots + x_n}{n} = \frac{1}{n}\sum_{i=1}^{n} x_i$$

则个别测定值的绝对偏差和相对偏差为：

绝对偏差　　　　$d_i = x_i - \bar{x}$

相对偏差　　　　$d_r = \frac{d_i}{\bar{x}}$

个别测定值的精密度常用绝对偏差或相对偏差表示。

2．平均偏差($\bar{d}$)

衡量一组平行数据的精密度,可用平均偏差。平均偏差是指单次测定值偏差绝对值的平均值。即

$$\bar{d}=\frac{|d_1|+|d_2|+\cdots+|d_n|}{n}=\frac{1}{n}\sum_{i=1}^{n}|d_i|$$

式中:n 为测定次数;d_i为单次测定的偏差。

应注意的是平均偏差 $\bar{d}$ 不记正、负号,而个别测定值的偏差 d_i要记正、负号。

用平均偏差表示精密度比较简单,但当一批数据的分散程度较大,仅以平均偏差不能说明精密度的高低时,需要采用标准偏差来衡量。

3．标准偏差

标准偏差又叫做均方根差。当测定次数 n 趋于无限多次时,标准偏差以 σ 表示:

$$\sigma=\sqrt{\frac{d_1^2+d_2^2+\cdots+d_n^2}{n}}=\sqrt{\frac{1}{n}\sum_{i=1}^{n}d_i^2}=\sqrt{\frac{1}{n}\sum_{i=1}^{n}(x_i-\mu)^2}$$

式中:μ 为无限多次测定结果的平均值,在数理统计中称为总体平均值。即

$$\lim_{n\to\infty}\bar{x}=\mu$$

总体平均值 μ 即为真实值,此时偏差即为误差。

在一般分析工作中,仅进行有限次的测定($n<20$)。当测定次数 n 不大时,标准偏差以 s 表示:

$$s=\sqrt{\frac{d_1^2+d_2^2+\cdots+d_n^2}{n-1}}=\sqrt{\frac{1}{n-1}\sum_{i=1}^{n}d_i^2}=\sqrt{\frac{1}{n-1}\sum_{i=1}^{n}(x_i-\bar{x})^2}$$

标准偏差是将单次测定值对平均值的偏差先平方再求总和,能更充分利用每个数据的偏差信息,所以它比平均偏差能更灵敏地反映出较大偏差的贡献,能更好地反映测定数据的精密度。

实际工作中常用相对标准偏差来表示精密度。相对标准偏差用 RSD 表示:

$$\mathrm{RSD}=\frac{s}{\bar{x}}\times 100\%$$

三、准确度与精密度的关系

精密度表示分析结果的再现性,而准确度则表示分析结果的可靠性,两者是不同的。

定量分析的最终要求是得到准确可靠的结果,但由于被测组分的真实值是未知的,故分析结果的准确与否常用测定结果的精密度的高低来衡量。实践证明,精密度高不一定准确度高,而准确度高,必然需要精密度也高。精密度是保证准确度的先决条件,精密度低,说明测定结果不可靠,也就失去了衡量准确度的前提。因此,首先应该使分析结果具有较高的精密度,然后才有可能获得准确可靠的结果。在确认消除了系统误差的情况下,可用精密度代表测定的准确度。

四、误差的来源与分类

定量分析中的误差，根据其性质的不同可以分为系统误差和随机误差两类。

1．系统误差

系统误差也叫做可测误差，是由分析过程中某些确定的原因所造成的。它对分析结果的影响比较固定，在同一条件下重复测定时它会重复出现，使测定的结果系统地偏高或系统地偏低。因此，这类误差有一定的规律性，其大小、正负是可以测定的，只要弄清来源，可以设法减小或校准。

产生系统误差的主要原因有以下几种。

（1）方法误差：由于分析方法本身不够完善而引入的误差。例如，反应进行不完全，有副反应发生，指示剂选择不当等。

（2）试剂误差：由于试剂或蒸馏水、去离子水不纯，含有微量被测物质或含有对被测物质有干扰的杂质等所产生的误差。

（3）仪器误差：由于仪器本身不够精密或有缺陷而造成的误差。如天平的两臂不等长，砝码质量未校准或被腐蚀，容量瓶、滴定管刻度不准确等，在使用过程中都会引入误差。

（4）主观误差：由于操作人员的主观因素造成的误差。例如，在洗涤沉淀时次数过多或洗涤不充分；在滴定分析中，对滴定终点颜色的分辨因人而异，有人偏深而有人偏浅，在读取滴定管读数时偏高或偏低；在进行平行测定时，总想使第二份滴定结果与前一份的滴定结果相吻合，在判断终点或读取滴定管读数时就不自觉地受到这种“先入为主”的影响，从而产生主观误差。

上述主观误差，其数值可能因人而异，但对一个操作者来说基本是恒定的。

2．随机误差

随机误差也叫做不定误差，是由一些随机的难以控制的不确定因素所造成的。随机误差没有一定的规律性，虽经操作者仔细操作，外界条件也尽量保持一致，但测得的一系列数据仍有差别。产生这类误差的原因常常难以察觉，如室内气压和温度的微小波动，仪器性能的微小变化，个人辨别的差异，在估计最后一位数值时，几次读数不一致。这些不可避免的偶然原因，都使得测定结果在一定范围内波动，从而引起随机误差。随机误差的大小、正负都不固定，但经过大量的实践发现，如果在同样条件下进行多次测定，随机误差符合正态分布。

五、提高测定结果准确度的方法

从误差产生的原因来看，只有尽可能地减小系统误差和随机误差，才能提高测定结果的准确度。现分述如下。

1．消除测定过程中的系统误差

系统误差是影响分析结果准确度的主要因素。造成系统误差的原因是多方面的,应根据具体情况采用不同的方法来消除系统误差。

(1) 比对实验。比对实验是检验分析方法和分析过程有无系统误差的有效方法。选用公认的标准方法与所采用的方法对同一试样进行测定,找出校准数据,消除方法误差。或用已知准确含量的标准物质(或纯物质配成的溶液)和被测试样以相同的方法进行分析,即所谓的“带标测定”,求出校准值。此外,也可以用不同的分析方法或者由不同单位的化验人员对同一试样进行分析来互相比对。

(2) 空白实验。由试剂、去离子水、实验器皿和环境带入的杂质所引起的系统误差,可通过空白实验来消除或减小。空白实验是在不加试样溶液的情况下,按照试样溶液的分析步骤和条件进行分析的实验。所得结果称为“空白值”,从测定结果中扣除空白值,即可消除此类误差。

(3) 校准仪器。由仪器不准确引起的系统误差可以通过校准仪器来消除。如配套使用的容量瓶、移液管、滴定管等容量器皿应进行校准,分析天平、砝码等应由国家计量部门定期检定。

至于因工作人员操作不当引起的误差,只有通过严格的训练,提高操作水平予以避免。

2. *增加平行测定次数减小随机误差*

增加平行测定次数可减小测定过程中的随机误差。

第二节　实验数据的记录及有效数字的运用

在化学实验中,不仅要准确测量物理量,而且应正确地记录所测定的数据并进行合理的运算。测定结果不仅能表示其数值的大小,而且还能反映测定的精密度。

例如,用托盘天平(小台秤)称量某试样 1 g 与用万分之一的分析天平称量 1 g 实际上是不相同的。托盘天平只能准确称至 0.1 g,而万分之一的分析天平可以准确称至0.0001 g。记录称量结果时,前者应记为 1.0 g,而后者应记为1.0000 g,后者较前者准确 1000 倍。同理,在测定结果的计算过程中也有类似的问题。所以在记录实验数据和计算结果时应保留几位数字是很重要的。

一、有效数字及位数

有效数字就是在测量和运算中得到的、具有实际意义的数值。也就是说,在构成一个数值的所有数字中,除最末一位允许是可疑的、不确定的外,其余所有的数字都必须是可靠的、准确的。

所谓可疑数字,除特殊说明外,一般可理解为该数字的最末位有±1 单位的误差。例如,用分析天平称量一坩埚的质量为19.0546 g,可理解为该坩埚的真实质量为(19.0546±0.0001) g,即19.0545～19.0547 g,因为万分之一的分析天平能够准确地称量至0.0001 g。

为了正确判别和写出测量数值的有效数字，首先必须明确以下几点：

(1) 1～9(非零数字)都是有效数字。

(2) “0”在数值中是不是有效数字应具体分析。

① 位于数值中间的“0”均为有效数字。如 1.008、10.98%、100.08、6.5004中所有的 0 都是有效数字，因为它代表了该位数值的大小。

② 位于数值前的“0”不是有效数字，因为它仅起到定位作用。如 0.0041、0.0562 中的 0。

③ 位于数值后面的“0”须根据情况区别对待。“0”在小数点后则是有效数字，如 0.5000中 5 后面的三个 0 和0.0040中 4 后面的 0 都是有效数字；“0”在整数的尾部算不算有效数字，则比较含糊。如 3600 若为四位有效数字，则后面两个 0 都有效；若为三位有效数字，则后一个 0 无效；若为两位有效数字，则后面两个 0 都无效。较为准确的写法应分别为 3.600×10^3(四位)、3.60×10^3(三位)、3.6×10^3(两位)。

(3) 若数值的首位等于或大于 8，其有效位数一般可多取一位。如 0.83(两位)可视为三位有效数字，88.65(四位)可视为五位有效数字。

(4) 对于 pH、pK、pM、lg$K$ 等对数的有效位数，只由小数点后面的位数决定。整数部分是 10 的幂数，与有效位数无关。如 pH＝10.28 换算为 H^+ 浓度时，应为 $[H^+]=2.1\times10^{-11}\ mol\cdot L^{-1}$，只有两位有效数字。求对数时，原数值有几位有效数字，对数也应取几位。如 $[H^+]=0.1\ mol\cdot L^{-1}$，$pH=-lg[H^+]=1.0$；$K(CaY)=4.9\times10^{10}$，$lgK(CaY)=10.69$。

(5) 在化学的许多计算中常涉及各种常数，一般认为其值是准确数值。准确数值的有效位数是无限的，需要几位就可算几位。

二、有效数字的运算规则

在实验过程中，一般要经过几个测定步骤获得多个测量数据，然后根据这些测量数据经过适当的计算得出分析结果。由于各个数据的准确度不一定相同，因此运算时必须按照有效数字的运算规则进行。

1. 数字的修约规则

当有效数字的位数确定后，其余数字(尾数)应一律舍去。舍弃办法采用“四舍六入五留双”的规则。即在拟舍弃的数字中，若左边第一个数字小于或等于 4 则舍去；若左边第一个数字大于或等于 6 则进 1；若左边第一个数字等于 5，其后的数字不全为 0，则进 1；当左边第一个数字等于 5，其后的数字全为 0 时，若保留下来的末位数字为奇数，则进 1，若为偶数(包括 0)则不进位。如将下列数值修约成两位有效数字，其结果为：

0.2636 修约为 0.26　　0.2573 修约为 0.26　　0.3252 修约为 0.33

0.3250 修约为 0.32　　0.2450 修约为 0.24　　2.1500 修约为 2.2

2. 加减运算规则

几个测量值相加减时,它们的和或差的有效位数的取舍,应以参加运算诸数值中小数点后位数最少(即绝对误差最大)的为标准。

例如,求 12.35 g+0.0066 g+7.8903 g。参加运算各数值中绝对误差最大的是 12.35 g,小数点后只有两位小数,故其和只应保留两位小数。因此,在计算前可将参加运算各数值先修约再运算。即

$$12.35\ \text{g}+0.01\ \text{g}+7.89\ \text{g}=20.25\ \text{g}$$

3. 乘除运算规则

几个测量值相乘除时,其积或商的有效位数的取舍,应以参加运算诸数值中有效位数最少(相对误差最大)的为标准。

例如,求 0.0121×25.64×1.05782。其中 0.0121 的有效位数最少,只有三位。25.64 有四位有效数字,1.05782有六位有效数字。它们的相对误差分别为:

$$0.0121 \qquad \frac{\pm 0.0001}{0.0121}\times 100\%=\pm 0.8\%$$

$$25.64 \qquad \frac{\pm 0.01}{25.64}\times 100\%=\pm 0.04\%$$

$$1.05782 \qquad \frac{\pm 0.00001}{1.05782}\times 100\%=\pm 0.0009\%$$

可见,0.0121 的有效位数最少,其相对误差最大,应以此为标准确定其他数值的有效位数。即按"数字修约"规则,将各数值都保留三位有效数字后再乘除。

$$0.0121\times 25.6\times 1.06=0.328$$

计算结果的准确度(相对误差)应该与相对误差最大的数值保持在同一数量级,不能高于它的准确度。

三、有效数字在分析化学实验中的应用

1. 正确地记录测量数据

在记录测量所得数值时,要如实地反映测量的准确度,只保留一位可疑数字。

用万分之一的分析天平称量时,要记到小数点后四位,即 ±0.0001 g,如 0.2500 g、1.3483 g;如果用托盘天平称量,则应记到小数点后一位,如0.5 g、2.4 g、10.7 g 等。

用合格的玻璃量器量取溶液时,准确度视量器不同而异。5 mL 以上滴定管应记到小数点后两位,即 ±0.01 mL;5 mL 以下的滴定管则应记到小数点后三位,即 ±0.001 mL。如从滴定管读取的体积为 24 mL 时,应记为 24.00 mL,不能记为 24 mL或 24.0 mL。

50 mL 以下的无分度移液管,应记到小数点后两位,如 50.00 mL、25.00 mL、5.00 mL等;有分度的移液管,只有 25 mL 以下的才能记到小数点后两位。

10 mL 以上的容量瓶总体积可记到四位有效数字。如常用的 50.00 mL、

100.0 mL、250.0 mL。

50 mL 以上的量筒只能记到个位数，5 mL、10 mL 量筒则应记到小数点后一位。

正确记录测量所得数值，不仅反映实际测量的准确度，也反映了测量时所耗费的时间和精力。例如，称量某样品的质量为0.5000 g，表明是用万分之一分析天平称取的，该样品的实际质量应为(0.5000±0.0001) g，相对误差为(±0.0001)/0.5000×100%=±0.02%；如果记为0.5 g，则相对误差为(±0.1)/0.5×100%=±20%。准确度差了1000倍。如果只要一位有效数字，用托盘天平就可称量，不必费时费事地用分析天平称取。

由此可见，记录测量数据时，切记不要随意舍去小数点后的“0”。当然也不允许随意增加位数。

2. 正确地选取试剂、样品用量和适当的量器

滴定分析法、重量分析法的准确度较高，方法的相对误差一般为0.1%～0.2%。为了保证方法的准确度，在分析过程中每一步骤的误差都要控制在0.1%左右。

如用分析天平称量，要保证称量误差小于0.1%，称取样品(或试剂)的质量就不应太小。分析天平可准确称量至0.0001 g，每个称量值都需要经过两次称量，故称量的绝对误差为±0.0002 g。为了使称量误差小于0.1%，则

$$\text{试料质量}=\frac{\text{绝对误差}}{\text{相对误差}}=\frac{0.0002\ \text{g}}{0.1\%}=0.2\ \text{g}$$

只有称量样品大于0.2 g，其称量的相对误差才能小于0.1%。如果称量样品大于2 g，则选用千分之一的工业天平也能满足对准确度的要求。如仍用万分之一的分析天平称量，则准确至小数点后三位已足够，没有必要对第四位苛求了。

同理，滴定过程中常量滴定管的读数误差为±0.01 mL，得到一个体积值的读数需要经过两次读取，可能造成的最大误差为±0.02 mL。为保证测量体积的相对误差小于0.1%，滴定剂的用量就必须大于20 mL。

3. 正确地表示分析结果

经过计算得出的分析结果所表述的准确度，应符合实际测量的准确度，即与测量中所用仪器设备所能达到的准确度相一致。

二　基本技能篇

第六章　分析天平的称量操作

分析天平是定量分析中最重要的仪器之一，正确使用分析天平是分析工作的前提。分析天平种类很多，除先进的电子天平外，常用的分析天平主要有半自动电光天平、全自动电光天平和单盘电光天平。这些天平在结构和使用方法上虽有不同，但基本原理是相同的。这里主要对半自动电光天平和电子天平的构造原理加以介绍，使学生掌握指定质量称量法、递减称量法和直接称量法三种称量方法。

第一节　半自动电光天平的构造

半自动电光天平是在空气阻尼天平的基础上发展起来的。其结构如图 2-1 所示。天平横梁是天平的主要部件，天平横梁由铝合金制成，在横梁的正中间装有细长而垂直的指针，横梁的正中间和等距离的两端装有三个三棱体的玛瑙刀，中间的玛瑙刀刀口向下，称为中刀或支点刀；两端的玛瑙刀刀口向上，称为承重刀。三个刀口的棱边完全平行，并处于同一水平面上。玛瑙刀刀口的角度和刀锋的完整程度直接影响天平的质量，因此在加减砝码和样品的过程中，一定要关上天平，将天平横梁托起。另外，横梁的两侧还装有两个平衡螺母，用来调整横梁的平衡位置（即调节零点）。

每台天平都有一盒配套的砝码。1 g 以上的砝码用铜合金或不锈钢制成，装在砝码盒中，取用时用镊子夹取。1 g 以下的砝码的加减由机械加码装置来完成。机械加码是指通过转动指数盘加减圈状砝码（俗称圈码）。大小砝码全部由指数盘操纵自动加减的，称为全自动电光天平。只有 1 g 以下的砝码是由指数盘操纵自动加减的，称为半自动电光天平。

电光天平的光学读数装置：光源发出的光线经聚光后，照射到天平指针下端的刻度标尺上，再经过放大，由反射镜反射到投影屏上。由于天平指针的偏移程度被放大在投影屏上，所以能准确地读出 10 mg 以下的质量。电光天平一般可以称量至 0.1 mg，最大载荷为 100 g 或 200 g。

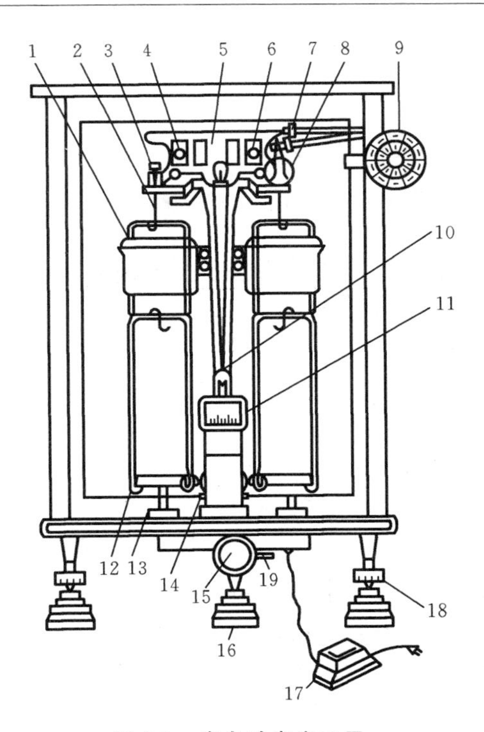

图 2-1　半自动电光天平

1—阻尼器；2—挂钩；3—吊耳；4、6—平衡螺母；5—天平横梁；7—圈码钩；8—圈码；9—指数盘；10—指针；11—投影屏；12—秤盘；13—盘托；14—光源；15—旋钮；16—垫脚；17—变压器；18—螺旋脚；19—拨杆

第二节　半自动电光天平的使用

一、使用规则

使用半自动电光天平时应遵守“半自动电光天平的使用规则”，主要有以下几点：

（1）称量前，必须用软毛刷清扫天平，检查天平是否正常，检查天平是否处于水平状态，圈码是否挂好，指数盘读数是否在零位。

（2）天平的前门不得随意打开，分别从左、右侧门取放所称样品和砝码。化学试剂和试样不得直接放在盘上，必须盛在干净的容器中称量。对于具有腐蚀性或吸湿性的物质，必须放在称量瓶或适当密闭的容器中称量；砝码必须用镊子夹取，严禁用手触摸。

（3）加减砝码和加减样品时必须预先关闭天平，将天平横梁托起，以免损坏刀口。开关天平动作要轻、缓，不得使天平剧烈振动。

（4）使用圈码装置，转动指数盘时，按照“由大到小，中间截取”的原则选用圈码。

（5）称量物体的温度必须与天平温度相同，在同一次实验中，应使用同一台天平和同一盒砝码，不得超载称量。

(6) 称量完毕后托起天平横梁,取出样品和砝码。应将电光天平指数盘还原,切断电源,关好天平门,最后盖上防尘罩。

二、称量前的准备

在每次称量前都应按顺序完成下面六个步骤:

(1) 取下天平罩,叠好;

(2) 观察天平是否正常,如天平门是否关好,圈码是否回零,吊耳有无脱落、移位等;

(3) 检查天平是否水平;

(4) 用毛刷刷净两个秤盘;

(5) 检查和调整天平的空盘零点;

(6) 称量未知物的质量时,一般先在托盘天平上进行粗称。

三、称量后的检查

每次做完实验后,都必须做好称量后的检查,检查的内容主要有以下几点:

(1) 天平是否关好,吊耳是否滑落;

(2) 秤盘内有无脏物,如有则用毛刷刷净;

(3) 检查砝码盒内的砝码是否按数归放原位;

(4) 检查圈码有无脱落,指数盘是否回至零位;

(5) 检查天平两侧门是否关闭,防尘罩是否罩好;

(6) 检查天平电源是否已切断。

第三节　电子天平的构造与功能

电子天平是最新一代的天平,是根据电磁力平衡原理制造的,可用于直接称量,且全程不需砝码,其结构如图 2-2 所示。电子天平用弹簧片取代机械天平的玛瑙刀口作支承点,用差动变压器取代升降枢装置,用数字显示代替指针刻度式指示。因而,电子天平具有使用寿命长、性能稳定、操作简便和灵敏度高的特点。此外,电子天平还具有自动校准、自动去皮、超载指示、故障报警等功能以及质量电信号输出功能,且可与打印机、计算机联用,进一步扩展其功能,如统计称量的最大值、最小值、平均值及标准偏差等。由于电子天平具有机械天平无法比拟的优点,尽管其价格较高,也越来越广泛地应

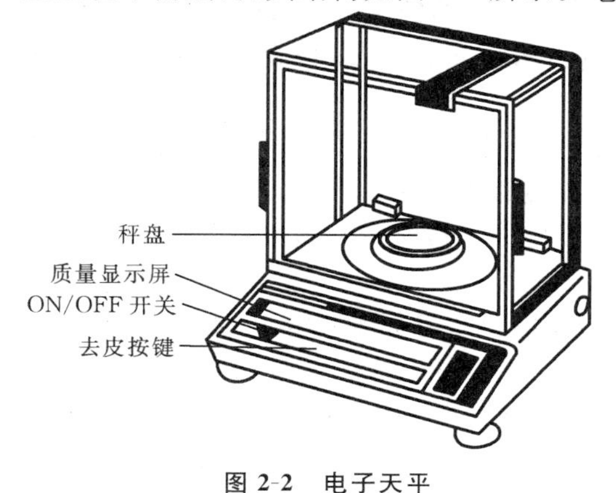

图 2-2　电子天平

用于各个领域并逐步取代机械天平。

第四节　电子天平的使用规则

电子天平的使用规则如下。

(1) 水平调节。观察水平仪，如水平仪气泡偏移，需调整水平调节脚，使气泡位于水平仪中心。

(2) 预热。接通电源，预热至规定时间后，开启显示器进行操作。

(3) 开启显示器。轻按 ON 键，显示器全亮，约 2 s 后，显示天平的型号，然后显示称量模式“0.0000 g”。

(4) 天平基本模式的选定。一般为“通常情况”模式，并具有断电记忆功能。使用时若改为其他模式，使用后一旦按 OFF 键，天平即恢复“通常情况”模式。称量单位的设置等可按说明书进行操作。

(5) 校准。天平安装后，第一次使用前，应对天平进行校准。读数时应关上天平门。

(6) 称量。按 TAR 键，显示为“0”后，置称量样品于秤盘上，等数字稳定即显示器左下角的“0”标志消失后，即可读出称量样品的质量值。

(7) 去皮称量。按 TAR 键清零，置容器于秤盘上，天平显示容器质量，再按 TAR 键，显示“0”，即去除皮重。再置称量样品于容器中，或将称量样品(粉末状物质或液体)逐步加入容器中直至达到所需质量，待显示器左下角“0”消失，这时显示的是称量样品的净质量。

(8) 称量结束后，若较短时间内还使用天平，一般不用按 OFF 键关闭显示器。实验全部结束后，关闭显示器，切断电源。

第五节　称 量 方 法

称取试样的方法通常有指定质量称量法、递减称量法和直接称量法。

一、指定质量称量法

指定质量称量法是指称取一指定质量的试样的方法。在直接配制标准溶液和试样分析时经常使用这种方法。

称样时，根据不同试样，可采用表面皿、小烧杯、称量纸和铝铲等器皿进行。该方法常用于称取不易吸湿的，且不与空气中各种组分发生作用的、性质稳定的粉末状物质，不适用于块状物质的称量。用半自动电光天平称样的具体操作方法如下：首先调好天平的零点，接着用金属镊子将清洁、干燥的容器(如瓷坩埚、深凹型小表面皿)放到左盘上，在右盘上加入等质量的砝码使其达到平衡，再向右盘增加与所称试样量相等的砝码,然后用小牛角勺逐渐加入试样,半开天平进行试重,直到所加试样只差很小质量时,便可以开启天平,极其小心地以左手持盛有试样的牛角勺,伸向容器中心部位上方 2～3 cm 处,用左手拇指、中指及掌心拿稳牛角勺柄,用左手食指轻点勺柄,让勺里的试样以非常缓慢的速度抖入容器中,如图 2-3 所示。这时,既要注意牛角勺,又要注视着微分标牌投影屏,待微分标牌正好移到所需要的刻度时,立即停止抖入试样,注意此时右手不要离开升降枢。此步操作必须十分仔细,若不慎多加了试样,只能关闭升降枢,用牛角勺取出多余的试样,再重复上述操作直到合乎要求为止。

二、递减称量法(差减法或减量法)

此法常用于称量那些易吸水、易氧化或易与 CO_2 反应的物质。此法是将试样放在称量瓶中,先称试样和称量瓶的总质量,然后按需要量倒出一部分试样,再称试样和称量瓶的质量,两次相减得到倒出试样的量。用半自动电光天平称样的具体操作方法如下:将适量试样装入称量瓶中,盖上瓶盖,用清洁的纸条叠成纸带套住称量瓶,左手拿住纸带尾部把称量瓶放到天平左盘的正中位置,选用适当的砝码放在右盘上使之平衡,称出称量瓶和试样的准确质量(m_1);左手仍用原纸带将称量瓶从秤盘上取下,拿到接收容器的上方,右手用纸片包住瓶盖柄打开瓶盖,倾斜瓶身,用瓶盖轻轻敲打瓶口上部,如图 2-4 所示,使试样慢慢落在容器中,注意不要让试样撒落在容器外。当倒出的试样接近所需要的质量时,将称量瓶缓缓竖起,用瓶盖敲动瓶口,使沾在瓶口部分的试样落回称量瓶中,盖好瓶盖,把称量瓶放回天平左盘,取出纸带,关好左边天平门,准确称其质量(m_2),两次质量之差(m_1-m_2)即为试样的质量。如此进行,可称取多份试样。

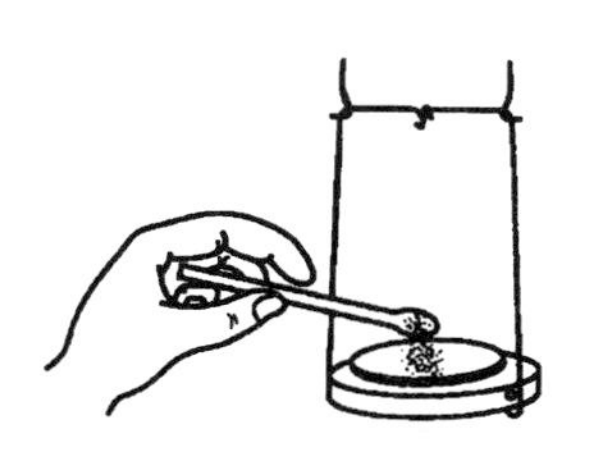

图 2-3　抖入试样的方法

图 2-4　递减称量法

三、直接称量法

对某些在空气中没有吸湿性的试样或试剂,如金属、合金等,可以用直接称量法称样,即将试样放在已知质量的清洁而干燥的表面皿或称量纸上,一次称取一定量的试样,然后将所称取的试样全部转移到接收容器中。

第七章　定量分析的基本操作

在分析化学实验中，用到的玻璃仪器种类很多，按用途大体可分为：①容器类，如烧杯、烧瓶、试剂瓶等，根据它们能否受热又可区分为可加热的和不宜加热的器皿；②量器类，如量筒、移液管、滴定管、容量瓶等；③其他玻璃器皿，如冷凝管、分液漏斗、干燥器、分馏柱、标准磨口玻璃仪器等，其中标准磨口玻璃仪器主要用于有机实验。分析化学中常用的仪器如图 2-5 所示。

第一节　常用玻璃仪器的洗涤与烘干

一、常用玻璃仪器的洗涤

玻璃仪器的洗涤方法有很多，一般来说，应根据实验的要求、玻璃仪器受污染的程度以及所用的玻璃仪器的种类选择合适的方法进行洗涤。

实验中常用的烧杯、锥形瓶、量筒、量杯等一般的玻璃器皿，由于测量精度较差，可用毛刷蘸水直接刷洗，从而除去仪器上附着的尘土、可溶性的杂质和易脱落的不溶性的杂质；如果玻璃器皿上附着有有机物或受污较为严重，可用毛刷蘸去污粉或合成洗涤剂刷洗，再用自来水冲洗干净，然后用蒸馏水（或去离子水）润洗 3 次，除去自来水带来的一些无机离子。

带有精确刻度的容量器皿如滴定管、移液管、吸量管、容量瓶等，为了保证容量的准确性，不宜用刷子刷洗，应选择合适的洗液来洗涤。先用自来水冲洗后，沥干，再用洗液处理一段时间（一般放置过夜），然后用自来水清洗，最后用蒸馏水（或去离子水）冲洗。具体操作如下。

1. 滴定管的洗涤

选择合适的洗涤剂和洗涤方法。一般用自来水冲洗，零刻度线以上部位可用毛刷蘸洗涤剂刷洗，零刻度线以下部位如不干净，则用洗液处理（碱式滴定管应除去乳胶管，用乳胶头将滴定管下口堵住）。如果只有少量的污垢，可装入 10 mL 洗液，双手平托滴定管的两端，不断转动滴定管，使洗液润洗滴定管内壁，操作时管口对准洗液瓶口，以防洗液外流。洗完后，将洗液分别由两端放出。如果滴定管太脏，可将洗液装满整根滴定管并浸泡一段时间。为防止洗液漏出，在滴定管下方可放一个烧杯。最后用自来水、蒸馏水（或去离子水）洗净。洗净后的滴定管内壁应被水均匀润湿而不挂水珠。

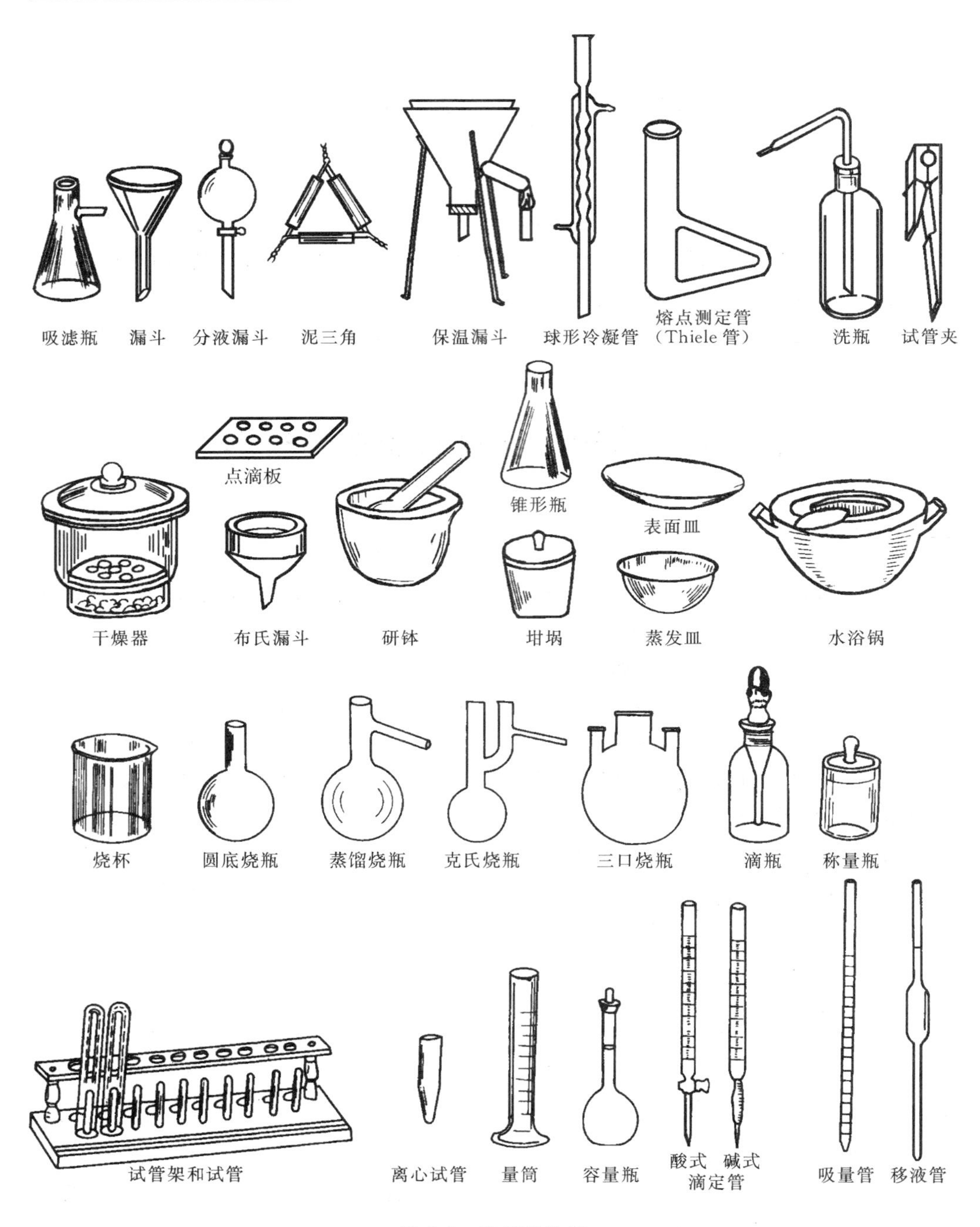

图 2-5　常用的仪器

2. 容量瓶的洗涤

先用自来水刷洗内壁,倒出水后,内壁如不挂水珠,即可用蒸馏水涮洗备用,否则必须用洗液处理。用洗液处理之前,先将瓶内残留的水倒出,再装入约 15 mL 洗液,转动容量瓶,使洗液润洗内壁后,停留一段时间,将其倒回原瓶,用自来水充分冲洗,最后用少量蒸馏水涮洗 2～3 次即可。

3. 移液管、吸量管的洗涤

为了使量出的溶液体积准确,要求管内壁和下部的外壁不挂水珠。先用自来水冲洗,再用洗耳球吹出管内残留的水,然后将移液管管尖插入洗液瓶内,用洗耳球吸取洗液,使洗液缓缓吸入移液管球部或吸量管约 1/4 处。移去洗耳球,再用右手食指按住管口,把移液管横过来,左手扶住移液管的中下部(以接触不到洗液为宜),慢慢松开右手食指,一边转动移液管,一边使管口降低,让洗液布满全管。洗液从上口放回原瓶,然后用自来水充分冲洗,再用洗耳球吸取蒸馏水,将整个内壁洗 3 次,洗涤方法同前,但洗过的水应从下口放出。每次的用水量以液面上升到移液管球部或吸量管约 1/5 处为宜。也可用洗瓶从上口进行吹洗,2～3次即可。

另外,光度法中所用的比色皿,是用光学玻璃制成的,绝不能用毛刷刷洗,通常用合成洗涤剂或 HNO_3 溶液(1∶1)洗涤后,再用自来水冲洗干净,然后用蒸馏水润洗2～3次。

二、玻璃仪器的烘干

凡是已经洗净的器皿,绝不能用布或纸擦干,否则,布或纸上的纤维将会附着在器皿上。

一般的玻璃器皿洗净后常需要干燥,通常是用电烘箱或烘干机在 110～120 ℃进行干燥,放进去之前应尽量把水沥干。放置时应注意使仪器的口朝下(倒置不稳的仪器应平放)。可在电烘箱的最下层放一个搪瓷盘,来接收仪器上滴下的水珠。

定量的玻璃仪器不能加热,一般采取控干、自然晾干或依次用少量酒精、乙醚涮洗后用温热的电吹风吹干等方法。

三、洗液的配制和使用方法

下面介绍洗液的配制和使用方法。

1. 重铬酸钾洗液

重铬酸钾洗液也称铬酸洗液,常用来洗涤不宜用毛刷刷洗的器皿,可除去油脂及还原性污垢。5%铬酸洗液的配制方法是:称 25 g 工业用重铬酸钾置于烧杯中,加水 50 mL,加热溶解后,冷却至室温。在不断搅拌下缓慢地加入工业硫酸 450 mL,溶液呈红褐色,冷却后置于棕色磨口瓶中密闭保存。新配制的洗液为红褐色,氧化能力很强,腐蚀性很强,易灼伤皮肤、烧坏衣服,所以使用时要注意安全。注意事项如下:

(1) 使用洗液前,必须先将玻璃仪器用自来水冲洗,沥干,以免洗液被稀释而降低洗液的效率。

(2) 用过的洗液不能随意存放,应倒回原瓶,以备下次再用。残留在仪器中的少量洗液,先用少量的自来水洗一次,首次废水最好倒入废液缸中。当洗液久用变为绿色时(Cr^{6+}被还原成Cr^{3+}),表明洗液已无氧化洗涤的能力,应重新配制。而失效的洗液绝不能倒入下水道,只能倒入废液缸内,另行处理,以免造成环境的污染。

2. 1%～2%$NaNO_3$的浓硫酸溶液

取$NaNO_3$ 2 g,用少量水溶解后,加入浓硫酸 100 mL 即得。本品用于垂熔玻璃漏斗等的洗涤。

3. $KMnO_4$的 NaOH 洗涤液

取$KMnO_4$ 4 g,溶于少量水中,缓缓加入 10%NaOH 溶液 100 mL 即得。本洗液用于洗涤油污或有机物。洗后在仪器上留有MnO_2沉淀,可用 HCl 溶液或草酸溶液处理。因本洗液碱性较强,因此洗涤时间不宜过长。

4. 醇制 KOH 液

称量 KOH 10 g,溶于 50 mL 水中,放冷后加工业酒精稀释至 100 mL 即得。本洗液用于洗涤油污或有机物,洗涤效果较好。

5. 碱性洗液

常用碳酸钠溶液、碳酸氢钠溶液(5%左右),对于那些有难洗油污的器皿也用 NaOH 溶液。用于洗涤沾有油污的非容量玻璃仪器,一般采用长时间浸泡法或浸煮法。

6. 酸性洗液

如浓 HCl 溶液、浓H_2SO_4溶液、浓HNO_3溶液等,可根据器皿污垢的性质用酸浸泡或浸煮器皿,注意温度不宜太高。

7. 乙醇与浓硝酸的混合溶液(3∶4)

本洗液最适合于洗涤滴定管时使用,在滴定管中先加 3 mL 乙醇,然后慢慢加入 4 mL 相对密度为 1.42 的浓硝酸,盖住滴定管口,利用所产生的氧化氮洗净滴定管。此洗涤操作宜在通风橱中进行。

8. 有机溶剂

氯仿、乙醚、乙醇、丙酮、二甲苯、甲苯、汽油等有机溶剂可用于油脂性污物较多的仪器的洗涤。

第二节 常用玻璃仪器的使用

在分析化学实验中,经常用到不同的玻璃仪器,不同的玻璃仪器有不同的用处,下面介绍几种常用滴定分析玻璃仪器。

一、烧杯

烧杯主要用于配制溶液、溶解试样等,加热时应置于石棉网上,使其受热均匀,一般不宜烧干。

二、量筒和量杯

量筒、量杯常用于粗略量取液体体积，沿壁加入或倒出溶液，它们是测量精度较差的量器，不能加热，不能用作反应容器。

三、称量瓶

称量瓶可分为矮形（扁形）和高形两种，前者用于在烘箱中烘干基准物，后者用于称量基准物样品，磨口塞要原配。

四、试剂瓶和滴瓶

试剂瓶分为细口和广口两种，细口瓶主要用于存放液体，广口瓶用来装固体试样。棕色瓶用来存放见光易分解的试剂，滴瓶用来存放需要滴加的溶液。试剂瓶和滴瓶都不能受热，不能在瓶中配制有大量热量放出的溶液；也不要用来长期存放碱性溶液，存放碱性溶液时应使用橡皮塞。

五、锥形瓶

锥形瓶是反应容器（经常用于中和反应和气体的制备），振荡很方便，适合滴定操作，一般在石棉网上加热，盛装液体不超过1/2。

六、滴定管

滴定管一般分为两种：一种是下端带有玻璃旋塞的酸式滴定管，用于盛放酸类溶液或氧化性溶液；另一种是碱式滴定管，用于盛放碱类溶液，不能盛放氧化性溶液，如K_2MnO_4、I_2、$AgNO_3$等，碱式滴定管的下端连接一段乳胶管，内放一个玻璃珠，以控制溶液的流速，乳胶管下端再连接一个尖嘴玻璃管。实验室常用容量为50 mL的滴定管，此外，还有容量为25 mL、10 mL和5 mL等的滴定管。

七、容量瓶

容量瓶是一种细颈、梨形的平底玻璃瓶，带有磨口玻璃塞，用橡皮筋可将塞子系在容量瓶的颈上（玻璃塞要保持原配）。颈上有标线，在20 ℃时液面至标线时的容量为其标称容量。容量瓶有5 mL、10 mL、25 mL、50 mL、100 mL、250 mL、500 mL和1000 mL等各种规格。

容量瓶可用于配制准确浓度的标准溶液和标准体积的待测溶液。

八、移液管和吸量管

移液管是用来准确移取一定体积溶液的仪器，如图2-6(a)所示。常用的移液管有5 mL、10 mL、25 mL和50 mL等规格。

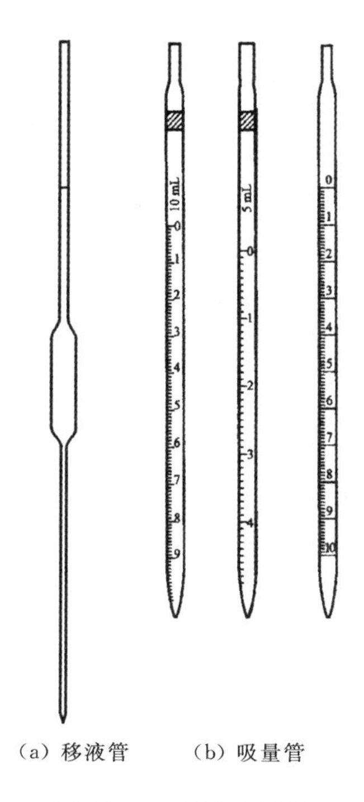

(a) 移液管　　(b) 吸量管

图 2-6　移液管和吸量管

吸量管是具有分刻度的玻璃管，如图 2-6 (b)所示。它一般只用于量取小体积的溶液。常用的吸量管有 1 mL、2 mL、5 mL、10 mL 等规格，吸量管吸取溶液的准确度不如移液管。

第三节　滴定分析法概述

按照分析化学的任务，可将其分为定性分析、定量分析和结构分析三部分。定性分析是确定物质是由哪些组分(元素、离子、基团或者化合物)所组成；定量分析是确定物质中有关组分的含量，即确定物质中被测组分“含有多少”；结构分析是确定物质组分的结合方式及其对物质化学性质的影响。其中定量分析法是分析化学最重要的研究和实验方法。常用的定量分析法有化学分析法和仪器分析法，其中化学分析法是以物质的化学反应为基础的分析方法，主要有滴定分析法和沉淀重量法等。滴定分析法是定量化学分析中重要的分析方法，并因其简单、快速、准确的特点而被广泛应用于教学、科研及化工生产等的定量分析中。

一、基本概念

滴加标准溶液的操作过程称为滴定。用滴定管将已知准确浓度的试剂溶液滴加到待测溶液中，直到被测物恰好完全反应时为止，这时加入的试剂溶液的物质的量与被测物的物质的量符合化学反应的计量关系，根据消耗的试剂溶液的体积和已知浓度，就可以按照化学计量关系求得被测物的含量，这就是滴定分析法。根据滴定剂与被测物反应的类型，滴定分析可分为四种类型，即酸碱滴定法、配位滴定法、氧化还原滴定法和沉淀滴定法。

1. 滴定分析法基本术语

（1）标准溶液：已知准确浓度的试剂溶液称为标准溶液，也称滴定剂。

（2）化学计量点：标准溶液与被测物恰好反应完全的点，称为化学计量点。

（3）滴定终点：当以指示剂确定终点时，指示剂颜色恰好变化时即终止滴定，此时称为滴定终点。

（4）终点误差：滴定终点与理论上的化学计量点常不一致，由此引起的误差称为终点误差。

2. 滴定分析对滴定反应的要求和滴定方式

不是所有的化学反应都能用于滴定分析，滴定反应一般符合以下要求：

（1）必须根据一定的反应式按照化学计量关系定量进行，反应的完全程度一般在 99.9%以上。

（2）反应迅速。反应能在瞬间完成，即使某些反应速率较慢，可以采取适当方法（如加热或者加催化剂等）来加快反应速率。

（3）必须有简单有效的方法确定终点（如选择适当的指示剂）。

滴定方式主要有直接滴定法、返滴定法、置换滴定法和间接滴定法等四种。

二、基准物质和标准溶液

1. 基准物质

配制标准溶液要用基准物质（也称基准试剂），作为基准物质必须具备以下条件：

（1）组成与化学式完全相符。对于含有结晶水的物质，结晶水的含量也应与化学式相符。

（2）纯度高，质量分数不低于 99.9%，基准物质与高纯度试剂两者不同，不能随意用高纯度试剂作基准物质。

（3）化学性质稳定，不论是固体还是溶液状态，都应该具有足够的稳定性，易储存，不与空气中的 O_2、CO_2、H_2O 等作用，不吸湿、不风化。

（4）为了减少实验误差，最好具有较大的摩尔质量。

2. 标准溶液

配制标准溶液一般有两种方法：直接法和间接法。

（1）直接法：准确称取一定量的基准物质，溶解后定容、摇匀，计算出该溶液的准确浓度，即为直接法，如可用直接法配制 $K_2Cr_2O_7$ 等标准溶液。

（2）间接法：先粗略配制成接近于所需浓度的溶液，然后标定其准确浓度，即利用一定体积的待标定溶液与一定质量的另一基准物质(或者一定体积已知准确浓度的另一标准溶液)反应来确定其准确浓度。如 NaOH、HCl 等标准溶液通常采用间接法配制。

第四节　滴定分析的基本操作

在滴定分析中,经常要用到移液管、容量瓶和滴定管这三种能准确测量溶液体积的玻璃器皿,它们的洗涤及正确使用是滴定分析中最重要的基本操作,也是获得准确分析结果的前提。

一、移液管和吸量管

移液管用来准确移取一定体积的溶液。在标明的温度下,先使溶液的弯月面下缘与移液管标线相切,再让溶液按一定的方法自由流出,则流出的溶液的体积与管上所标明的体积相同(实际上流出溶液的体积与标明的体积会稍有差别,使用时的温度与标定移液管体积时的温度不一定相同,必要时可校准)。吸量管具有分刻度,可以用来吸取不同体积的溶液。

使用前,移液管和吸量管都应该洗净,使整个内壁和下部的外壁不挂水珠。可先用自来水冲洗一次,再用铬酸洗液洗涤。洗涤方法见前面介绍的移液管、吸量管的洗涤。移取溶液前,必须用吸水纸将管的尖端内外的水除去,然后用待测溶液润洗 3 次。方法是将待测溶液吸至球部,见图 2-7(a)(尽量勿使溶液流回,以免稀释待测溶液)。以后的操作,可以按铬酸洗液洗涤移液管的方法进行,但用过的溶液应从下口放出弃去。

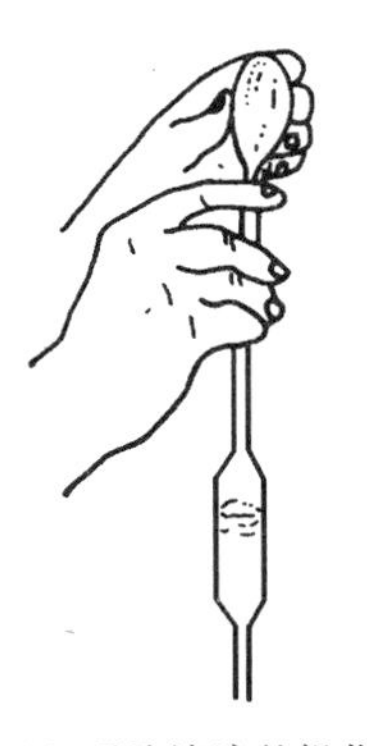

(a) 吸取溶液的操作

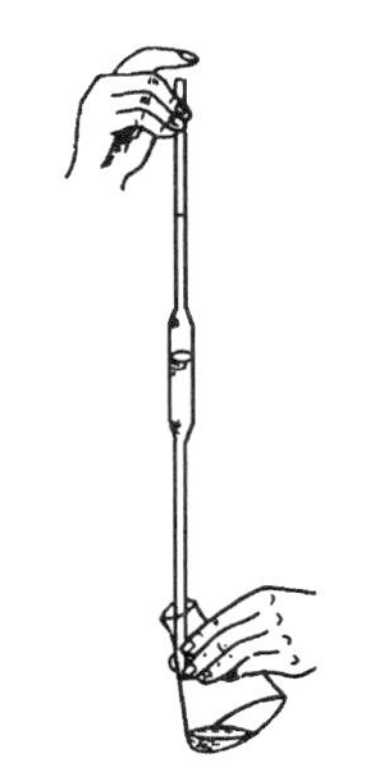

(b) 放出溶液的操作

图 2-7　移取溶液操作

移取溶液时,将移液管直接插入待测溶液液面下 1～2 cm 深处。管尖伸入不要太浅,以免液面下降后造成吸空;也不要太深,以免移液管外壁附有过多的溶液。移取溶液时，将洗耳球紧接在移液管口上，并注意容器中液面和移液管管尖的位置，应使移液管随液面下降而下降。当液面上升至标线以上时，迅速移去洗耳球，并用右手食指按住管口，左手改拿盛装待测溶液的容器。将移液管向上提起，使其离开液面，并将管的下部(伸入溶液的部分)沿待测溶液容器内壁转两圈，以除去管外壁上的溶液。然后使容器倾斜成约 45°，其内壁与移液管管尖紧贴，移液管竖直，此时微微松动右手食指，使液面缓慢下降，直到弯月面下缘与标线相切时，立即按紧食指，左手改拿接收溶液的容器。将接收容器倾斜约 45°，使内壁紧贴移液管管尖，松开右手食指，使溶液自由地沿壁流下(见图 2-7(b))。待液面下降到管尖后，再等 15 s，取出移液管。注意：除特别注明需要“吹”的以外，管尖最后留有的少量溶液不能吹入接收容器中，因为在标定移液管容量时，这部分溶液未被算进去。

用吸量管吸取溶液时，吸取溶液和调节液面至最上端标线的操作与移液管相同。放溶液时，用食指控制管口，使液面慢慢下降至与所需的刻度相切时按住管口，移去接收容器。若吸量管的刻度标至管尖，管上标有“吹”字，并且需要从最上面的标线放至吸量管管尖时，则在溶液流到吸量管管尖后，立即用洗耳球从管口轻轻吹一下即可。还有一种吸量管，刻度标至离吸量管管尖尚差 1～2 cm 处。使用这种吸量管时，应注意不要使液面降到刻度以下。在同一实验中应尽可能使用同一根吸量管的同一段，并且尽可能使用上面部分，而不用末端收缩部分。

移液管和吸量管用完后应放在移液管架上。如短时间内不再用它吸取同一溶液，应立即用自来水冲洗，再用蒸馏水清洗，然后放在移液管架上。

二、容量瓶

容量瓶是一种细颈、梨形的平底瓶，它用于把准确称量的物质配成准确浓度的溶液，或将准确体积及浓度的浓溶液稀释成准确浓度及体积的稀溶液。一般的容量瓶都是“量入”式的，符号为 In(或 E)，它表示在标明的温度下，当液面到标线时，瓶内液体的体积恰好与瓶上标明的体积相同。“量出”式的容量瓶很少用。容量瓶的精度级别分为 A 级和 B 级。

容量瓶使用前应先检查瓶塞是否漏水，标线位置距离瓶口是否太近。如果漏水或标线距离瓶口太近，则不宜使用。检查瓶塞是否漏水的方法：加自来水至标线附近，盖好瓶塞后，一手用食指按住塞子，其余手指拿住瓶颈标线以上部分，另一手用指尖托住瓶底边缘(见图 2-8(a))。将瓶倒立 2 min，如不漏水，将瓶直立，旋转瓶塞 180°后，再倒过来试一次。在使用中，不可将扁头的玻璃磨口塞放在桌面上，以免沾污和弄混。操作时，可用一手的食指及中指(或中指及无名指)夹住瓶塞的扁头(见图 2-8(b))，当操作结束时，随手将瓶塞塞上。也可用橡皮圈或细绳将瓶塞系在瓶颈上，细绳应稍短于瓶颈。操作时，瓶塞系在瓶颈上，瓶塞尽量不要碰到瓶颈，操作结束后立即将瓶塞塞好。在后一种做法中，特别要注意避免瓶颈外壁对瓶塞的沾污。如果是平顶的塑料盖子，则可将盖子倒放在桌面上。

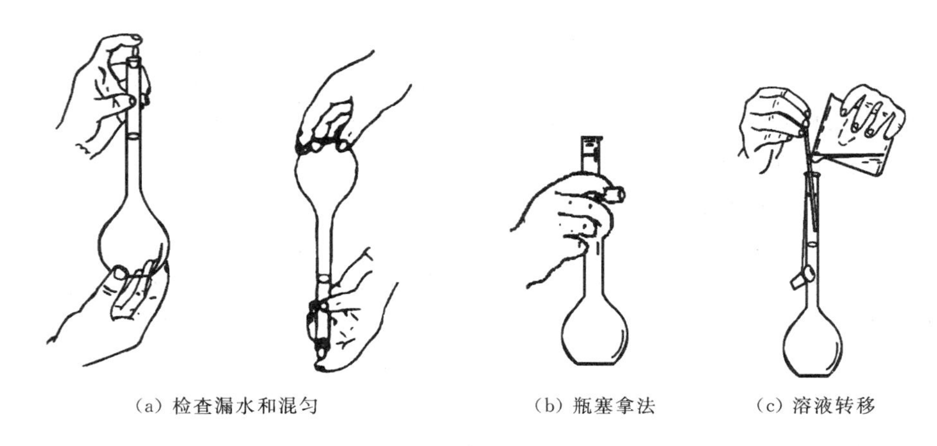

(a) 检查漏水和混匀　　(b) 瓶塞拿法　　(c) 溶液转移

图 2-8　容量瓶使用

用容量瓶配制溶液时,最常用的方法是将待溶固体称出,置于小烧杯中,加水或其他溶剂使固体溶解,然后将溶液定量转入容量瓶中。定量转移时,烧杯口应紧靠伸入容量瓶的玻棒(其上部不要接触瓶口,下端靠着瓶颈内壁),使溶液沿玻棒和内壁流入容量瓶(见图 2-8(c))。溶液全部转移后,将玻棒和烧杯稍微向上提起,同时使烧杯直立,再将玻棒放回烧杯。注意勿使溶液流至烧杯外壁而造成损失。用洗瓶吹洗玻棒和烧杯内壁,将洗涤液转移至容量瓶中,如此重复多次,完成定量转移。当加水至容量瓶的 3/4 左右容量时,用右手食指和中指夹住瓶塞的扁头,将容量瓶拿起,按水平方向旋转几周,使溶液初步混匀。继续加水至距离标线约 1 cm 处,静置 1～2 min,待附在瓶颈内壁的溶液流下后,再用细而长的滴管(特别熟练时也可用洗瓶加水至标线)加水(注意勿使滴管接触溶液)至弯月面下缘与标线相切。无论溶液有无颜色,其加水位置均以弯月面下缘与标线相切为准。即使溶液颜色比较深,但最后所加的水位于溶液最上层,而尚未与有色溶液混匀,所以弯月面下缘仍然非常清晰,不致有碍观察。盖上干的瓶塞,用一只手的食指按住瓶塞上部,其余四指拿住瓶颈标线以上部分,用另一只手的指尖托住瓶底边缘,如图 2-8(a)所示,将容量瓶倒转,使气泡上升到顶部,此时将瓶振荡数次。将瓶直立后,再次将瓶倒转过来进行振荡。如此反复多次,将溶液混匀。最后放正容量瓶,打开瓶塞,使瓶塞周围的溶液流下,重新塞好塞子后,再倒转振荡 1～2 次,使溶液全部混匀。

若用容量瓶稀释溶液,则用移液管移取一定体积的溶液,放入容量瓶后,稀释至标线,按前述方法混匀。

配好的溶液如需保存,应转移到磨口试剂瓶中。试剂瓶要用此溶液润洗 3 次,以免将溶液稀释。不要将容量瓶当作试剂瓶使用。

容量瓶用完后应立即用水冲洗干净。长期不用时,磨口处应洗净擦干,并用纸片将磨口隔开。

容量瓶不得在烘箱中烘烤,也不能用其他任何方法进行加热。

三、滴定管

（一）酸式滴定管（简称酸管）的准备

酸管是滴定分析中经常使用的一种滴定管。除了强碱溶液外，其他溶液作为滴定液时一般采用酸管。

(1) 使用前，首先应检查活塞与活塞套是否结合紧密，如不密合将会出现漏水现象，则不宜使用。其次，应进行充分的清洗。为了使活塞转动灵活并克服漏水现象，需将活塞涂油（如凡士林或真空活塞油脂）。操作方法如下：

① 取下活塞小头处的小橡皮圈，再取出活塞。

② 用吸水纸将活塞和活塞套擦干，并注意勿使滴定管内壁的水再次进入活塞套（将滴定管平放在实验台面上）。

③ 用手指将油脂涂抹在活塞的两头或用手指把油脂涂在活塞的大头和活塞套小口的内侧（见图 2-9）。油脂涂得要适当，涂得太少时，活塞转动不灵活，且易漏水；涂得太多时，活塞的孔容易被堵塞。油脂绝对不能涂在活塞孔的上下两侧，以免旋转时堵住活塞孔。

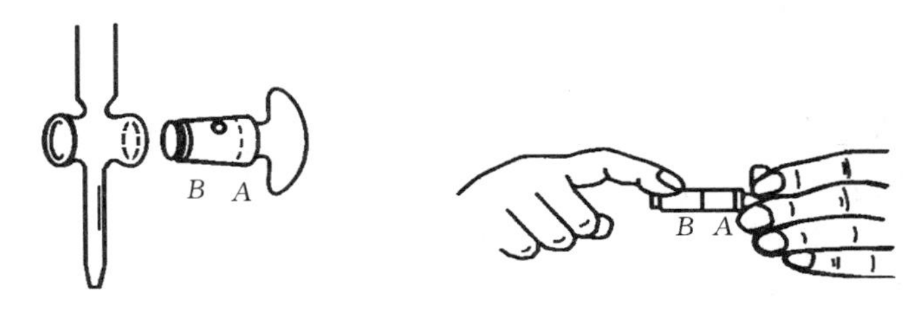

图 2-9 活塞涂油脂操作

④ 将活塞插入活塞套中。插入时，活塞孔应与滴定管平行，径直插入活塞套，不要转动活塞，这样避免将油脂挤到活塞孔中。然后向同一方向旋转活塞，直到活塞和活塞套上的油脂层全部透明为止。套上小橡皮圈。

经上述处理后，活塞应转动灵活，油脂层没有纹路。

(2) 用自来水充满滴定管，将其放在滴定管架上竖直静置约 2 min，观察有无水滴漏下。然后将活塞旋转 180°，再如前检查，如果漏水，应重新涂油。若出口管管尖被油脂堵塞，可将它插入热水中温热片刻，然后打开活塞，使管内的水快速流下，将软化的油脂冲出。油脂排出后，即可关闭活塞。

管内的自来水从管口倒出，出口管内的水从活塞下端放出（从管口将水倒出时，不能打开活塞，否则活塞上的油脂会冲入滴定管，使内壁重新被沾污）。然后用蒸馏水洗 3 次，第一次用 10 mL 左右，第二次及第三次各 5 mL 左右。清洗时，双手拿滴定管两端无刻度处，一边转动一边倾斜滴定管，使水布满全管并轻轻振荡，然后将滴定管直立,打开活塞将水放掉,同时冲洗出口管。也可将大部分水从管口倒出,再将余下的水从出口管放出。每次放水时应尽量不使水残留在管内。最后,将管的外壁擦干。

（二）碱式滴定管(简称碱管)的准备

使用前应检查乳胶管和玻璃珠是否完好。若乳胶管已老化,玻璃珠过大(不易操作)、过小(漏水)或不圆等,应予更换。洗涤方法见前面介绍的滴定管的洗涤。

（三）操作溶液的装入

装入操作溶液前,应将试剂瓶中的溶液摇匀,使凝结在瓶内壁上的水珠混入溶液,这在天气比较热、室温变化较大时尤为必要。混匀后将操作溶液直接倒入滴定管中,不得用其他容器(如烧杯、漏斗等)来转移。此时,用左手前三指拿住滴定管上部无刻度处,并可稍微倾斜,右手拿住试剂瓶,向滴定管中倒入溶液。如用小试剂瓶,可以用手握住瓶身(瓶的标签面向手心);如用大试剂瓶,则将试剂瓶仍放在桌上,手拿瓶颈,使瓶倾斜,让溶液慢慢沿滴定管内壁流下。

用摇匀的操作溶液将滴定管润洗 3 次(第一次用 10 mL,大部分可由管口倒出,第二次、第三次各 5 mL,可以由出口管放出,洗法同前)。应特别注意的是,一定要使操作溶液洗遍全部内壁,并使溶液接触管壁 1～2 min,以便与原来残留的溶液混合均匀。每次洗涤尽量放干残留液。对于碱管,仍应注意玻璃球下方的洗涤。最后,将操作溶液倒入,直至零刻度以上为止。

滴定管充满溶液后,对碱管应检查乳胶管与尖嘴处是否留有气泡;酸管出口管及活塞透明,容易看出是否留有气泡(有时活塞孔暗藏着的气泡,需要从出口管快速放出溶液时才能看见)。为使溶液充满出口管,在使用酸管时,右手拿滴定管上部无刻度处,并使滴定管倾斜约 30°,左手迅速打开活塞使溶液冲出(下面用烧杯盛接溶液,或到水池边使溶液放到水池中),这时出口管中应不再留有气泡。若气泡仍未能排出,可重复上述操作。如仍不能使溶液充满,可能是出口管未洗净,必须重洗。在使用碱管时,装满溶液后,右手拿滴定管上部无刻度处,稍倾斜,左手拇指和食指拿住玻璃珠部位,并使乳胶管向上弯曲,出口管斜向上,然后在玻璃珠部位往一旁轻轻捏乳胶管,使溶液从出口管喷出(见图 2-10)(下面用烧杯接溶液,排气泡的方法同酸管),再一边捏乳胶管一边将乳胶管放直(当乳胶管放直后,再松开拇指和食指,否则出口管仍会有气泡)。最后,将滴定管的外壁擦干。

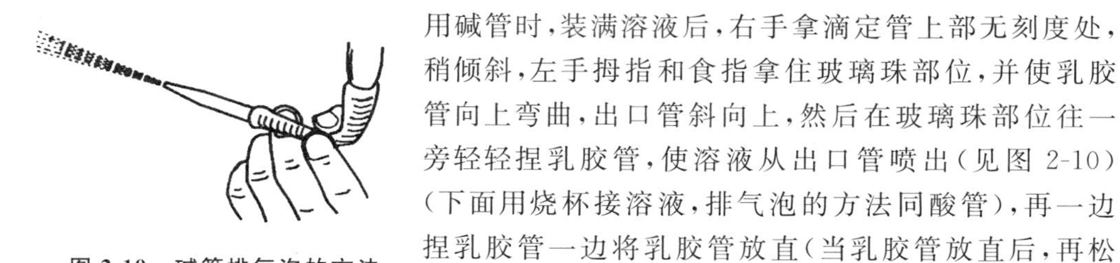

图 2-10　碱管排气泡的方法

（四）滴定管的读数

读数时应遵循下列原则:

(1) 装满或放出溶液后，必须等 1～2 min，使附着在内壁的溶液流下来后，再进行读数。如果放出溶液的速度较慢(如滴定到最后阶段，每次滴加半滴溶液时)，等 0.5～1 min 即可读数。每次读数前要检查一下滴定管壁是否挂水珠，滴定管管尖的部分是否有气泡。

(2) 读数时，滴定管可以夹在滴定管架上，也可以用手拿滴定管上部无刻度处。不管用哪一种方法读数，均应使滴定管保持竖直。

(3) 对于无色或浅色溶液，应读取弯月面下缘的最低点，读数时，视线在弯月面下缘最低点处，且保持水平(见图 2-11(a))；溶液颜色太深时，可读液面两侧的最高点，此时，视线应与该点成水平。初读数与终读数应采用同一标准。

(4) 必须读到小数点后第二位，即要求估计到 0.01 mL。估计读数时，应该考虑刻度线本身的宽度。

(5) 若为乳白板蓝线衬底的滴定管，应当取蓝线上下两尖端相对点的位置读数(见图 2-11(b))。

(6) 为了便于读数，可在滴定管后面放一个黑白两色的读数卡(见图 2-11(c))。读数时，将读数卡衬在滴定管背后，使黑色部分在弯月面下约 1 mm 处，弯月面的反射层即全部成为黑色。读此黑色弯月面下缘的最低点。对有色溶液需读两侧最高点时，可以用白色卡作背景。

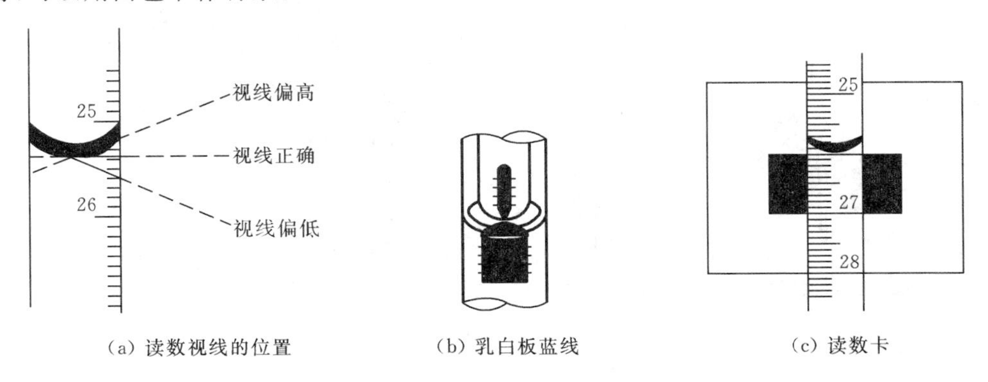

(a) 读数视线的位置　　(b) 乳白板蓝线　　(c) 读数卡

图 2-11　滴定管的读数与读数卡的使用

(7) 读取初读数前，应将滴定管管尖悬挂着的溶液除去。滴定至终点时应立即关闭活塞，并注意不要使滴定管中的溶液流出，否则终读数便包括流出的溶液。因此，在读取终读数前，应注意检查出口管管尖是否悬挂溶液，如有，则此次读数不能取用。

(五) 滴定管的操作方法

进行滴定时，应将滴定管竖直地夹在滴定管架上。如使用的是酸管，左手无名指和小手指向手心弯曲，轻轻地贴着出口管，用其余三指控制活塞的转动(见图 2-12(a))。但应注意不要向外拉活塞，以免拉出活塞造成漏水；也不要过分往里扣，以免造成活塞转动困难，不能操作自如。如使用的是碱管，左手无名指及中指夹住出口管，拇指与食指在玻璃珠部位往一旁(左右均可)捏乳胶管，使溶液从玻璃珠旁空隙处流出(见图 2-12(b))。注意：不要用力捏玻璃珠，也不能使玻璃珠上下移动；不要捏到玻璃珠下部的乳胶管；停止滴定时，应先松开拇指和食指，最后再松开无名指和中指。

无论使用哪种滴定管，都必须掌握下面三种滴加溶液的方法：逐滴、连续地滴加；只加一滴；使液滴悬而未落，即加半滴。

(六) 滴定操作

滴定操作可在锥形瓶和烧杯内进行，并以白瓷板(有白色沉淀时用黑瓷板)作背景。

在锥形瓶中滴定时，用右手前三指拿住锥形瓶瓶颈，使瓶底离瓷板 2～3 cm。同时调节滴定管的高度，使滴定管的下端伸入瓶口约 1 cm。左手按前述方法滴加溶液，右手运用腕力摇动锥形瓶，边滴加溶液边摇动(见图 2-12(d))。

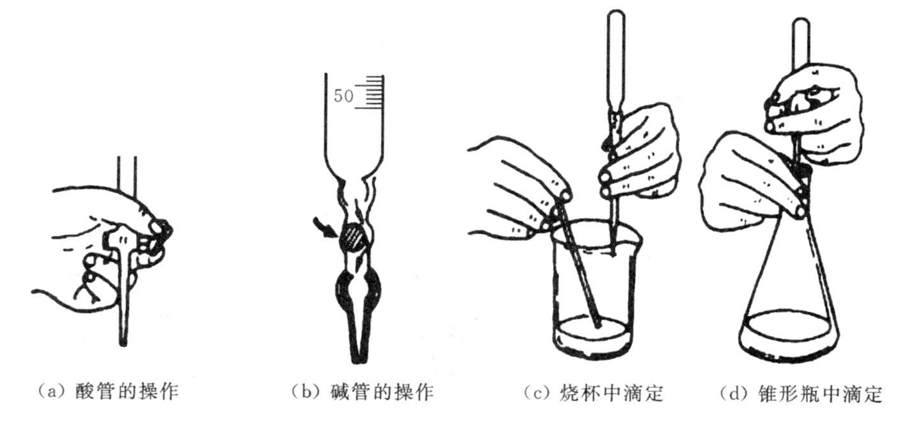

(a) 酸管的操作　(b) 碱管的操作　(c) 烧杯中滴定　(d) 锥形瓶中滴定

图 2-12　滴定操作

滴定操作中应注意以下几点：

(1) 摇瓶时，应使溶液向同一方向做圆周运动(左右旋转均可)，但勿使瓶口接触滴定管，溶液也不得溅出。

(2) 滴定时，左手不能离开活塞而任其自流。

(3) 注意观察溶液落点周围溶液颜色的变化。

(4) 开始时，要一边摇动一边滴加，滴定速度可稍快，但不可流成“水线”。接近终点时，应改为加一滴，摇几下。最后，每滴加半滴溶液就摇动锥形瓶，直至溶液出现明显的颜色变化。滴加半滴溶液的方法如下：用酸管滴加半滴溶液时，微微转动活塞，使溶液悬挂在出口管管尖上，形成半滴，用锥形瓶内壁将其沾落，再用洗瓶以少量蒸馏水吹洗瓶壁；用碱管滴加半滴溶液时，应先松开拇指和食指，将悬挂的半滴溶液沾在锥形瓶内壁上，再放开无名指与中指，这样可以避免出口管管尖出现气泡，造成读数误差。

(5) 每次滴定最好都从 0.00 mL 开始(或从零附近的某一固定刻度开始)，这样可以减小误差。

在烧杯中进行滴定时，将烧杯放在白瓷板上，调节滴定管的高度，使滴定管下端伸入烧杯内 1 cm 左右。滴定管下端应位于烧杯中心的左后方，但不要靠近杯壁。右手持玻棒在右前方搅拌溶液。左手滴加溶液的同时(见图 2-12(c))，应用玻棒不断搅动，但不得接触烧杯壁和底部。

在加半滴溶液时，用玻棒下端盛接悬挂的半滴溶液，放入溶液中搅拌。注意：玻棒只能接触液滴，不能接触滴定管管尖。其他注意点同上。滴定结束后，滴定管内剩余的溶液应弃去，不得将其倒回原瓶，以免沾污整瓶操作溶液。随即洗净滴定管，并用蒸馏水充满全管，备用。

第八章　重量分析法的基本操作

重量分析法是分析化学中重要的经典分析方法，通常是用适当方法将被测组分经过一定步骤从试样中离析出来，称其质量，进而计算出该组分的含量。以不同的分离方法分类，可分为沉淀重量法、气体重量法（挥发法）和电解重量法。最常用的沉淀重量法是将待测组分以难溶化合物从溶液中沉淀出来，沉淀经过陈化、过滤、洗涤、干燥或灼烧后，转化为称量形式称重，最后通过化学计量关系计算得出分析结果。沉淀重量法中的沉淀类型主要有两类：一类是晶形沉淀，另一类是无定形沉淀。本部分主要在于掌握晶形沉淀（如 $BaSO_4$）重量分析法的基本操作。

一、试样的溶解

（1）准备好洁净的烧杯、长度合适的玻棒（玻棒应高出烧杯 5～7 cm）和表面皿（表面皿的大小应大于烧杯口）。烧杯内壁和底部不应有划痕。

（2）称样放入烧杯后，用表面皿盖好。

（3）溶解试样。将溶剂沿烧杯壁或沿着下端与烧杯壁紧靠的玻棒缓慢加入烧杯中，防止溶液外溅。溶剂加完后用玻棒搅拌使试样完全溶解，盖上表面皿，如有必要则放在电炉上加热使试样全部溶解。

二、沉淀及陈化

在热溶液中进行沉淀操作时，一手拿滴管缓慢滴加沉淀剂，与此同时，另一手持玻棒进行充分搅拌。待沉淀完全后，盖上表面皿，放置过夜或在水浴上加热 1 h 左右，使沉淀陈化。

三、沉淀的过滤

重量分析法使用的定量滤纸，称为无灰滤纸。每张滤纸的灰分质量约为 0.08 mg，在称量时可以忽略。过滤晶形沉淀时，可用慢速滤纸。过滤用的玻璃漏斗锥体角度应为 60°，颈的直径不能太大，一般为 3～5 mm，颈长为 15～20 cm，颈口处磨成 45°角，如图 2-13(a)所示。漏斗的大小应与滤纸的大小相对应，使折叠后的滤纸的上缘低于漏斗上缘 0.5～1 cm，不能超出漏斗边缘。

滤纸一般按四折法折叠，折叠时，应先将手洗干净，揩干，以免弄脏滤纸。具体方法是先将滤纸整齐地对折，然后再对折，这时不要把两角对齐，将其打开后成为顶角稍大于 60°的圆锥体，如图 2-13(b)所示。为保证滤纸和漏斗密合，第二次对

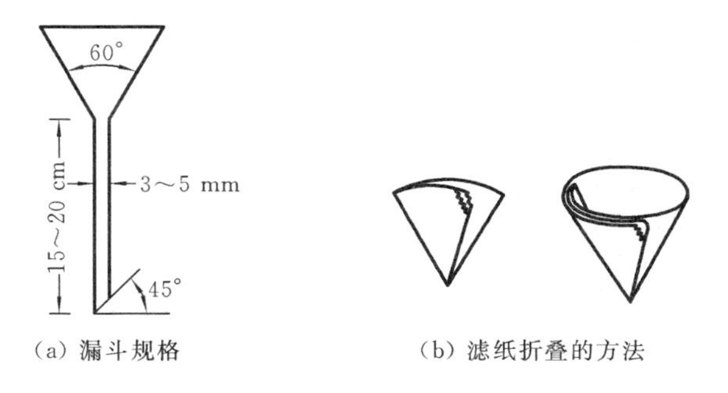

(a) 漏斗规格　　(b) 滤纸折叠的方法

图 2-13　过滤装置

折时不要折死，先把圆锥体打开，放入洁净而干燥的漏斗中，如果滤纸和漏斗边缘不十分密合，可以稍稍改变滤纸折叠的角度，直到与漏斗密合为止。用手轻按滤纸，将第二次的折边折死，所得圆锥体的半边为三层，另半边为一层。然后取出滤纸，将三层厚一边紧贴漏斗的外层撕下一角，如图 2-13(b)所示，保存于干燥的表面皿上，备用。

将折叠好的滤纸放入漏斗中，且三层的一边应放在漏斗出口短的一边。用食指按紧三层的一边，用洗瓶吹入少量水将滤纸润湿，然后轻按滤纸边缘，使滤纸的锥体上部与漏斗之间没有空隙。按好后，用洗瓶加水至滤纸边缘，这时漏斗颈内应全部被水充满，当漏斗中水全部流尽后，颈内水柱仍能保留且无气泡。若不能形成完整的水柱，可以用手堵住漏斗出口，稍掀起滤纸三层的一边，用洗瓶向滤纸与漏斗间的空隙里加水，直到漏斗颈和锥体的大部分被水充满，然后按紧滤纸边，放开堵住出口的手指，此时水柱即可形成。最后用去离子水冲洗滤纸，将准备好的漏斗放在漏斗架上，下面放一个洁净的烧杯盛接滤液，使漏斗出口长的一边紧靠烧杯壁，漏斗和烧杯上均盖好表面皿，备用。

过滤一般分三个阶段进行：第一阶段采用倾泻法，尽可能地过滤清液，如图 2-14(a)所示；第二阶段是洗涤沉淀并将沉淀转移到漏斗上；第三阶段是清洗烧杯和洗涤漏斗上的沉淀。

采用倾泻法是为了避免沉淀堵塞滤纸上的空隙，影响过滤速度。待烧杯中沉淀下降以后，将清液倾入漏斗中。溶液应沿着玻棒流入漏斗中，而玻棒的下端对着滤纸三层厚的一边，并尽可能接近滤纸，但不能接触滤纸。倾入的溶液一般不要超过滤纸的 2/3，或离滤纸上缘至少 5 mm，以免少量沉淀因毛细管作用越过滤纸上缘，造成损失，且不便洗涤。

暂停倾泻溶液时，应将烧杯嘴沿玻棒向上提起，直至烧杯向上，以免烧杯嘴上的液滴流失。过滤过程中，装有沉淀和溶液的烧杯的放置方法如图 2-14(b)所示，即在烧杯下放一块木头，使烧杯倾斜，以利沉淀和清液分开，便于转移清液。同时玻棒不要靠在烧杯嘴上，避免烧杯嘴上的沉淀沾在玻棒上部而造成损失。如用倾泻法一次

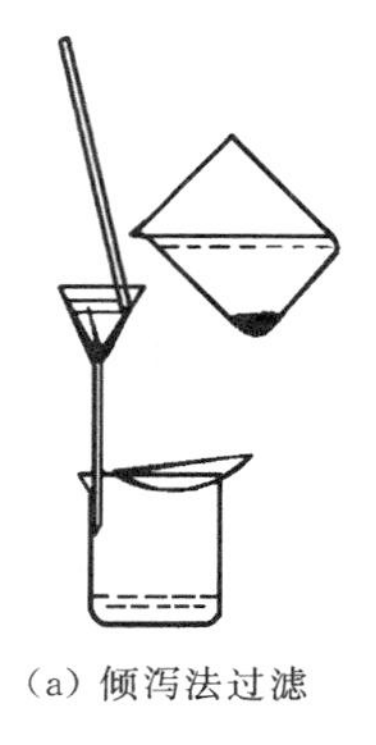

(a) 倾泻法过滤

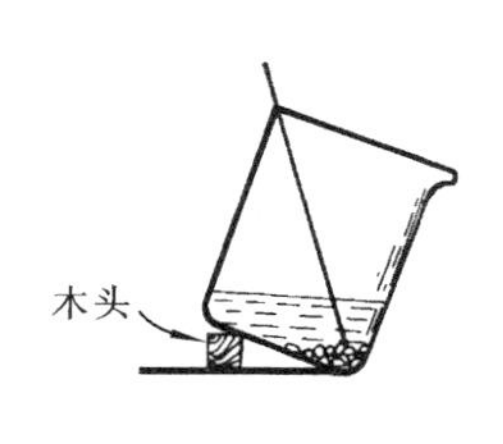

(b) 烧杯放置方法

图 2-14　过滤操作

不能将清液倾注完,应待烧杯中沉淀下沉后再次倾注。倾泻法将清液完全转移后,应对沉淀进行初步洗涤。洗涤时,每次用约 10 mL 洗涤液吹洗烧杯四周内壁,使黏附的沉淀集中在烧杯底部,每次的洗涤液同样用倾泻法过滤。如此洗涤杯内沉淀 3～4 次。然后加少量洗涤液于烧杯中,搅动沉淀使之混匀,立即将沉淀和洗涤液一起,通过玻棒转移至漏斗上。再加入少量洗涤液于烧杯中,搅拌混匀后,如此重复几次,使大部分沉淀转移至漏斗中。按图 2-15(a)所示的吹洗方法将沉淀吹洗至漏斗中,即用左手把烧杯拿在漏斗上方,烧杯嘴向着漏斗,拇指在烧杯嘴下方,同时,右手把玻棒从烧杯中取出横在烧杯口上,使玻棒伸出烧杯嘴 2～3 cm。然后用左手食指按住玻棒较高的地方,倾斜烧杯使玻棒下端指向滤纸三层一边,用右手以洗瓶吹洗整个烧杯内壁,使洗涤液和沉淀沿玻棒流入漏斗中。当仍有少量沉淀牢牢地黏附在烧杯壁上而吹洗不下来时,可将烧杯放在桌上,用沉淀帚(见图 2-15(b),它是一头带有橡皮的玻棒)在烧杯内壁自上而下、自左至右擦拭,使沉淀集中在底部。按图2-15(a)所示的操作将沉淀吹洗到漏斗中。对牢固地沾在烧杯壁上的沉淀,也可用前面折叠滤纸时撕下的滤纸角擦拭玻棒和烧杯内壁,将此滤纸角放在漏斗的沉淀上。应在明亮处仔细检查是否吹洗、擦拭干净,包括玻棒、表面皿、沉淀帚和烧杯内壁。

必须指出,过滤开始后,应随时检查滤液是否透明,如不透明,说明有穿滤现象发生。这时必须换另一洁净的烧杯接收滤液,在原漏斗上再次过滤有穿滤现象的滤液。如发现滤纸穿孔,则应更换滤纸重新过滤,而第一次用过的滤纸应保留。

四、沉淀的洗涤

沉淀全部转移到滤纸上后,应对它进行洗涤,其目的在于将沉淀表面所吸附的杂质和残留的母液除去。其方法如图 2-15(c)所示,即洗瓶的水流从滤纸的多重边缘开始,螺旋式地往下移动,最后到多重部分停止,称为“从缝到缝”,这样可使沉淀洗得干净且可将沉淀集中到滤纸的底部。为了提高洗涤效率,洗涤沉淀时要少量多次,直至沉淀洗净为止,这通常称为“少量多次”原则。

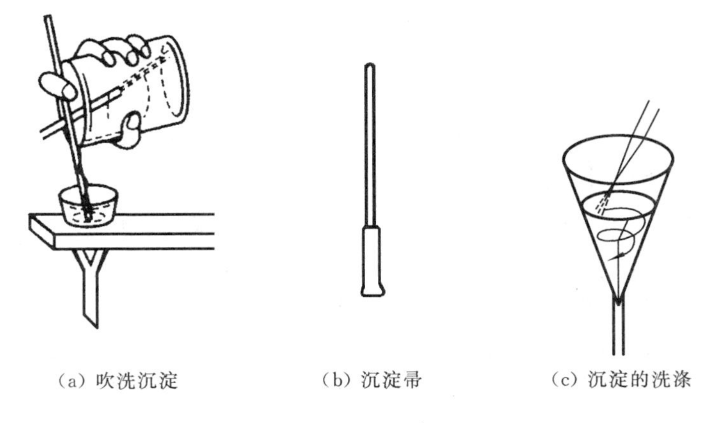

(a) 吹洗沉淀　　(b) 沉淀帚　　(c) 沉淀的洗涤

图 2-15　洗涤操作

五、沉淀的烘干

图 2-16　沉淀的包裹

沉淀和滤纸的烘干通常在电炉或煤气灯上进行，具体操作步骤是用扁头玻棒将滤纸边挑起，向中间折叠，将沉淀盖住，如图 2-16 所示，再用玻棒轻轻转动滤纸包，以便擦净漏斗内壁可能沾有的沉淀，然后将滤纸包转移至已干燥至恒重的干净坩埚中，使它倾斜放置，多层滤纸部分朝上，盖上坩埚盖，稍留一些空隙，置于电炉或煤气灯上进行烘烤。

六、沉淀的灰化

灰化通常在电炉或煤气灯上进行。待沉淀烘干后，稍稍加大火焰，使滤纸炭化，注意火力不能突然加大，如温度升高太快，滤纸会生成整块的炭；如遇滤纸着火，可用坩埚盖盖住，使坩埚内火焰熄灭（切不可用嘴吹灭），同时移去火源，火熄灭后，将坩埚盖移至原位，继续加热至全部炭化。炭化后加大火焰，使滤纸灰化。滤纸灰化后应该不再呈黑色。为了使坩埚壁上的炭灰化完全，应该随时用坩埚钳夹住坩埚转动，但注意每次只能转一极小的角度，以免转动过快而造成沉淀飞扬。

七、沉淀的灼烧

沉淀灰化后，将坩埚移入马弗炉中（根据沉淀性质调节至适当温度），盖上坩埚盖，但要留有空隙，灼烧 40～45 min，其灼烧条件与空坩埚灼烧时相同，取出，冷却至室温，称重。然后进行第二次、第三次灼烧，直至坩埚和沉淀恒重为止，一般第二次以后灼烧 20 min 即可。所谓恒重，是指相邻两次灼烧后的称量差值在 0.2 mg 以下。

从马弗炉中取出坩埚时,先将坩埚移至炉口,至红热稍退后,再将坩埚从炉中取出,放在洁净耐火板上。在夹取坩埚时,坩埚钳应预热,待坩埚冷至红热退去后,再将坩埚转移至干燥器中。放入干燥器后,盖好盖子,随后须开启干燥器盖子 1～2 次。在坩埚冷却时,原则上是冷至室温,一般需 30 min 左右。但要注意,每次灼烧、称量和放置的时间都要保持一致。

使用干燥器时,首先将干燥器擦干净,烘干多孔瓷板后,将干燥剂通过纸筒装入干燥器的底部,应避免干燥剂沾污内壁的上部,然后盖上瓷板。干燥剂一般用变色硅胶,此外还可用无水氯化钙等。由于各种干燥剂吸收水分的能力都是有一定限度的,因此干燥器中的空气并不是绝对干燥,而只是湿度相对较低而已。所以灼烧和干燥后的坩埚和沉淀,如在干燥器中放置过久,可能吸收少量水分而使质量增加,应该加以注意。干燥器盛装干燥剂后,应在干燥器的磨口上涂上一层薄而均匀的凡士林,盖上盖子。

开启干燥器时,左手按住干燥器的下部,右手按住盖子上的圆顶,向左前方推开盖子,如图 2-17 所示,盖子取下后应拿在右手中,用左手放入(或取出)坩埚(或称量瓶),及时盖上干燥器盖子。盖子取下后,也可放在桌上安全的地方(注意要磨口向上,圆顶朝下)。盖上盖子时,也应当拿住盖子圆顶,推着盖好。

当将坩埚或称量瓶等放入干燥器时,应放在瓷板圆孔内。如果称量瓶比圆孔小,则放在瓷板上。坩埚等热的容器放入干燥器后,应连续推开干燥器 1～2 次。搬动或挪动干燥器时,应该用两手的拇指同时按住盖子,防止盖子滑落打破,如图 2-18 所示。

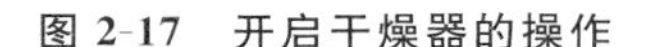

图 2-17　开启干燥器的操作

图 2-18　搬动干燥器的操作

坩埚与沉淀的恒重质量与空坩埚的恒重质量之差,即为沉淀的质量。目前,生产单位常用一次灼烧法,即先称沉淀与坩埚的恒重质量,然后用毛刷刷去沉淀,再称出空坩埚的质量,用差减法即可求出沉淀的质量。

八、结果计算

以 $BaSO_4$ 为例，根据重量分析法中换算因子的含义，钡的质量分数计算公式为：

$$w(\mathrm{Ba})=\frac{m(\mathrm{BaSO_4})\times\frac{M(\mathrm{Ba})}{M(\mathrm{BaSO_4})}}{m_s}\times100\%$$

式中：m_s 为称样量，g。

第九章　分光光度法的基本操作

在可见分光光度法中，目前主要使用的是721型分光光度计，以及较新型号的721B型和722型分光光度计等。这里介绍721型和7200型分光光度计的基本结构和使用方法。

一、721型分光光度计

（一）外形与结构

721型分光光度计的仪器内部分成光源、单色器、入射光与出射光调节装置、比色皿架、光电管暗盒（电子放大器）、稳压装置及电源变压器等几部分。721型分光光度计采用钨丝灯作光源，玻璃棱镜为单色器。单色光经过比色皿内溶液射到光电管上，产生光电流，经过放大器放大后，直接在微安表上读出吸光度或透光率。721型分光光度计的外形如图2-19所示。仪器的结构示意简图如图2-20所示。

图2-19　721型分光光度计的外形

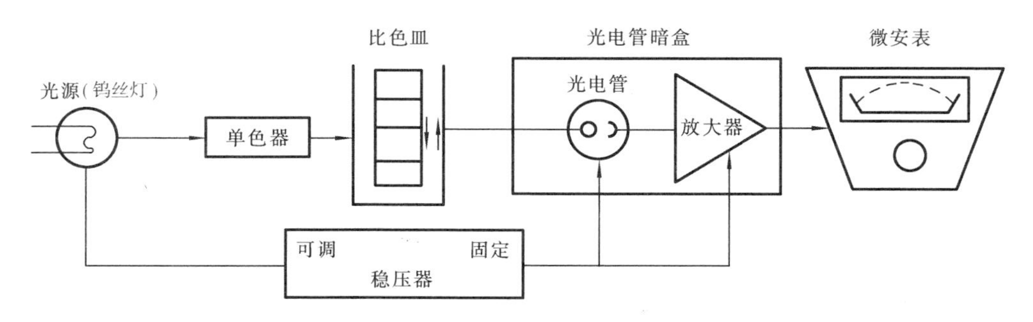

图2-20　721型分光光度计结构示意简图

（二）操作方法

（1）仪器尚未接通电源时，电表的指针必须位于“0”刻度线上，否则可以用电表上的校准螺母进行调节。

（2）打开仪器的电源开关（接 220 V 交流电），打开比色槽暗箱盖，使电表指针处于“0”位，预热 20 min 后，再选择需用的单色光波长和相应的放大器灵敏度挡，用调零电位器校准电表“0”位。

（3）将仪器的比色槽暗箱合上，比色槽的底座放在蒸馏水校准位置，使光电管见光，旋转光量调节器调节光电管输出的光电信号，使电表指针准确处于“100%”处。

（4）按上述方法连续几次调整“0”位并使电表指针处于“100%”处，仪器即可进行测定工作。

（5）放大器灵敏度挡的选择是依据单色光的波长进行的，光能量不一致时分别选用。其各挡的灵敏度范围是第一挡×1 倍，第二挡×10 倍，第三挡×20 倍。根据被测溶液对光的吸收情况，为了使吸光度读数为 0.2～0.7，选择合适的灵敏度。为此，旋动灵敏度挡，使其固定于某一挡，在实验过程中不再变动。测量时一般固定在“1”挡。

（6）将盛有参比溶液的比色皿放入比色皿架中的第一格内，被测溶液放在其他格内，把比色槽暗箱盖子轻轻盖上，转动光量调节器，使空白透光度 $T=100\%$，即表头指针恰好指在“100%”处。

（7）轻轻拉动比色皿架拉杆，使被测溶液进入光路，此时表头指针所示为该被测溶液的吸光度 A。读数后，打开比色槽暗箱盖。

（8）实验完毕，切断电源，拔下电源插头。将比色皿取出洗净，并将比色皿架及暗箱用软纸擦净。

（三）注意事项

（1）为了防止光电管疲劳，不测定时必须将比色槽暗箱盖打开，使光路切断，以延长光电管的使用寿命。

（2）拿取比色皿时，手指只能捏住比色皿的毛玻璃面，不要触碰比色皿的透光面，以免沾污。

（3）清洗比色皿时，一般先用自来水冲洗，再用蒸馏水洗净。如比色皿被有机物沾污，可用 HCl 溶液-乙醇混合洗涤液（1∶2）浸泡片刻，再用水冲洗。不能用碱溶液或氧化性强的洗液洗涤比色皿，以免损坏。也不能用毛刷清洗比色皿，以免损伤它的透光面。每次做完实验时，应立即洗净比色皿。比色皿外壁的水用擦镜纸或细软的吸水纸吸干，以保护透光面。

（4）测定被测溶液的吸光度时，一定要用被测溶液润洗比色皿内壁几次，以免改变被测溶液的浓度。另外，在测定一系列溶液的吸光度时，通常按由稀到浓的顺序测定，以减小测量误差。

(5) 在实际分析工作中，通常根据溶液浓度的不同，选用液槽厚度不同的比色皿，最好控制溶液的吸光度为0.2～0.7。

二、7200 型分光光度计

(一) 外形与结构

7200 型分光光度计的结构示意简图如图 2-21 所示。

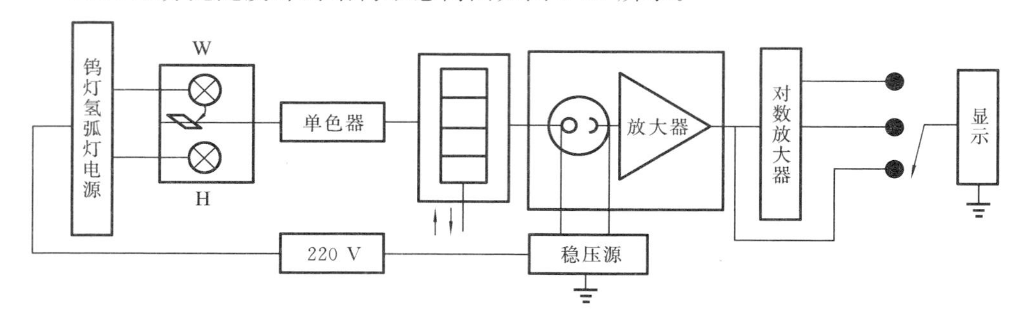

图 2-21 7200 型分光光度计结构示意简图

仪器的外形如图 2-22 所示。7200 型分光光度计的主要特点是，光信号由光电管接收后，通过高值电阻转换成微弱的信号，再经过微电流放大器加以放大后，在数字显示器上直接读出透光率或吸光度。

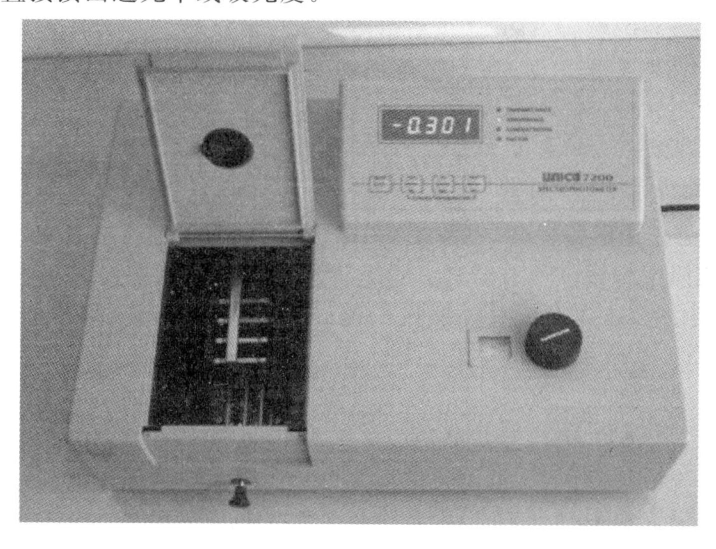

图 2-22 7200 型分光光度计的外形图(样品室盖被打开时的状态)

（二）操作方法

在开机前，要确认仪器样品室内是否有物品挡在光路上。若有，将会影响仪器自检，甚至造成故障。

1. 基本操作

无论选择何种测量方式，都必须遵循以下基本步骤。

（1）接好电源线，并确保接地良好；接通电源，预热 20 min（不包括仪器自检时间）。

（2）用【MODE】键设置测试方式：透光率（T）、吸光度（A）、已知标准样品浓度值（c）、已知标准样品斜率（F）。

（3）用波长选择旋钮设置所需要的波长。

（4）将参比溶液和被测溶液分别倒入 2 个比色皿中（溶液量不得超过比色皿高度的 2/3），打开样品室盖，将盛有溶液的比色皿放在比色皿槽中，盖上样品室盖。一般将参比溶液放在第一个槽位中。仪器所附带的比色皿，其透光率是经过配对测试的，未经配对处理的比色皿将影响测试精度。比色皿的透光面不能有指印、溶液痕迹等，被测溶液中不能有气泡、悬浮物等，否则也将影响测试精度。

（5）将 0%T 校具（黑体）置于光路中，在 T 方式下按【0%T】键，此时显示“000.0”；将参比溶液置于光路中，按【0A/100%T】键调 0A/100%T，此时显示“BLA”，直至显示“100.0”%T 或“0.000”A 为止。

（6）当显示“100.0”%T 或“0.000”A 后，将被测溶液置于光路中，此时，便可从显示器上得到被测溶液的透光率或吸光度值（采用吸光度值 A 的比较多）。

2. 已知标准样品浓度值的测量方法

（1）用【MODE】键将测试方式设置成 A（吸光度）状态。

（2）设置合适的波长，改变波长时，必须重新调整 0A/100%T 和 0%T。

（3）将参比溶液、标准溶液和被测溶液分别倒入比色皿中（溶液量不得超过比色皿高度的 2/3），打开样品室盖，将盛有溶液的比色皿放在比色皿槽中，盖上样品室盖。一般将参比溶液放在第一个槽位中。

（4）将参比溶液置于光路中，按【0A/100%T】键调 0A/100%T，此时显示“BLA”，直至显示“0.000”A 为止。

（5）用【MODE】键将测试方式设置在 c 状态。

（6）将标准溶液置于光路，按【INC】或【DEC】键，将已知的标准溶液的浓度值输入仪器，当显示溶液浓度值时，按【ENT】键。浓度值只能输入整数值，设定范围为0～1999。

（7）将被测溶液依次置于光路中，此时，仪器显示被测溶液的浓度值。

3. 标准曲线法

将标准溶液依次置于光路中，此时，仪器显示标准溶液的吸光度值。记录这一系列标准溶液的吸光度值 A,并以 A 值为纵坐标,以浓度值为横坐标,制作标准曲线。

将被测溶液依次置于光路中,此时,仪器显示被测溶液的吸光度值。依据该值在标准曲线上查得与之相对应的浓度值。

(三) 注意事项

暂时不使用 7200 型分光光度计时,将黑体置于光路上,以免光电管老化。其他内容基本与 721 分光光度计相同,在实验中如遇到不同型号的仪器请参考对应的使用说明书。

第十章　酸度计及其使用方法

酸度计(或称 pH 计)是一种电化学测量仪器,除主要用于测量水溶液的酸度(即 pH 值)外,还可用于测量多种电极的电极电势。酸度计主要是由参比电极(甘汞电极)、测量电极(玻璃电极、复合电极)和精密电位计三部分组成。甘汞电极由金属汞、Hg_2Cl_2 和饱和 KCl 溶液组成(见图 2-23(a)),甘汞电极的电极电势不随溶液 pH 值的变化而变化,在一定温度下有一定值。25 ℃时甘汞电极的电势为 0.245 V。玻璃电极(见图 2-23(b))的电极电势随溶液 pH 值的变化而变化。它的主要部分是头部的球泡,这是由特殊的敏感玻璃薄膜构成的。薄膜对 H^+ 较敏感,当它浸入被测溶液时,被测溶液的 H^+ 与玻璃电极的球泡表面的水化层进行离子交换,球泡内层也同样产生电极电势。由于内层 H^+ 浓度不变,而外层 H^+ 浓度在变化,因此内外层的电势差也在变化,所以该电极电势随待测溶液的 pH 值不同而改变。为了省去计算过程,酸度计把测得的电池电动势直接用 pH 刻度值表示出来。因而从酸度计上可以直接读出溶液的 pH 值。

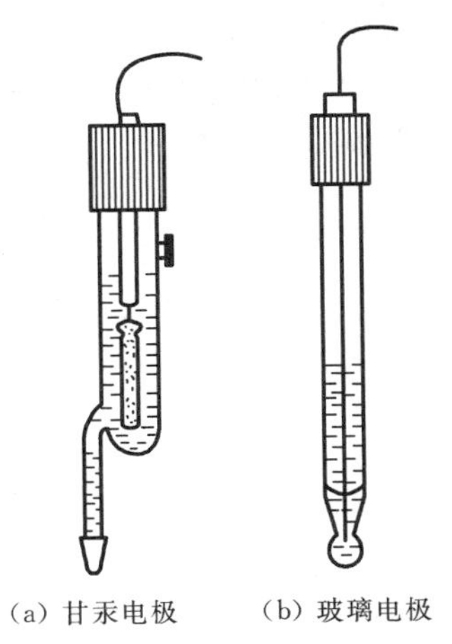

(a) 甘汞电极　　(b) 玻璃电极

图 2-23　测量电极

实验室常用的酸度计有 pHS-2 型、pHS-3C 型和雷磁 pHS-25 型等。它们的原理相同,结构略有差别。下面介绍 pHS-3C 型酸度计(见图 2-24)的使用及注意事项,其他型号的酸度计在使用时可查阅其对应的使用说明书。

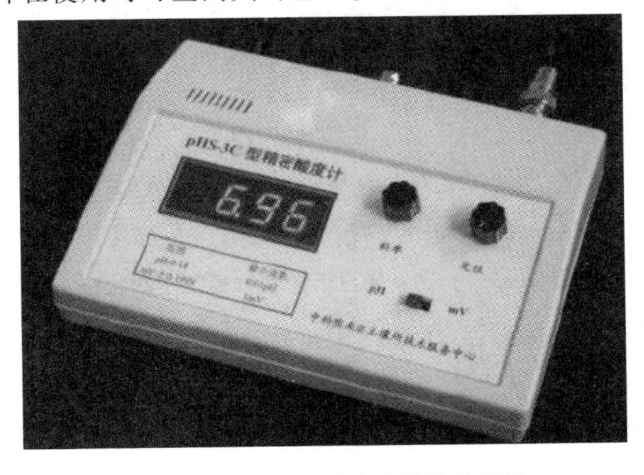

图 2-24　pHS-3C **型酸度计的外形图**

一、使用方法

1. 标定

进行准确测量之前,须对仪器进行标定。一般而言,连续使用时每天标定一次即可。根据待测溶液的酸碱性作出选择,可采用 pH 值为 4.00、6.86 和 9.18 的三种 pH 标准缓冲溶液进行标定,具体步骤如下:

将复合电极和温度传感器用蒸馏水洗净,并用滤纸吸干,置于 pH 值为 6.86 的标准缓冲溶液中,按【标定】键,仪器进入定位标定状态,此时仪器最下方显示“定位”,“pH”连续闪烁。图 2-25 是仪器及所显示的定位标定参数状态:表示 pH 值为 6.86 的标准缓冲溶液经过自动温度补偿后,在 20.8 ℃时的 pH 值为 6.88。

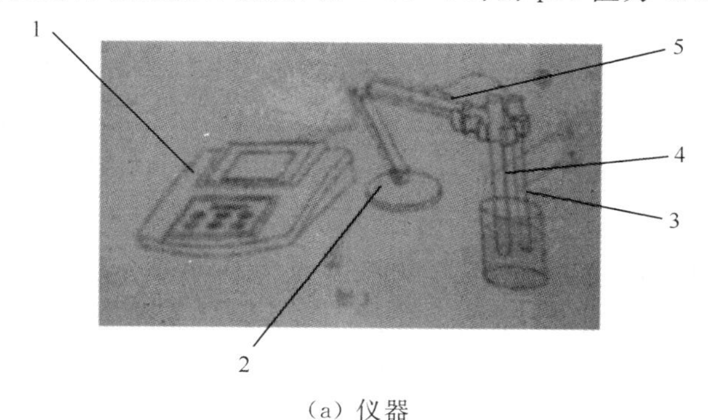

(a) 仪器

1—主机;2—多功能电极架底座;3—多功能电极架;4—复合电极;5—温度传感器

(b) 显示

图 2-25　仪器及所显示的定位标定参数状态

将复合电极和温度传感器从上面的溶液中取出,用蒸馏水洗净,并用滤纸吸干,置于 pH 值为 4.00(或 9.18)的标准缓冲溶液中,按【标定】键,仪器进入斜率标定状态,此时仪器最下方显示“斜率”,“pH”连续闪烁。图 2-26 是仪器所显示的斜率标定参数状态。

稳定后,“pH”恢复正常显示,表示仪器停止斜率标定,并锁定此结果。若继续按

图 2-26　仪器所显示的斜率标定参数状态

【确认】键，则仪器立即计算所标定曲线的斜率值，并显示电极的 PTS(百分理论斜率)。图 2-27 是仪器锁定斜率标定结果的状态。

图 2-27 表示此电极的 PTS 为 99%。上图的界面保持约 6 s 后，仪器就结束标定状态，自动返回到测量状态。此标定结果一直保持到下次重新标定。

图 2-27　仪器所显示的锁定斜率标定结果的状态

2. 测量

取出复合电极和温度传感器，用蒸馏水洗净并用滤纸轻轻吸去其表面水分，将电极插入待测溶液中。仪器自动进行 pH 值测量，显示待测溶液的 pH 值和温度值，稳定 15 s 后可以读数。

测量完毕后，取出复合电极和温度传感器，用蒸馏水洗净并用滤纸轻轻吸去其表面水分，旋上装有饱和 KCl 溶液的电极保护套，关上电源开关。

二、注意事项

(1) 防止仪器与潮湿气体接触。潮气的进入会降低仪器的绝缘性，使其灵敏度、精确度、稳定性都降低。

(2) 玻璃电极球泡的玻璃薄膜极薄，容易破损，切忌与硬物接触。

(3) 玻璃电极的玻璃薄膜不要沾上油污，如不慎沾有油污可先用四氯化碳或乙醚冲洗，再用乙醇冲洗，最后用蒸馏水洗净。

(4) 甘汞电极的 KCl 溶液中不允许有气泡存在,其中有极少结晶,以保持饱和状态。如结晶过多,会导致毛细孔堵塞,最好重新灌入新的饱和 KCl 溶液。

(5) 如酸度计指针抖动严重或显示的读数紊乱,应考虑更换电极。

三、标准缓冲溶液的配制

标准缓冲溶液的配制方法如下。

(1) pH=4.00 的标准缓冲溶液:称取在 105 ℃干燥 1 h 的邻苯二甲酸氢钾 5.07 g,加重蒸水溶解,并定容至 500 mL。

(2) pH=6.86 的标准缓冲溶液:称取在 130 ℃干燥 2 h 的磷酸二氢钾 3.401 g、磷酸氢二钠晶体 8.95 g 或无水磷酸氢二钠 3.549 g,加重蒸水溶解,并定容至 500 mL。

(3) pH=9.18 的标准缓冲溶液:称取六水硼酸钠 3.8144 g 或无水硼酸钠 2.02 g,加重蒸水溶解,并定容至 100 mL。

另外还有便携式与笔式(迷你型)酸度计,可供检测人员带到现场检测使用,如图 2-28 所示。使用方法与台式酸度计基本相同。

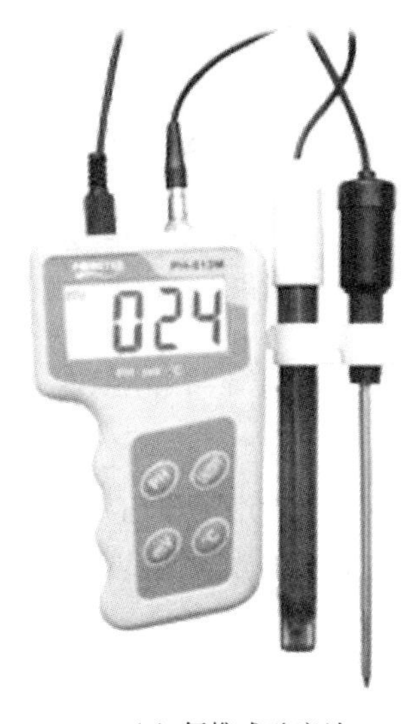

(a) 便携式酸度计

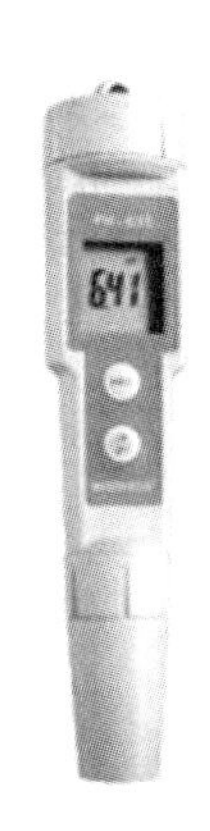

(b) 笔式酸度计

图 2-28　酸度计

三　实验提高篇

实验一　分析天平的称量方法练习

一、实验目的

（1）了解半自动电光天平、电子天平的构造及使用规则，学会正确使用分析天平。

（2）掌握直接称量法和递减称量法的操作方法，学会称量瓶与干燥器的使用。

（3）注意有效数字的正确使用，培养准确、整齐、简明记录原始实验数据的习惯。

二、实验原理

分析天平是根据杠杆原理设计而成的，每一项定量分析工作都直接或间接地需要使用分析天平。常用的分析天平有阻尼天平、半自动电光天平、全自动电光天平、单盘电光天平、微量天平和电子天平等。

设有杠杆 ABC，B 为支点，A 为重点，C 为力点，Q 为被称物品的质量，P 为砝码总质量。当平衡时 $Q\times AB=P\times BC$，天平两臂相等，即 $AB=BC$，故 $Q=P$，即砝码的总质量等于被称物品的质量。

分析天平的灵敏度一般是指天平盘上增加 1 mg 所引起的指针在读数标牌上偏移的格数，灵敏度（E）的单位为分度/毫克。在实际工作中，常用灵敏度的倒数来表示天平的灵敏程度，即

$$s=1/E$$

式中的 s 称为分析天平的分度值，也称感量，单位为毫克/分度。因此，分度值是使分析天平的平衡位置产生一个分度变化时所需要的质量值（毫克数）。可见，分度值越小的天平，其灵敏度越高。例如，某天平的灵敏度为 2.5 分度/mg，则该天平的分度值为：

$$s=1/E=0.4\ \text{mg/分度}$$

（一）半自动电光天平的构造原理及使用

天平是根据杠杆原理制成的，它用已知质量的砝码来衡量被称样品的质量。

1. 半自动电光天平的基本构造

(1) 天平横梁:这是天平的主要部件,在横梁的中下方装有细长而垂直的指针,横梁的中间和等距离的两端装有三个玛瑙三棱体,中间三棱体刀口向下,两端三棱体刀口向上,三个刀口的棱边完全平行且位于同一水平面上。横梁的两边装有两个平衡螺母,用来调整横梁的平衡位置(也即调节零点)。

(2) 吊耳和秤盘:两个承重刀上各挂一吊耳,吊耳上钩挂着秤盘,在秤盘和吊耳之间装有空气阻尼器。空气阻尼器的内筒直径比外筒略小,两圆筒间有均匀的空隙,内筒可自由地上下移动。当天平启动时,利用筒内空气的阻力产生阻尼作用,使天平很快达到平衡。

(3) 开关旋钮(升降枢)和盘托升降枢:用于启动和关闭天平。启动时,顺时针旋转开关旋钮,带动升降枢,控制与其连接的托叶下降,天平横梁放下,刀口与刀座互相承接,天平处于工作状态。关闭时,逆时针旋转开关旋钮,使托叶升起,天平横梁被托起,刀口与刀座脱离,天平处于关闭状态。盘托安在秤盘下方的底板上,受开关旋钮控制。关闭时,盘托支持着秤盘,防止秤盘摆动,可保护刀口。

(4) 机械加码装置:通过转动指数盘加减圈码。圈码分别挂在吊钩上。称量时,转动指数盘旋钮将圈码加到承受架上。圈码的质量可以直接在圈码指数盘上读出。指数盘转动时可经天平横梁加 10～990 mg 圈码,内层由 10～90 mg 圈码组合,外层由 100～900 mg 圈码组合。大于 1 g 的砝码则要从与天平配套的砝码盒中取用(用镊子夹取)。

(5) 光学读数装置:固定在支柱的前方。称量时,固定在天平指针上微分标尺的平衡位置,可以通过光学系统放大投影到光屏上。标尺上的读数直接表示 10 mg 以下的质量,每一大格代表 1 mg,每一小格代表 0.1 mg。从投影屏上可直接读出 0.1～10 mg以内的数值。

(6) 天平箱:能保证天平在稳定气流中称量,并能防尘、防潮。天平箱的前门一般在清理或修理天平时使用,左、右两侧的门分别供取放样品和砝码用。箱座下装有三个支脚,后面的一个支脚固定不动,前面的两个支脚可以上下调节,通过观察水平仪,将天平调节到水平状态。

2. 半自动电光天平的使用

天平室要保持干燥、清洁。进入天平室后,坐在自己需用的天平前,按下述方法进行操作:

(1) 掀开防尘罩,叠放在天平箱上方。检查天平是否水平,秤盘是否洁净,指数盘是否在"000"位,圈码是否脱落,吊耳是否错位等。

(2) 调节零点。接通电源,轻轻地顺时针旋转升降枢,启动天平,光屏上标尺停稳后,其中央的黑线若与标尺中的"0"线重合,即为零点(天平空载时的平衡点)。如不在零点,差距小时,可调节微动调节杆,移动屏的位置,调至零点;当偏差大时,关闭天平,调节横梁上的平衡螺母,再开启天平,反复调节,直至零点。

(3) 称量。零点调好后，关闭天平。把称量样品放在左盘中央，关闭左门；打开右门，根据粗称的称量物的质量，把相应质量的砝码放入右盘中央，然后将天平升降枢半打开，观察标尺移动方向(标尺迅速往哪边跑，哪边就偏重)，以判断所加砝码是否合适并确定如何调整。当调整到两边相差的质量小于 1 g 时，应关好右门，再依次调整 100 mg 组和 10 mg 组圈码，按照“减半加减砝码”的顺序加减砝码，可迅速找到物体的质量范围。调节圈码到 10 mg 以后，完全启动天平，准备读数。

(4) 读数(砝码的质量＋圈码的质量＋标尺读数(以克计)＝被称样品的质量)。天平平衡后，关闭天平门，待标尺在投影屏上停稳后再读数，并及时记录在记录本上。读数完毕，应立即关闭天平。

(5) 复原。称量完毕后，取出被称样品放到指定位置，将砝码放回盒内，指数盘退回到“000”位，关闭两侧门，关闭电源，盖上防尘罩。进行仪器使用登记，将凳子放回原处，再离开天平室。

(二) 电子天平的原理及特点

电子天平是根据电磁力平衡原理直接称量的。

特点：性能稳定、操作简便、称量速度快、灵敏度高，能进行自动校准、去皮及质量电信号输出。

(三) 称量方法

1. 直接称量法

用于直接称量固体样品的质量。要求：所称样品干燥，不易潮解、升华，并无腐蚀性。

2. 固定质量称量法

用于称量指定质量的试样，如称量基准物质，来配制一定浓度和体积的标准溶液。

要求：试样不吸水，在空气中性质稳定，颗粒细小(粉末)。

3. 递减称量法

用于称量一定质量范围的试样。适用于称取多份易吸水、易氧化或易于和CO_2反应的物质。

三、仪器与试剂

1. 仪器

半自动电光天平及砝码、托盘天平及砝码、电子天平、瓷坩埚、称量瓶、小烧杯等。

2. 试剂

Na_2CO_3(或其他固体试样)。

四、实验步骤

(一) 使用分析天平称量前的准备工作

(1) 取下天平罩,叠好后平放在天平箱的右后方台面上或天平箱的顶部。

(2) 称量时,操作者面对天平端坐,记录本放在胸前的台面上,存放和接收称量样品的器皿放在天平箱左侧,砝码盒放在右侧。

(3) 称量开始前应作如下检查和调整:

① 了解所称样品的温度与天平箱里的温度是否相同。如果待测样品曾经加热或冷却过,必须将该样品放置在天平箱旁一段时间,待该样品的温度与天平箱里的温度相同后再进行称量。盛放称量样品的器皿应保持清洁、干燥。

② 察看天平秤盘和底板是否清洁。秤盘上如有粉尘,可用软毛刷轻轻扫净,底板如不干净,可用毛刷轻轻地拂扫,也可用细布擦拭。

③ 若水平仪的气泡不在圆圈的中心,用手旋转天平底板下的两个垫脚螺母,以调节天平两侧的高度直至达到水平为止。使用时不得随意挪动天平的位置。

④ 检查天平的各个部件是否处于正常位置(主要察看的部件是横梁、吊耳、秤盘、圈码等),如发现异常情况,应报告教师处理。

⑤ 砝码是否齐全,配件(如毛刷、手套、天平档案等)是否齐全。

(二) 天平零点的测定

每次测量时必须先找零点。天平零点就是不载重天平平衡时指针在指数盘上所指的位置。

接通电源,慢慢开动天平,在不载重情况下,检查投影屏上标尺的位置,若指示线与投影屏上的标线不重合,可拨动升降枢下面的扳手,移动投影屏的位置,使其重合,若相差太大,可通过调节平衡螺母使其重合,此时即为电光天平的零点。

(三) 灵敏度的测定

首先测零点,然后在天平左盘上加 10 mg 圈码,打开升降枢,指针停止后,记下读数。一般读数在 9.9～10.1 mg 范围之内,即感量在万分之一以内,若读数超出此范围,则应调节其灵敏度,使之符合要求。

(四) 称量样品

1. 直接称量法

将欲称量的坩埚先在托盘天平上粗称,然后将坩埚放在分析天平左盘中央。如粗称出坩埚重约 17 g,则用镊子取砝码 17 g(10 g+5 g+2 g)放在右盘中央,慢慢开动升降枢,观察指针偏转情况。若指针迅速向左倾斜,表示右盘砝码太重(反之,则表示右盘砝码太轻)，关上升降枢，根据情况加减砝码，直至确定坩埚在某质量范围内(如16～17 g)，再用圈码继续试称。先用大圈码，后用小圈码，方法同上。若坩埚质量在16.65～16.66 g，再用投影屏直接读出小数点后第三、第四位数，记录坩埚质量。

称量过程中，加减砝码时应注意以下几点：

(1) 关闭天平后才能取放砝码；

(2) 加减砝码后试称时要半开天平；

(3) 使用砝码要由大到小，中间截取(降一个数量级时从5试称)，逐级试验。

2. 递减称量法

用递减称量法称取0.2～0.3 g试样。

先用称量瓶在托盘天平上粗称试样约0.8 g，然后在分析天平上准确称量，得其质量(试样＋称量瓶)m_1。按要求将试样小心转移到坩埚中(0.2～0.3 g)，再称其质量(剩余量＋称量瓶)m_2，两次质量之差(m_1-m_2)即为所要称取的试样的质量。若需要，可继续用相同的方法称取多份试样。

3. 称量的检查

将装入试样的坩埚再称量，得试样和坩埚的质量m_3，检查其总质量与计算值(列出试样和空坩埚的质量)是否相同。若不同，计算偏差有多大，分析一下是由什么原因造成的。

(五) 称量完毕后的整理工作

(1) 检查天平是否关好。

(2) 将砝码放回原位置，称量样品取出放好。

(3) 罩好天平罩，并在使用天平登记本上登记。

五、数据记录与处理

参考前面第一部分第一章中实验报告的格式，要求正确、整洁地书写实验的目的、要求、原理、实验步骤、实验现象、实验结果以及数据处理，并进行认真的讨论总结。讨论的内容可以是实验中发现的问题、情况纪要、误差分析、经验教训、心得体会，也可以对教师或实验室提出意见和建议等。数据处理表格见表3-1。

表3-1　称量练习记录格式

	样品Ⅰ	样品Ⅱ	样品Ⅲ
倾出前：m_1(称量瓶＋试样重)/g	17.6549	17.3338	
倾出后：m_2(称量瓶＋剩余试样重)/g	17.3338	16.9823	
称出试样重 m/g	0.3211	0.3515	

续表

	样品Ⅰ	样品Ⅱ	样品Ⅲ
坩埚+称出试样重 m_3/g 空坩埚重 m_4/g	28.5739 28.2516	27.7175 27.3658	
称出试样重 m'/g	0.3223	0.3517	
绝对误差值 E/g	0.0012	0.0002	
相对偏差 d_r/(%)			
相对平均偏差 $\overline{d}_r$/(%)			

[说明]本书全部基础分析实验中平行实验的相对偏差要求均为小于0.3%,有特殊标注时则按特殊要求。

六、讨论与思考

1. 注意事项

(1) 称量未知样品的质量时,一般要在托盘天平上粗称。这样既可以加快称量速度,又可保护分析天平的刀口。

(2) 加减砝码的顺序是由大到小,折半加入。在取、放称量样品或加减砝码(包括圈码)时,必须关闭天平。启动开关旋钮时,一定要缓慢均匀,避免天平剧烈摆动,以保护天平刀口不受损伤。

(3) 称量样品和砝码必须放在秤盘中央,避免秤盘的左右摆动。不能称量过冷或过热的样品,以免引起空气对流,使称量的结果不准确。称取具有腐蚀性、易挥发的样品时,必须放在密闭容器内称量。

(4) 同一实验中,所有的称量要使用同一架天平,以减小称量的系统误差。

(5) 用天平称量时不能超过最大载荷,以免损坏天平。

(6) 加减砝码必须用镊子夹取,不可用手直接拿取,以免沾污砝码。砝码只能放在天平秤盘上或砝码盒内,不得随意乱放。在使用机械加码旋钮时,要轻轻逐格旋转,避免天平圈码脱落。

2. 思考题

(1) 分析天平的灵敏度与感量(分度值)有什么关系?

(2) 什么情况下用直接称量法?什么情况下用递减称量法?

(3) 使用分析天平时为什么强调开、关天平旋钮时动作要轻?为什么必须先关天平,方可取、放称量样品和加减砝码,否则会引起什么后果?

(4) 用递减称量法称取试样,若称量瓶内的试样吸湿,将对称量结果造成什么误差?若试样倒入烧杯内以后再吸湿,对称量是否有影响?

实验二　容量器皿的校准

一、实验目的

(1) 学会滴定管、移液管和容量瓶的使用方法。

(2) 了解容量器皿校准的意义，学习容量器皿的校准方法。

(3) 进一步熟悉分析天平的称量操作及有效数字的运算规则。

二、实验原理

滴定管、移液管和容量瓶是分析实验室常用的玻璃容量器皿（简称量器），这些量器都具有刻度和标称容量，此标称容量是 20 ℃时以水的体积来标定的。合格产品的容量误差应小于或等于国家标准规定的容量允差。但由于不合格的产品、温度的变化、试剂的腐蚀等，量器的实际容量与它所标称的容量往往不完全相符，有时甚至会超过分析所允许的误差范围，若不进行容量校准就会引起分析结果的系统误差。因此，在准确度要求较高的分析工作中，必须对量器进行校准。

特别值得一提的是，校准是技术性很强的工作，其操作要正确、规范。校准不当和使用不当都是产生容量误差的主要原因，其误差可能超过容量允差或量器本身固有误差，而且校准不当的影响将更严重。因此，校准时必须仔细、正确地进行操作，使校准误差减至最小。凡是使用校准值的，其校准次数不可少于 2 次，两次校准数据的偏差应不超过该量器容量允差的 1/4，并以其平均值为校准结果。

由于玻璃具有热胀冷缩的特性，在不同的温度下量器的容量也有所不同，因此，校准玻璃量器时，必须规定一个共同的温度值，这一规定温度值为标准温度。国际标准和我国标准都规定以 20 ℃为标准温度，即在校准时都将玻璃量器的容量校准到 20 ℃时的实际容量，或者说，量器的标称容量都是指 20 ℃时的实际容量。

如果对校准的准确度要求很高，并且温度超出(20±5) ℃，大气压力及湿度变化较大，则应根据实测空气的压力、温度求出空气的密度，然后利用下式计算实际容量：

$$V_{20}=(I_L-I_E)\times[1/(\rho_W-\rho_A)]\times(1-\rho_A/\rho_B)\times[1-\gamma(t-20)]$$

式中：I_L为盛水量器的质量，g；I_E为空量器的质量，g；ρ_W为温度 t 时纯水的密度，$g\cdot mL^{-1}$；ρ_A为空气的密度，$g\cdot mL^{-1}$；ρ_B为砝码的密度，$g\cdot mL^{-1}$；γ 为量器材料的体膨胀系数，$(℃)^{-1}$；t 为校准时所用纯水的温度，℃。

上式引自国际标准 ISO 4787—2010《实验室玻璃仪器——玻璃量器容量的校准和使用方法》。ρ_W 和 ρ_A 可从有关手册中查到，ρ_B 可用砝码的统一名义密度值 $8.0\ g\cdot mL^{-1}$，γ 值则依据量器材料而定。

产品标准中规定玻璃量器采用钠钙玻璃（体膨胀系数为 $2.5\times10^{-5}(℃)^{-1}$）或硼

硅玻璃(体膨胀系数为 1.0×10^{-5}(℃)$^{-1}$)制造,温度变化对玻璃体积的影响很小。用钠钙玻璃制造的量器在 20 ℃时校准与 27 ℃时使用,由玻璃材料本身膨胀所引起的容量误差(相对)只有 0.02%,一般可以忽略。

应当注意,液体的体积受温度的影响往往是不能忽略的。水及稀溶液的热膨胀系数比玻璃大 10 倍左右,因此,在校准和使用量器时必须注意温度对液体密度或浓度的影响。

量器常采用两种校准方法:相对校准法(相对法)和绝对校准法(称量法)。

1. 相对校准法

在分析化学实验中,经常利用容量瓶配制溶液,用移液管取出其中一部分进行测定,最后分析结果的计算并不需要知道容量瓶和移液管的准确容量,只需知道两者的容量比是否为准确的整数,即要求两种容器的容量之间有一定的比例关系。此时对容量瓶和移液管可采用相对校准法进行校准。例如,25 mL 移液管量取的液体的体积应等于 250 mL 容量瓶量取的液体的体积的 10%。此法简单易行,应用较多,但必须在这两件量器配套使用时才有意义。

2. 绝对校准法

绝对校准法是测定量器的实际容量的一种方法。常用的校准方法为衡量法,又称称量法。即用天平称量被校准的量器量入或量出纯水的表观质量,再根据当时水温下的表观密度计算出该量器在 20 ℃时的实际容量。

由质量换算成容量时,需考虑三方面的影响:

(1) 温度对水的密度的影响;

(2) 温度对玻璃量器的容量的影响;

(3) 在空气中称量时空气浮力对质量的影响。

在不同的温度下查得的水的密度均为真空中水的密度,而实际称量的水的质量是在空气中进行的,因此必须进行空气浮力的校准。由于玻璃量器的容量亦随着温度的变化而变化,如果校准不是在 20 ℃下进行的,还必须加上玻璃量器随温度变化的校准值。此外,还应对称量的砝码进行温度校准。

为了方便起见,将不同温度下真空中水的密度 ρ_t 和其在空气中的总校准值 ρ_t(空)列于表 3-2。根据表 3-2 可计算出任意温度下一定质量的纯水所占的实际容量。

例如,25 ℃时由滴定管放出 10.10 mL 水,其质量为 10.08 g,由表 3-2 可知,25 ℃时水的密度为 0.99612 g · mL^{-1},故这一段滴定管在 25 ℃时的实际容量为:V_{25} =(10.08/0.99612) mL = 10.12 mL。滴定管这一段容量的校准值为(10.12−10.10) mL=+0.02 mL。

移液管、滴定管、容量瓶等的实际容量都可应用表 3-2 中的数据通过称量法进行校准。

表 3-2　不同温度下的 ρ_t 和 ρ_t(空)

t/℃	ρ_t/(g·mL^{-1})	ρ_t(空)/(g·mL^{-1})	t/℃	ρ_t/(g·mL^{-1})	ρ_t(空)/(g·mL^{-1})
5	0.99996	0.99853	18	0.99860	0.99749
6	0.99994	0.99853	19	0.99841	0.99733
7	0.99990	0.99852	20	0.99821	0.99715
8	0.99985	0.99849	21	0.99799	0.99695
9	0.99978	0.99845	22	0.99777	0.99676
10	0.99970	0.99839	23	0.99754	0.99655
11	0.99961	0.99833	24	0.99730	0.99634
12	0.99950	0.99824	25	0.99705	0.99612
13	0.99938	0.99815	26	0.99679	0.99588
14	0.99925	0.99804	27	0.99652	0.99566
15	0.99910	0.99792	28	0.99624	0.99539
16	0.99894	0.99773	29	0.99595	0.99512
17	0.99878	0.99764	30	0.99565	0.99485

温度对液体体积的校准：上述量器是以 20 ℃为标准进行校准的，严格来讲，只有在 20 ℃下使用才是正确的。但实际使用不是在 20 ℃时，则量器的容量以及溶液的体积都会发生改变。由于玻璃的体膨胀系数很小，在温度相差不太大时，量器的容量改变可以忽略，但量取的液体的体积亦须进行校准。表 3-3 给出了不同温度下每 1000 mL水或稀溶液换算为 20 ℃时的体积修正值。

已知一定温度下的体积修正值 ΔV，可按下式将量器在该温度下所量取的体积 V_t 换算为 20 ℃时的体积：

$$V_{20}=V_t(1+\Delta V/1000)$$

表 3-3　不同温度下每 1000 mL 水或稀溶液换算为 20 ℃时的体积修正值

t/℃	体积修正值 ΔV/mL		t/℃	体积修正值 ΔV/mL	
	纯水、0.01 mol·L^{-1} 溶液	0.1 mol·L^{-1} 溶液		纯水、0.01 mol·L^{-1} 溶液	0.1 mol·L^{-1} 溶液
5	+1.5	+1.7	20	0	0
10	+1.3	+1.45	25	−1.0	−1.1
15	+0.8	+0.9	30	−2.3	−2.5

例如，若在 10 ℃进行滴定操作，用了 25.00 mL 物质的量浓度为 0.1 mol·L^{-1} 的标准滴定溶液，换算为 20 ℃时体积应为：

$$V_{20}=V_{10}(1+\Delta V/1000)=25.00\times(1+1.45/1000)\ \text{mL}=25.04\ \text{mL}$$

欲更详细、更全面地了解量器的校准,可参考 JJG 196—2006《常用玻璃量器检定规程》。

三、仪器与试剂

1. 仪器

分析天平、酸式滴定管(50 mL)、移液管(25 mL)、容量瓶(250 mL)、烧杯、温度计(0～50 ℃或 0～100 ℃,精度为 0.1 ℃,公用)、具塞磨口锥形瓶(50 mL)、洗耳球。

2. 试剂

蒸馏水。

四、实验步骤

1. 滴定管的校准

准备好已洗净的待校准滴定管,并向滴定管中注入与室温达平衡的蒸馏水至零刻度以上(可事先用烧杯盛蒸馏水,放在天平室内,并且在杯中插入温度计,测量水温,备用),记录水温(t),调至零刻度后,从滴定管中以正确操作放出一定质量的纯水于已称重且外壁洁净、干燥的 50 mL 具塞磨口锥形瓶中(切勿将水滴在磨口上)。每次放出的纯水的体积称为表观体积,根据滴定管的大小不同,表观体积的大小可分为 1 mL、5 mL、10 mL 等,50 mL 滴定管每次按每分钟约 10 mL 的流速,放出 10 mL(要求在(10±0.1) mL 范围内),盖紧瓶塞,用同一台万分之一的分析天平称其质量并称准至毫克位。直至放出 50 mL 水。每两次质量之差即为滴定管中放出水的质量。以此水的质量除以由表 3-2 查得的实验温度下经校准后水的密度 ρ_t(空),即可得到所测滴定管各段的实际容量。从滴定管所标示的容量和所测各段的实际容量之差,求出每段滴定管的校准值和总校准值。每段重复一次,两次校准值之差不得超过 0.02 mL,结果取平均值。将所得结果绘制成以滴定管读数为横坐标,以校准值为纵坐标的校准曲线。测量数据也可按表 3-4 记录和计算。

表 3-4　滴定管校准表(示例)

(水的温度为 25 ℃,水的密度为 0.99612 $g \cdot mL^{-1}$)

滴定管读数/mL	滴定管容量/mL	瓶与水的质量/g	水的质量/g	实际容量/mL	校准值/mL	累计校准值/mL
0.03		29.20(空瓶)				
10.13	10.10	39.28	10.08	10.12	+0.02	+0.02
20.10	9.97	49.19	9.91	9.95	−0.02	0.00
30.08	9.98	59.18	9.99	10.03	+0.05	+0.05
40.03	9.95	69.13	9.95	9.99	+0.04	+0.09
49.97	9.94	79.01	9.88	9.92	−0.02	+0.07

2. 移液管的校准

将 25 mL 移液管洗净，吸取蒸馏水至零刻度，将移液管中的水放至已称重的锥形瓶中，再称量，根据水的质量计算在此温度下移液管的实际容量。重复一次，两次校准值之差不得超过 0.02 mL，否则重新校准。测量数据按表 3-5 记录和计算。

表 3-5　移液管校准表

校准时水的温度(℃)：　　　　　　水的密度($g \cdot mL^{-1}$)：

移液管的标称容量/mL	锥形瓶的质量/g	锥形瓶与水的质量/g	水的质量/g	实际容量/ mL	校准值/ mL
25					

3. 容量瓶与移液管的相对校准

用已校准的移液管进行相对校准。用 25 mL 移液管移取蒸馏水至已洗净、干燥的 250 mL 容量瓶(操作时切勿让水碰到容量瓶的磨口)中，移取 10 次后，仔细观察溶液弯月面下缘是否与标线相切，若不相切，可用透明胶带另做一新标记。经相互校准后的容量瓶与移液管均做上相同标记，经过相对校准后的移液管和容量瓶应配套使用，因为此时移液管取一次溶液的体积是容量瓶容量的 1/10。由移液管的实际容量也可知容量瓶的实际容量(至新标线)。

五、数据记录与处理

参照本实验中的表格自行设计。

六、讨论与思考

1. 注意事项

(1) 校准量器时，必须严格遵守它们的使用规则。

(2) 称量具塞磨口锥形瓶时不得用手直接拿取。

2. 思考题

(1) 为什么要进行量器的校准？影响量器容量刻度不准确的主要因素有哪些？

(2) 为什么在校准滴定管时称量只要称到毫克位？

(3) 利用称量水法进行量器校准时，为何要求水温和室温一致？若两者有微小差异，以哪一温度为准？

(4) 本实验从滴定管放出纯水至称量用的锥形瓶中时应注意些什么？

(5) 滴定管有气泡存在时对滴定有何影响？应如何除去滴定管中的气泡？

(6) 使用移液管的操作要领是什么？为何要竖直流下液体？为何放完液体后要停留一定时间？最后留在移液管尖部的液体应如何处理？为什么？

实验三　滴定分析基本操作练习

一、实验目的

(1) 认识滴定分析常用的仪器并掌握正确的使用方法。

(2) 通过练习滴定操作,初步掌握用甲基橙和酚酞指示剂控制终点的方法。

(3) 再次练习分析天平的称量。

二、实验原理

酸碱滴定中,通常将 HCl 和 NaOH 标准溶液作为滴定剂。由于 HCl 易挥发,NaOH 易吸收空气中的 H_2O 和 CO_2,因此不宜用直接法配制,而是先配制成近似浓度的溶液,然后用基准物质标定其准确浓度,也可用另一已知准确浓度的标准溶液滴定该溶液,再根据它们的体积比求出该溶液的浓度。

酸碱指示剂都具有一定的变色范围,HCl 和 NaOH 滴定时 pH 值的突跃范围为 4.3～9.7,应当选用在此范围内变色的指示剂,如甲基橙(变色范围 3.1～4.4)或酚酞(变色范围 8.0～9.6)等可作为指示剂来指示滴定终点。

三、仪器与试剂

1. 仪器

滴定管(50 mL,酸式、碱式各 1 支)、容量瓶(250 mL)、移液管(25.00 mL、10.00 mL)、容量瓶(500 mL、250 mL)、锥形瓶(3 个)、水瓶、毛刷若干、锥形瓶(50 mL,具有玻璃磨口塞或橡皮塞)、橡皮膏或透明胶纸、托盘天平、分析天平等。

2. 试剂

固体 NaOH(A.R.)、浓盐酸(密度为 1.19 $g \cdot cm^{-3}$)、酚酞乙醇溶液(0.2%)、甲基橙水溶液(0.2%)。

四、实验步骤

(一) 滴定仪器的使用

1. 洗涤

先用洗衣粉或去污粉洗涤,并用自来水冲洗;然后,用铬酸洗液洗涤;最后,用蒸馏水或去离子水洗涤。洗涤干净的标准是:水不成滴或成股流下,而成一层均匀的薄膜。

注意:铬酸洗液必须回收,千万不能倒入水池,以防污染环境。

2. 酸式、碱式滴定管的使用练习

(1) 检漏：加满水至零刻度，在滴定管架上静置几分钟，然后用滤纸检验尖嘴和旋塞位置是否有水。

酸式滴定管漏水时必须涂凡士林，其操作方法如下：

用手将凡士林涂在活塞的大头上，另用火柴杆或玻棒将凡士林涂在活塞套小头的内壁上，均涂上薄薄的一层，将活塞直接插入活塞套中，然后沿同一方向旋转活塞，直至全部呈透明状为止。多涂的凡士林必须用滤纸擦掉。

碱式滴定管如果漏水，要更换乳胶管或移动玻璃球的位置。

(2) 排空：酸式滴定管下斜 15°～30°排空；碱式滴定管两边均成 45°上翘排空，手指握住玻璃球上 1/3 处，否则总会留下一段气泡。

(3) 安放：①滴定管的刻度面向自己；②滴定台离自己 15～20 cm；③管尖与锥形瓶距离为 2 cm。

(4) 加液与调零：加液时直接加入，不能用移液管、滴管加入；调零时两指轻轻握住滴定管的无刻度的最上端，让滴定管自然竖直，“三点一线”慢速放出溶液。

(5) 滴液：采用三指法，即左手的三个指头(大拇指、食指、中指)内外握住旋塞，右手三个手指握锥形瓶。锥形瓶稍倾斜，并将管尖伸入锥形瓶中 1 cm 左右，按顺时针方向旋转锥形瓶。

3. 移液管的使用

(1) 移液管无论是移液还是放液，均保持竖直状态。

(2) 移液时，管尖必须离开液面，且与容器内壁接触。

(3) 放液时，管尖与锥形瓶内壁相靠，放完后要停留 3 s，并旋转几次。

(4) 千万不能用洗耳球吹取移液管中的残液。

4. 容量瓶的使用

(1) 选择大小符合要求的容量瓶。

(2) 注意定容操作。

(3) 摇匀。

(4) 转移试液要多次少量洗涤，尽可能地全部转入容量瓶中。

(二) 酸、碱互滴的操作练习

1. 0.1 $mol \cdot L^{-1}$ HCl、NaOH 溶液的配制

(1) 0.1 $mol \cdot L^{-1}$ NaOH 溶液的配制。计算配制 500 mL 0.1 $mol \cdot L^{-1}$ NaOH 溶液时固体 NaOH 的用量。在托盘天平(是否需用分析天平称量?)上按计算值称取固体 NaOH 后，放入 100 mL 烧杯中，加 50 mL 蒸馏水，使之溶解；转移至 500 mL 洁净的试剂瓶中，再加入 450 mL 蒸馏水，用橡皮塞塞好瓶口，摇匀，贴上标签。

(2) 0.1 $mol \cdot L^{-1}$ HCl 溶液的配制。计算配制 500 mL 0.1 $mol \cdot L^{-1}$ HCl 溶液时浓盐酸(12 $mol \cdot L^{-1}$)的用量。用 10 mL 量筒按计算值量取浓盐酸，并倒入 500

mL 试剂瓶中,用蒸馏水稀释至 500 mL,盖上玻璃塞,摇匀,贴上标签。

2. 酸、碱溶液相互滴定

用 0.1 mol·L^{-1} NaOH 溶液润洗碱式滴定管 2～3 次,每次 5～10 mL,然后将 0.1 mol·L^{-1} NaOH 溶液装入碱式滴定管中,排出管尖气泡,调至零刻度。

用 0.1 mol·L^{-1} HCl 溶液润洗酸式滴定管 2～3 次,每次 5～10 mL,然后将 0.1 mol·L^{-1} HCl 溶液装入酸式滴定管中,排出管尖气泡,调至零刻度。

用 25 mL 移液管准确移取 25.00 mL HCl 溶液于锥形瓶中,加 1～2 滴酚酞指示剂,用 0.1 mol·L^{-1} NaOH 溶液滴定,一边滴定一边摇动锥形瓶,直至溶液显微红色(半分钟不褪色),即为终点。记录 HCl 溶液和 NaOH 溶液的体积(重复一次)。

用 25 mL 移液管准确移取 25.00 mL NaOH 溶液于锥形瓶中,加入 1～2 滴甲基橙指示剂,用 0.1 mol·L^{-1} HCl 溶液滴定,一边滴定一边摇动锥形瓶,直至溶液由黄色变为橙色,即为终点。记录 HCl 溶液和 NaOH 溶液的体积(重复一次)。

五、数据记录与处理

参照表 3-6 的格式,认真记录实验数据。

表 3-6　酸、碱互滴练习记录表

	甲基橙		酚酞	
	Ⅰ	Ⅱ	Ⅰ	Ⅱ
V_2(HCl)/mL				
V_1(HCl)/mL				
V(HCl)/mL				
V_2(NaOH)/mL				
V_1(NaOH)/mL				
V(NaOH)/mL				
V(HCl):V(NaOH)				
平均值				
相对偏差 d_r/(%)				

六、讨论与思考

1. 注意事项

(1) Na_2CO_3 易吸水,称量要快。

(2) 滴定时不能呈线状,而应呈滴状。

(3) 正确使用酸式滴定管,如检查是否漏滴,排除气泡,近终点时认真进行一滴、半滴的操作。

(4) 滴定终点时必须用洗瓶吹洗锥形瓶一圈，且半分钟不褪色。

(5) 滴定管读数必须保留小数点后两位，必须遵守有效数字取舍原则进行估读。

(6) 消耗的溶液体积数据之间(平行测定的三个数据)的差值不能大于 0.04 mL。

2. 思考题

(1) 用滴定管装标准溶液之前，为什么要用标准溶液润洗 2～3 次，所用的锥形瓶是否也需用标准溶液润洗？为什么？

(2) 用 50 mL 的滴定管时，若滴定第一份试液用去 20 mL，管内还剩 30 mL，滴定第二份试液时(也约需 20 mL)，是继续用剩余的溶液滴定，还是将溶液添加至零刻度再滴定？为什么？

(3) 配制 NaOH 溶液时，应选用何种天平称取试剂？为什么？

(4) 能直接配制准确浓度的 HCl 和 NaOH 溶液吗？为什么？

实验四　酸碱标准溶液的配制、浓度比较及酸的标定

一、实验目的

(1) 学习滴定管的准备、使用并练习滴定基本操作。

(2) 了解标准溶液的配制方法。

(3) 掌握标定过程及原理，熟悉甲基橙和酚酞指示剂的使用和终点的确定。

二、实验原理

标准溶液是指已知准确浓度的溶液。其配制方法通常有两种：直接法和标定法。

1. 直接法

准确称取一定质量的物质，经溶解后定量转移到容量瓶中，并稀释至刻度，摇匀。根据称取物质的质量和容量瓶的体积即可算出该标准溶液的准确浓度。适用此方法配制标准溶液的物质必须是基准物质。

2. 标定法

大多数物质的标准溶液不宜用直接法配制，可选用标定法。即先配成近似浓度的溶液，再用基准物质或已知准确浓度的标准溶液标定其准确浓度。HCl 和 NaOH 标准溶液在酸碱滴定中最常用，其浓度一般为 0.01～1 mol·L^{-1}，通常配制 0.1 mol·L^{-1}的溶液。但由于浓盐酸容易挥发，NaOH 易吸收空气中的 H_2O 和 CO_2，不符合直接法配制标准溶液的要求，所以只能采用标定法配制相应的标准溶液；也可用已知准确浓度的酸或碱标准溶液来标定碱或酸的浓度，如通过滴定得到 V(NaOH)∶V(HCl)的值，由标定出的 HCl 溶液的浓度 c(HCl)可算出 NaOH 溶液的浓度 c(NaOH)。

标定 HCl 溶液的基准物质有无水碳酸钠(Na_2CO_3)和硼砂($Na_2B_4O_7·10H_2O$)等。

因市售的分析纯无水 Na_2CO_3 可作为基准物质,但其易吸收空气中的水分,使用前应在烘箱内于 180～200 ℃烘 2～3 h 后,在干燥器中冷却备用。用 Na_2CO_3 标定 HCl 溶液的反应为:

$$Na_2CO_3 + 2HCl = 2NaCl + H_2O + CO_2\uparrow$$

达到化学计量点时,溶液的 pH 值为 3.9,pH 值突跃范围为 5.0～3.5,可选用甲基橙、甲基红或甲基橙靛蓝二磺酸钠作指示剂。快到滴定终点时,应将溶液煮沸 2～3 min以减少 CO_2 的影响,待溶液冷却后再继续滴定至终点。根据称取 Na_2CO_3 的质量和滴定消耗 HCl 溶液的体积,可计算出 HCl 标准溶液的浓度。

市售的分析纯硼砂也可作为基准物质,但因硼砂含结晶水,在空气中易失去一部分水形成 $Na_2B_4O_7 \cdot 5H_2O$,所以使用前需将硼砂在水中重结晶两次,保存在相对湿度为 60%的恒湿器(装有食盐和蔗糖饱和溶液的干燥器)中,即可获得合乎要求的硼砂。硼砂与 HCl 溶液的反应为:

$$Na_2B_4O_7 + 2HCl + 5H_2O = 2NaCl + 4H_3BO_3$$

化学计量点时,产物为 H_3BO_3($K_a = 5.8\times10^{-10}$),溶液的 pH 值为 5.1,可选用甲基红作指示剂。

三、仪器与试剂

1. 仪器

托盘天平、分析天平(0.1 mg)、量筒(10 mL、50 mL)、试剂瓶、洗瓶、烧杯(250 mL、500 mL)、滴管、锥形瓶(250 mL)、酸式滴定管(50 mL)和碱式滴定管(50 mL)。

2. 试剂

固体 NaOH(C. P.)、浓盐酸($1.19\ g\cdot cm^{-3}$)(C. P.)、无水碳酸钠(A. R.)、硼砂(A. R.)、洗液、蒸馏水、甲基橙水溶液(0.1%)、酚酞乙醇溶液(0.2%)、甲基红指示剂(0.1%的 60%乙醇溶液)。

四、实验步骤

1. $0.1\ mol\cdot L^{-1}$ HCl 溶液和 $0.1\ mol\cdot L^{-1}$ NaOH 溶液的配制

(1) HCl 溶液的配制。用洁净的量筒量取 4～5 mL 浓盐酸,倒入 500 mL 烧杯中,加蒸馏水稀释至 500 mL,然后倒入洁净的试剂瓶中,盖上玻璃塞,摇匀,贴上写有试剂名称、浓度、配制日期、班级、姓名的标签,备用。

(2) NaOH 溶液的配制。在托盘天平上用 250 mL 烧杯迅速称取 2 g 固体 NaOH,加入蒸馏水使之溶解。稀释至 250 mL,然后将溶液倒入洁净的试剂瓶中,用橡皮塞塞紧瓶口,摇匀,贴上写有试剂名称、浓度、配制日期、班级、姓名的标签,备用。

2. 酸、碱溶液浓度的比较

(1) 预先准备好洁净的酸式滴定管和碱式滴定管各一支,检漏后,用蒸馏水冲洗 3 次。用所配制的 HCl 溶液润洗酸式滴定管 3 次,每次用量 5～10 mL;再向酸式滴定管中装满 HCl 溶液，驱除下端气泡，调节液面于零刻度线或稍下刻度处，静置 1 min 后方可读数。用上述方法把所配制的 NaOH 溶液装入碱式滴定管。及时记录酸式滴定管和碱式滴定管的初读数。

（2）由碱式滴定管放出 20.00 mL NaOH 溶液于 250 mL 锥形瓶中，加入 1～2 滴甲基橙指示剂，然后用酸式滴定管中的 HCl 溶液滴定锥形瓶中的 NaOH 溶液，同时不断摇动锥形瓶，使溶液混匀，待接近终点时，HCl 溶液应逐滴或半滴地加入锥形瓶中，挂在瓶壁上的酸可用蒸馏水冲洗下去，直至被滴定溶液由黄色恰好变为橙黄色，即为滴定终点。如果颜色观察有疑问或终点已过，可继续由碱式滴定管加入少量 NaOH 溶液，使被滴定溶液呈黄色，再以 HCl 溶液滴定，直至当半滴 HCl 溶液加入后被滴定溶液恰现橙黄色为止（如此可反复进行，直至能较为熟练地掌握滴定操作和判断滴定终点）。仔细读取酸式、碱式滴定管的最终读数，准确到 0.01 mL，并记录于表格中，计算出 $V(NaOH):V(HCl)$。

再次将标准溶液分别装满酸式、碱式滴定管，重复上述比较操作，计算出体积比，同样测定 3 次，直至 3 次测定结果与平均值的相对偏差小于 0.3%，否则应重做。

3. HCl 溶液的标定

（1）用 Na_2CO_3 标定。准确称取 0.15～0.20 g 无水 Na_2CO_3 3 份，分别置于 3 个 250 mL 锥形瓶中（标记瓶号以免混乱）。各加 30～40 mL 蒸馏水，溶解后加 2 滴甲基橙指示剂，用 0.1 $mol \cdot L^{-1}$ HCl 溶液滴定，直至被滴定溶液由黄色恰变为橙黄色，即为滴定终点（由于反应本身产生的 H_2CO_3 会使滴定突跃不明显，以致指示剂颜色变化不够明显，所以接近终点时最好将溶液加热至沸腾，并摇动锥形瓶以赶走 CO_2，冷却后补加 1 滴甲基橙指示剂，再滴至橙黄色为止）。记录 HCl 溶液的体积于表格中，计算 HCl 标准溶液的浓度，并填在标签上。

（2）用硼砂标定。准确称取硼砂（$Na_2B_4O_7 \cdot 10H_2O$）3 份，每份 0.4～0.5 g，分别置于三个 250 mL 锥形瓶中。各加 50 mL 蒸馏水，溶解后加 2～3 滴甲基红指示剂，用 0.1 $mol \cdot L^{-1}$ HCl 溶液滴定至黄色变微红色为止。记录 HCl 溶液的用量，计算 HCl 标准溶液的浓度，并填在标签上。

五、数据记录与处理

参照实验三中表格的格式自制表格，认真记录实验数据并处理。

六、讨论与思考

（1）为什么 HCl 和 NaOH 标准溶液要用间接法配制？

（2）称取固体 NaOH 时为什么不能放在纸上称量，而要放在表面皿上称量？

（3）标定 0.1 $mol \cdot L^{-1}$ HCl 溶液时，称取无水 Na_2CO_3 0.15～0.20 g，此称量范围是怎样计算的？若称得太多或太少有什么缺点？实验中用的锥形瓶是否要烘干？

（4）溶解 Na_2CO_3 时加蒸馏水溶解，此体积是否要很准确？为什么？

(5) 用 Na_2CO_3 标定 HCl 溶液时,为什么选择甲基橙作为指示剂,而不能用酚酞作指示剂?

实验五 碱标准溶液的标定、铵盐中氮含量的测定

一、实验目的

(1) 学会碱标准溶液浓度的标定方法。

(2) 进一步练习滴定操作和递减称量法称量。

(3) 了解酸碱滴定法的应用,掌握甲醛法间接测定铵盐中氮含量的原理和方法。

二、实验原理

1. NaOH 溶液的标定

NaOH 有很强的吸水性且能吸收空气中的 CO_2,因而市售 NaOH 中常含有 Na_2CO_3。其反应方程式为:

$$2NaOH + CO_2 = Na_2CO_3 + H_2O$$

Na_2CO_3 的存在对指示剂的使用影响较大,应设法除去。除去 Na_2CO_3 最常用的方法是将NaOH先配成饱和溶液(质量分数约为 52%),由于 Na_2CO_3 在饱和NaOH溶液中几乎不溶解,会慢慢沉淀出来,因此,可用饱和NaOH溶液配制不含 Na_2CO_3 的NaOH溶液。待 Na_2CO_3 沉淀后,可吸取一定量的上清液,稀释至所需浓度即可。此外,用来配制NaOH溶液的蒸馏水,也应加热煮沸后冷却,除去其中的 CO_2。

常用来标定碱标准溶液的基准物质有邻苯二甲酸氢钾、草酸等。本实验选用邻苯二甲酸氢钾作基准物质,其反应方程式为:

$$C_6H_4(COOH)(COOK) + NaOH = C_6H_4(COONa)(COOK) + H_2O$$

化学计量点时,溶液呈弱碱性(pH 值为 9.20),pH 值突跃范围为 8.1~10.1,可选用酚酞作指示剂。

2. 铵盐中氮含量的测定

常用的含氮化肥有 NH_4Cl、$(NH_4)_2SO_4$、NH_4NO_3、NH_4HCO_3 和尿素等,其中 NH_4Cl、$(NH_4)_2SO_4$ 和 NH_4NO_3 是强酸弱碱盐。由于 NH_4^+ 的酸性太弱($K_a = 5.6\times10^{-10}$),因此不能直接用 NaOH 标准溶液滴定,通常是将试样加以适当处理,使各种含氮化合物都转化为氨态氮,然后进行测定。常用的方法有以下两种:①蒸馏法(凯氏定氮法),适用于无机、有机物质中氮含量的测定,准确度较高;②甲醛法,适用于铵盐中铵态氮的测定,方法简便,生产实际中应用广泛。

本实验选用 $(NH_4)_2SO_4$ 作为待测定的铵盐,介绍甲醛法间接测定铵盐中氮含量的原理和方法。甲醛与 NH_4^+ 作用,生成质子化的六亚甲基四胺($K_a = 7.1\times10^{-6}$)和

H^+，其反应方程式如下：

$$4NH_4^+ + 6HCHO = (CH_2)_6N_4H^+ + 3H^+ + 6H_2O$$

所生成的 H^+ 和 $(CH_2)_6N_4H^+$ 可用 NaOH 标准溶液滴定，滴定反应方程式如下：

$$(CH_2)_6N_4H^+ + 3H^+ + 4OH^- = (CH_2)_6N_4 + 4H_2O$$

终点时由于生成的溶液呈弱碱性，可选酚酞作指示剂。由反应式知，1 mol NH_4^+ 相当于 1 mol H^+，故氮与 NaOH 的化学计量比为 1∶1，可根据下式计算试样中氮的质量分数：

$$w(N) = \frac{c(NaOH) \times \frac{V(NaOH)}{1000\ mL \cdot L^{-1}} \times 14.01\ g \cdot mol^{-1}}{m_s} \times 100\%$$

式中：$w(N)$ 为试样中氮的质量分数；$c(NaOH)$ 为 NaOH 标准溶液的浓度，$mol \cdot L^{-1}$；$V(NaOH)$ 为 NaOH 标准溶液的体积，mL；m_s 为试样的质量，g。

三、仪器与试剂

1. 仪器

容量瓶(100 mL)、移液管、锥形瓶(250 mL)、碱式滴定管(50 mL)。

2. 试剂

固体 $(NH_4)_2SO_4$、0.2%酚酞乙醇溶液、原装甲醛、NaOH 溶液($0.1\ mol \cdot L^{-1}$)、邻苯二甲酸氢钾(基准物质，110～120 ℃下烘 1 h 后，放入干燥器中冷却备用)。

四、实验步骤

1. NaOH 溶液的标定

洗净碱式滴定管，检查不漏水后，用所配制的 NaOH 溶液润洗 2～3 次，每次用量 5～10 mL，然后将 NaOH 溶液装入滴定管中至零刻度线以上，排除管尖的气泡，调整液面至零刻度线或零刻度线稍下处，静置 1 min 后，准确读取滴定管内液面的位置，并记录在报告本上。

用差减法准确称取 0.4～0.6 g 已烘干的邻苯二甲酸氢钾 3 份，分别放入 3 个已编号的 250 mL 锥形瓶中，加 20～30 mL 水溶解(若不溶可稍加热，冷却)，加入 1～2 滴酚酞指示剂，用 $0.1\ mol \cdot L^{-1}$ NaOH 溶液滴定至呈微红色，且半分钟不褪色，即为终点。计算 NaOH 标准溶液的浓度。标定 3 次以上，结果与平均值的相对偏差应小于 0.3%，否则应重做。

2. 铵盐中氮含量的测定

(1) 配制 18%中性甲醛溶液。取 37%原装甲醛于烧杯中，加等量水稀释，加入 1～2滴 0.2%酚酞指示剂，用 $0.1\ mol \cdot L^{-1}$ NaOH 溶液中和至甲醛溶液呈微红色为止。

(2) 称样与定容。用差减法准确称取 0.55～0.60 g $(NH_4)_2SO_4$ 试样于烧杯中，加入 30 mL 蒸馏水溶解，定量转移到 100 mL 容量瓶中定容，摇匀。

(3) 测定。用 25 mL 移液管平行移取试液 25.00 mL 3 份于 250 mL 锥形瓶中，加入 10 mL 预先中和好的 18% 甲醛溶液，加 1～2 滴酚酞指示剂，充分摇匀，放置 1 min。用 NaOH 标准溶液滴定至溶液呈现微红色，且半分钟不褪色即为终点，记下读数，计算试样中氮的质量分数。平行测定 3 次。

五、数据记录与处理

参照表 3-7 的格式，认真记录实验数据。

表 3-7　NaOH 溶液的标定、$(NH_4)_2SO_4$ 中氮含量的测定

		Ⅰ	Ⅱ	Ⅲ
倾出前质量 m_1/g				
倾出后质量 m_2/g				
邻苯二甲酸氢钾的质量 m/g				
NaOH 溶液的标定	V_2(NaOH)/mL			
	V_1(NaOH)/mL			
	V(NaOH)/mL			
	c(NaOH)/(mol·L^{-1})			
	平均值 $\bar{c}$/(mol·L^{-1})			
	相对平均偏差 $\bar{d}_{r1}$/(%)			
$(NH_4)_2SO_4$ 试样的质量 m'/g				
氮含量测定	V'_2(NaOH)/mL			
	V'_1(NaOH)/mL			
	V'(NaOH)/mL			
	w(N)/(%)			
	$\bar{w}$(N)/(%)			
	相对平均偏差 $\bar{d}_{r2}$/(%)			

六、讨论与思考

1. 注意事项

(1) 固体 NaOH 应在表面皿或小烧杯中称量，不能在纸上称量。

(2) 滴定之前，应检查滴定管管尖是否有气泡，如有气泡，应予以排除。

(3) 使用碱式滴定管滴定时，应捏挤玻璃珠的上半部分。

2. 思考题

(1) 标定 NaOH 溶液时,基准物质邻苯二甲酸氢钾为什么要称 0.5 g 左右? 称得太多或太少对标定结果有何影响?

(2) 本实验中所使用的称量瓶、烧杯、锥形瓶是否都必须烘干? 为什么?

(3) 为什么中和 HCHO 中的游离酸以酚酞作指示剂,而中和铵盐试样中的游离酸则以甲基红作指示剂?

(4) 铵盐中氮的测定为何不能用 NaOH 标准溶液直接滴定?

附:尿素中含氮量的测定

准确称取 0.70～0.80 g 尿素试样于小烧杯中,加入尽可能少的水洗下沾在烧杯内壁上的尿素,加入 6 mL 浓硫酸(17.8 mol·L^{-1}),盖上表面皿。在通风橱中,用小火加热至 CO_2 气泡停止逸出而放出 SO_2 白烟为止。取下冷却,加水溶解,然后完全转移至 250 mL 容量瓶中,用水稀释至刻度,摇匀。用移液管移取 25.00 mL 试液于 250 mL 锥形瓶中,加入 2～3 滴甲基红指示剂,滴加 5 mol·L^{-1} NaOH 溶液中和过量的 H_2SO_4,直至溶液由红色变为微红色,然后小心地滴加 0.1 mol·L^{-1} NaOH 溶液,使溶液恰好变成金黄色。加入 15 mL 中和过的 1∶1 甲醛溶液和 1～2 滴酚酞指示剂,静置 2 min 后,用 0.1 mol·L^{-1} NaOH 标准溶液滴定至溶液呈微红色,持续半分钟不褪色即为终点,记下读数,计算试样中氮的质量分数。平行测定 3 次,要求相对平均偏差不大于 0.5%。

实验六　工业总碱度、食醋总酸度的测定

一、实验目的

(1) 掌握工业纯碱总碱度测定的原理和方法。

(2) 学习酸碱滴定突跃范围及指示剂的选择。

(3) 了解强碱滴定弱酸过程中溶液的 pH 值变化及指示剂的选择。

(4) 掌握食醋总酸度的测定原理和方法。

二、实验原理

工业纯碱也称碱灰、苏打,它的主要成分为 Na_2CO_3,其中可能还含有少量 NaCl、Na_2SO_4、NaOH 及 $NaHCO_3$ 等成分。用 HCl 标准溶液测定 Na_2CO_3 的含量时,除主要组分被中和外,其他碱性杂质(如 NaOH 及 $NaHCO_3$)也被中和,因此,测定结果为总碱度。由于试样易吸收水分和 CO_2,在 270～300 ℃将试样烘干 2 h,以除去吸附的水并使 $NaHCO_3$ 全部转化为 Na_2CO_3,工业纯碱的总碱度通常以折算成 Na_2CO_3 或 Na_2O 的含量来表示。由于试样均匀性较差,应称取较多试样,使其更具代表性。滴定过程中的主要化学反应:

$$Na_2CO_3 + HCl = NaHCO_3 + NaCl$$
$$NaHCO_3 + HCl = NaCl + H_2CO_3$$
$$H_2CO_3 \rightleftharpoons CO_2\uparrow + H_2O$$

当溶液中 Na_2CO_3 被中和成 $NaHCO_3$ 时，pH 值为 8.3，此等当点的突跃范围比较小，终点不敏锐；在全部中和后，生成的 H_2CO_3 过饱和部分不断分解逸出 CO_2，其饱和溶液的 pH 值为 3.8～3.9。以甲基橙作指示剂，滴定溶液由黄色至橙色为终点。若选用甲基红或甲基红-溴甲酚绿混合指示剂，则滴定至橙色或暗红色时要煮沸溶液以除去大部分 CO_2，冷却后再滴定至红色，即为终点。

食醋的主要成分是 CH_3COOH，简写为 HAc，此外还含有少量其他弱酸（如乳酸等）。用标准 NaOH 溶液滴定时，只要是 $cK_a > 10^{-8}$ 的弱酸均可被滴定，因此测定的是总酸度，测定结果以含量最高的乙酸的质量浓度 $\rho(HAc)$ 来表示。滴定反应方程式为：

$$NaOH + CH_3COOH = CH_3COONa + H_2O$$

反应产物是 NaAc（$K_b = 5.6\times10^{-10}$），突跃范围在碱性范围，化学计量点的 pH 值约为 8.7，故可选用酚酞等碱性范围内变色的指示剂。应注意 CO_2 的影响，选用无 CO_2 的蒸馏水。

食醋中乙酸的质量分数较大，占 3%～5%，可适当稀释后再滴定。若食醋颜色较深，可用中性活性炭脱色后滴定。

三、仪器与试剂

1. 仪器

电子天平、托盘天平、烘箱、容量瓶(250 mL)、移液管(25 mL)、锥形瓶、酸式滴定管(50 mL)、碱式滴定管(50 mL)、称量瓶、量杯等。

2. 试剂

工业纯碱（在 270～300 ℃下干燥 2 h，放入干燥器内冷却后备用）、HCl 溶液（0.1 mol · L^{-1}，在通风橱内，用量杯量取原装浓盐酸约 9 mL，倒入试剂瓶中，加水稀释至 1 L，充分混匀）、无水 Na_2CO_3（在 270～300 ℃的烘箱内干燥 2 h，然后放入干燥器内冷却后备用，一周内有效）、硼砂（$Na_2B_4O_7 \cdot 10H_2O$，为了使相对湿度为 60%，防止结晶水失去，置于装有食盐和蔗糖饱和溶液的干燥器内保存）、甲基橙指示剂（1 g · L^{-1}）、甲基红-溴甲酚绿混合指示剂（将 2 g · L^{-1} 甲基红的乙醇溶液与1 g · L^{-1} 溴甲酚绿的乙醇溶液以 1∶3 体积比相混合）、甲基红 60%乙醇溶液（2 g · L^{-1}）、NaOH 标准溶液（0.1 mol · L^{-1}）、酚酞乙醇溶液（0.2%）。

四、实验步骤

1. 总碱度的测定

用差减法准确称取工业纯碱试样约 2 g 倒入烧杯中，加少量水使其溶解，也可稍加热促进溶解。冷却后，将溶液定量转入 250 mL 容量瓶中。加水稀释至刻度，充分摇匀。平行移取试液 25.00 mL 3 份，分别置于 250 mL 锥形瓶中，加水 20 mL，加入 1～2 滴甲基橙指示剂，用 HCl 标准溶液滴定，溶液由黄色恰变为橙色即为终点。计算试样中 Na_2O 或 Na_2CO_3 的含量，即为总碱度。平行测定 3 次以上。

2. 食醋中总酸度的测定

准确移取食醋 25.00 mL 于 250 mL 容量瓶中，用新煮沸并冷却的蒸馏水稀释至刻度，摇匀。用 25 mL 移液管移取 3 份上述溶液，分别置于 250 mL 锥形瓶中，加入 25 mL 蒸馏水，滴加 1～2 滴酚酞指示剂，用 NaOH 标准溶液滴定至溶液呈微红色，并保持半分钟不褪色，即为终点。记录 NaOH 标准溶液的用量，并计算食醋总酸度。

五、数据记录与处理

1. 数据记录

参照实验三和实验五中表格的格式自制表格，并认真记录实验数据。

2. 计算公式

(1) HCl 溶液浓度：

$$c(\mathrm{HCl})=\frac{2m(\mathrm{Na_2CO_3})}{M(\mathrm{Na_2CO_3})\times V(\mathrm{HCl})\times 10^{-3}\ \mathrm{L\cdot mL^{-1}}}$$

或

$$c(\mathrm{HCl})=\frac{2m(\mathrm{Na_2B_4O_7\cdot 10H_2O})}{M(\mathrm{Na_2B_4O_7\cdot 10H_2O})\times V(\mathrm{HCl})\times 10^{-3}\ \mathrm{L\cdot mL^{-1}}}$$

(2) 以 Na_2O 表示的总碱度：

$$w(\mathrm{Na_2O})=\frac{\frac{1}{2}c(\mathrm{HCl})\times V(\mathrm{HCl})\times M(\mathrm{Na_2O})}{m_s\times\frac{25.00}{250.00}\times 1000\ \mathrm{mL\cdot L^{-1}}}\times 100\%$$

式中：$c(\mathrm{HCl})$、$V(\mathrm{HCl})$ 分别为 HCl 标准溶液的浓度（$\mathrm{mol\cdot L^{-1}}$）和体积（mL）；$m(\mathrm{Na_2CO_3})$、$M(\mathrm{Na_2CO_3})$ 分别为 Na_2CO_3 基准物质的质量（g）和摩尔质量（$\mathrm{g\cdot mol^{-1}}$）；$m(\mathrm{Na_2B_4O_7\cdot 10H_2O})$、$M(\mathrm{Na_2B_4O_7\cdot 10H_2O})$ 分别为 $\mathrm{Na_2B_4O_7\cdot 10H_2O}$ 基准物质的质量（g）和摩尔质量（$\mathrm{g\cdot mol^{-1}}$）；$M(\mathrm{Na_2O})$ 为 Na_2O 的摩尔质量（$\mathrm{g\cdot mol^{-1}}$）；m_s 为试样质量（g）。

(3) 食醋的质量浓度（$\mathrm{g\cdot L^{-1}}$）：

$$\rho(\mathrm{HAc})=\frac{c(\mathrm{NaOH})\times V(\mathrm{NaOH})\times M(\mathrm{HAc})}{V(\mathrm{HAc})}\times \text{稀释倍数}$$

式中：$c(\mathrm{NaOH})$、$V(\mathrm{NaOH})$ 分别为 NaOH 标准溶液的浓度（$\mathrm{mol\cdot L^{-1}}$）和体积（mL）；$M(\mathrm{HAc})$、$V(\mathrm{HAc})$ 分别为乙酸的摩尔质量（$\mathrm{g\cdot mol^{-1}}$）和所用食醋的体积（mL）。

六、讨论与思考

(1) 写出甲基橙、甲基红及甲基红-溴甲酚绿混合指示剂的变色范围，并指出混合指示剂有何优点。

(2) 以甲基橙为指示剂滴定 Na_2CO_3 溶液时,终点前是否需要煮沸?混合指示剂滴定时终点前为什么要煮沸?

(3) Na_2CO_3 基准物质在使用前为什么要在 270～300 ℃进行干燥?温度过高或过低对标定 HCl 溶液有何影响?

(4) 标定 HCl 溶液时采用两种基准物质 Na_2CO_3 和 $Na_2B_4O_7 \cdot 10H_2O$ 各有何优缺点?

(5) 配制 0.1 $mol \cdot L^{-1}$ HCl 溶液 1 L 需要量取浓盐酸多少毫升?写出计算式。

(6) 如果无水 Na_2CO_3 吸收了 1%的水分,在标定 HCl 溶液的浓度时,对标定结果有何影响?

(7) 在用 HCl 溶液滴定时,如何使用指示剂来判断试样是由 $NaOH\text{-}Na_2CO_3$ 还是由 $Na_2CO_3\text{-}NaHCO_3$ 组成的?

(8) 为何用无 CO_2 的蒸馏水来稀释食醋?若蒸馏水中含有 CO_2,对测定结果有何影响?如何制备无 CO_2 的蒸馏水?

实验七　有机酸摩尔质量的测定

一、实验目的

(1) 熟练掌握 NaOH 溶液的配制和标定方法。

(2) 掌握酸碱滴定的基本条件和有机酸摩尔质量的测定方法。

二、实验原理

如果多元有机酸能溶于水,且它的逐级解离常数均符合准确滴定的要求,$cK_{ai} \geqslant 10^{-8}$,则可以用酸碱滴定法。有机弱酸 H_nA 与 NaOH 的反应方程式为:

$$n\text{NaOH} + \text{H}_n\text{A} = \!= \!= \text{Na}_n\text{A} + n\text{H}_2\text{O}$$

有机弱酸的摩尔质量为:

$$M(\text{H}_n\text{A}) = \frac{m(\text{H}_n\text{A})}{\frac{1}{n}c(\text{NaOH}) \times V(\text{NaOH})}$$

式中:$\frac{1}{n}$为滴定反应的化学计量数比,n 值须为已知;$c(\text{NaOH})$ 及 $V(\text{NaOH})$ 分别为 NaOH 溶液的浓度及滴定所消耗的体积;$m(\text{H}_n\text{A})$ 为称取的有机酸的质量。

几种有机酸在水中的解离常数为:草酸在 25 ℃时,$pK_{a1}=1.23$,$pK_{a2}=4.19$;柠檬酸在 18 ℃时,$pK_{a1}=3.13$,$pK_{a2}=4.76$,$pK_{a3}=6.40$;酒石酸在 25 ℃时,$pK_{a1}=3.04$,$pK_{a2}=4.37$。

用 NaOH 溶液滴定草酸,若 NaOH 溶液、草酸的浓度均为 0.10 $mol \cdot L^{-1}$,计量

生成草酸钠的浓度应该为 0.033 mol·L^{-1},到化学计量点时的 pH 值为:

$$pH=7.00+\frac{1}{2}pK_{a2}+\frac{1}{2}\lg c_s=7.00+\frac{4.19+\lg 0.033}{2}=8.36$$

应该用酚酞作指示剂。柠檬酸、酒石酸与此类似,一般用酚酞作指示剂。

三、仪器与试剂

1. 仪器

分析天平、托盘天平、烘箱、容量瓶(250 mL)、烧杯(100 mL)、锥形瓶(250 mL)、移液管(25 mL)、碱式滴定管(50 mL)等。

2. 试剂

NaOH 溶液(0.1 mol·L^{-1})、酚酞指示剂(2 g·L^{-1})、邻苯二甲酸氢钾($KHC_8H_4O_4$)基准物质(在 105~110 ℃干燥 1 h 后,置干燥器中备用)、有机酸试样(如草酸、酒石酸、柠檬酸等)。

四、实验步骤

1. 0.1 mol·L^{-1}NaOH 溶液的标定

平行准确称取 0.4~0.6 g $KHC_8H_4O_4$ 3 份,分别放入 250 mL 锥形瓶中,加 20~30 mL 水溶解后,加入 2 滴 0.2%酚酞指示剂,用 NaOH 溶液滴定至溶液呈现微红色,半分钟内不褪色即为终点。计算 NaOH 标准溶液的物质的量浓度 c(mol·L^{-1})。

2. 有机酸试液的配制

根据计算的质量,准确称取有机酸试样 1 份于 50 mL 烧杯中(称取多少试样,根据 n 值和有机酸摩尔质量范围,按不同试样消耗 0.1 mol·L^{-1}NaOH 溶液 25 mL 左右预先计算),加水溶解。定量转入 250 mL 容量瓶中,用水稀释至刻度,摇匀。

3. 有机酸摩尔质量的测定

用 25.00 mL 移液管平行移取 3 份,分别放入 250 mL 锥形瓶中,加入 2 滴酚酞指示剂,用 NaOH 标准溶液滴定至由无色变为微红色,半分钟内不褪色即为终点。根据公式计算有机酸摩尔质量 $M(H_nA)$。

五、数据记录与处理

按表 3-8 填写相关实验数据,并计算结果。

表 3-8 有机酸摩尔质量的测定

	Ⅰ	Ⅱ	Ⅲ
m_s/g			
V(NaOH)/mL			
$M(H_nA)$			

续表

	Ⅰ	Ⅱ	Ⅲ
$\overline{M}(H_nA)$			
相对偏差 d_r/(%)			
相对平均偏差 $\overline{d}_r$/(%)			

六、讨论与思考

(1) 假定已知有机酸的摩尔质量,列出纯度的计算式。

(2) 推导化学计量点的 pH 值计算式。

(3) 甲基橙能否作为 NaOH 溶液滴定有机酸的指示剂?为什么?

(4) 能否用 NaOH 溶液分步滴定草酸、柠檬酸、酒石酸等多元有机酸?

(5) $Na_2C_2O_4$能否作为酸碱滴定的基准物质?为什么?

实验八 EDTA 标准溶液的配制与标定

一、实验目的

(1) 了解 EDTA 标准溶液的配制与标定的原理。

(2) 掌握常用的标定 EDTA 标准溶液的方法。

(3) 掌握配位滴定法的条件选择、指示剂的使用及终点的判断。

二、实验原理

乙二胺四乙酸(简称 EDTA,常用 H_4Y 表示)难溶于水,常温下其溶解度为 0.2 g·L^{-1}(约 0.0007 mol·L^{-1}),在分析工作中通常使用其二钠盐配制标准溶液。乙二胺四乙酸二钠盐($Na_2H_2Y \cdot 2H_2O$)的溶解度为 120 g·L^{-1},可配成 0.3 mol·L^{-1}以上的溶液,其水溶液的 pH 值约为 4.4。

市售的EDTA,其水分含量一般为0.3%~0.5%,可在80 ℃下干燥12 h而除去水分。若在较高温度下进行干燥,则其中的结晶水也会失去。如在120 ℃下烘干,即可得到不含结晶水的 Na_2H_2Y,其组成完全符合计量关系,但通常不用此方法,主要是不含结晶水的 EDTA,其吸湿性很强。另外市售的 EDTA 常含有少量杂质,配制时所用的水和其他试剂中也常含有金属离子,因此 EDTA 常采用标定法配制标准溶液。

标定 EDTA 溶液常用的基准物质有 Zn、ZnO、$CaCO_3$、Bi、Cu、$MgSO_4 \cdot 7H_2O$、Hg、Ni、Pb 等。通常选用其中与被测物组分相同的物质作为基准物质,这样,滴定条件一致,可减小误差。

EDTA 溶液若用于测定石灰石或白云石中 CaO、MgO 的含量,则宜用 $CaCO_3$ 为基准物质。首先可加入 HCl 溶液，其反应方程式如下：

$$CaCO_3 + 2HCl = CaCl_2 + CO_2\uparrow + H_2O$$

然后把溶液转移到容量瓶中并稀释，制成钙标准溶液。吸取一定量钙标准溶液，调至 pH≥12，用钙指示剂，以 EDTA 溶液滴定至溶液由酒红色变为纯蓝色，即为终点。其变色原理如下。

钙指示剂（常以 H_3Ind 表示）在水溶液中按下式解离：

$$H_3Ind = 2H^+ + HInd^{2-}$$

在 pH≥12 的溶液中，$HInd^{2-}$ 与 Ca^{2+} 形成比较稳定的配离子，其反应方程式如下：

$$\underset{\text{纯蓝色}}{HInd^{2-}} + Ca^{2+} = \underset{\text{酒红色}}{CaInd^-} + H^+$$

因此在钙标准溶液中加入钙指示剂时，溶液呈现酒红色。当用 EDTA 溶液滴定时，由于 EDTA 能与 Ca^{2+} 形成比 $CaInd^-$ 配离子更稳定的配离子，因此在滴定终点附近，$CaInd^-$ 配离子不断转化为较稳定的 CaY^{2-} 配离子，而钙指示剂则游离出来，其反应方程式如下：

$$\underset{\text{酒红色}}{CaInd^-} + H_2Y^{2-} + OH^- = \underset{\text{无色}}{CaY^{2-}} + \underset{\text{纯蓝色}}{HInd^{2-}} + H_2O$$

用此法测定钙时，若有少量的 Mg^{2+} 共存，在调节溶液酸度至 pH≥12 时，Mg^{2+} 将形成 $Mg(OH)_2$ 沉淀，而且终点比 Ca^{2+} 单独存在时更敏锐（若量大，则形成的 $Mg(OH)_2$ 沉淀会吸附指示剂，而使终点不明显）。当 Ca^{2+}、Mg^{2+} 共存时，终点由酒红色变为纯蓝色；当 Ca^{2+} 单独存在时，则由酒红色变为紫蓝色。所以测定单独存在的 Ca^{2+} 时，常常加入少量 Mg^{2+}。

EDTA 溶液若用于测定 Pb^{2+}、Bi^{3+}，则宜以 ZnO 或金属锌为基准物质，以二甲酚橙为指示剂。在 pH 值为 5～6 的溶液中，二甲酚橙指示剂本身显黄色，与 Zn^{2+} 的配合物呈紫红色。EDTA 与 Zn^{2+} 形成更稳定的配合物，因此用 EDTA 溶液滴定至接近终点时，二甲酚橙游离出来，溶液由紫红色变为黄色。

配位滴定中所用的水应不含 Fe^{3+}、Cu^{2+}、Mg^{2+} 等杂质离子。

三、仪器与试剂

1. 仪器

托盘天平、细口瓶（500 mL）、表面皿、称量瓶、容量瓶（250 mL）、锥形瓶（250 mL）、酸式滴定管（50 mL）、烧杯（100 mL）、移液管（2 mL、5 mL、25 mL）。

2. 试剂

(1) 以 $CaCO_3$ 为基准物质时所用试剂。

乙二胺四乙酸二钠（固体，A. R.）、$CaCO_3$（固体，G. R. 或 A. R.）、HCl 溶液（1∶1）、氨水（1∶1）、镁溶液（溶解 1 g $MgSO_4\cdot 7H_2O$ 于水中，稀释至 200 mL）、钙指示剂（固体指示剂，1 g 钙紫红素与 100 g NaCl 混合磨匀）、NaOH 溶液（100

$g \cdot L^{-1}$)。

(2) 以 ZnO 为基准物质时所用试剂。

ZnO(G. R. 或 A. R.)、HCl 溶液(1∶1)、氨水(1∶1)、二甲酚橙指示剂、六亚甲基四胺溶液(200 $g \cdot L^{-1}$)。

四、实验步骤

1. 0.02 $mol \cdot L^{-1}$ EDTA 溶液的配制

在托盘天平上称取 EDTA 4.0 g,溶解于 200 mL 温水中,稀释至 500 mL,如混浊,应过滤。转移至 500 mL 细口瓶中,摇匀。

2. 以 $CaCO_3$ 为基准物质标定 EDTA 溶液

(1) 钙标准溶液的配制。置 $CaCO_3$ 基准物质于称量瓶中,在 110 ℃干燥 2 h,置干燥器中冷却后,准确称取 0.5～0.6 g(称准到小数点后第四位,为什么?)于小烧杯中,盖以表面皿,加水润湿,再从烧杯嘴边逐滴加入(为什么?)数毫升 HCl 溶液(1∶1)至完全溶解,用水把可能溅到表面皿上的溶液淋洗入烧杯中,加热使其接近沸腾,待冷却后移入 250 mL 容量瓶中,稀释至刻度,摇匀。

(2) 标定。用移液管移取 25.00 mL 钙标准溶液,置于锥形瓶中,加入约 25 mL 水、2 mL 镁溶液、5 mL100 $g \cdot L^{-1}$NaOH 溶液及约 10 mg(绿豆大小)钙指示剂,摇匀后,用 EDTA 溶液滴定至由酒红色变至纯蓝色,即为终点。

3. 以 ZnO 为基准物质标定 EDTA 溶液

(1) 锌标准溶液的配制。准确称取在 800～1000 ℃干燥过(需 20 min 以上)的基准物质 ZnO 0.5～0.6 g 于 100 mL 烧杯中,用少量水润湿,然后逐滴加入 HCl 溶液(1∶1),边加边搅拌使其完全溶解。将溶液定量转移入 250 mL 容量瓶中,稀释至刻度并摇匀。

(2) 标定。移取 25.00 mL 锌标准溶液于 250 mL 锥形瓶中,加约 30 mL 水、2～3 滴二甲酚橙指示剂,先加入氨水(1∶1)至溶液由黄色刚好变为橙色(不能多加),然后滴加 200 $g \cdot L^{-1}$六亚甲基四胺溶液,直至呈稳定的紫红色后再多加 3 mL,用EDTA 溶液滴定至溶液由紫红色变为黄色,即为终点。

五、数据记录与处理

根据所消耗 EDTA 溶液的体积,计算出 EDTA 溶液的准确浓度,记录格式自拟。

六、讨论与思考

1. 注意事项

(1) 配位反应进行的速度较慢(不像酸碱反应能在瞬间完成),故滴定时加入 EDTA 溶液的速度不能太快,在室温较低时尤其要注意。特别是接近终点时,应逐滴加入,并充分振摇。

(2) 配位滴定中,加入指示剂的量是否适当对于终点的观察十分重要,宜在实践中总结经验,加以掌握。

2. 思考题

(1) 为什么通常使用乙二胺四乙酸二钠盐配制 EDTA 标准溶液,而不用乙二胺四乙酸?

(2) 以 HCl 溶液溶解 $CaCO_3$ 基准物质时,操作中应注意些什么?

(3) 以 $CaCO_3$ 为基准物质,以钙指示剂为指示剂标定 EDTA 溶液时,应控制溶液的酸度,为什么?怎样控制?

(4) 以 ZnO 为基准物质,以二甲酚橙为指示剂标定 EDTA 溶液的原理是什么?溶液的 pH 值应控制在什么范围?若溶液为强酸性,应如何调节?

(5) 配位滴定法与酸碱滴定法相比较,有哪些不同点?操作中应注意哪些问题?

实验九　Pb^{2+}、Bi^{3+}的连续测定

一、实验目的

(1) 掌握用控制酸度的方法进行多种金属离子连续配位滴定的原理和方法。

(2) 熟悉二甲酚橙指示剂的应用。

(3) 掌握用 EDTA 进行连续滴定的方法。

二、实验原理

混合离子的滴定常用控制酸度法、掩蔽法进行,可根据有关副反应系数原理进行计算,论证对它们分别滴定的可能性。

Bi^{3+}、Pb^{2+} 均能与 EDTA 形成稳定的 1∶1 配合物,$\lg K$ 分别为 27.94 和 18.04。由于两者的 $\lg K$ 相差很大,故可利用控制酸度法进行分别滴定。在 pH 值约为 1 时滴定 Bi^{3+},在 pH 值为 5~6 时滴定 Pb^{2+}。

在 Bi^{3+}、Pb^{2+} 混合溶液中,首先调节溶液的 pH 值约为 1,以二甲酚橙为指示剂,Bi^{3+} 与指示剂形成紫红色配合物(Pb^{2+} 在此条件下不会与二甲酚橙形成有色配合物),用 EDTA 标准溶液滴定 Bi^{3+},当溶液由紫红色恰好变为黄色时,即为滴定 Bi^{3+} 的终点。

$$Bi^{3+} + H_2Y^{2-} = BiY^- + 2H^+$$

在滴定 Bi^{3+} 后的溶液中,加入六亚甲基四胺溶液,调节溶液的 pH 值为 5~6,此时 Pb^{2+} 与二甲酚橙形成紫红色配合物,溶液再次呈现紫红色,然后用 EDTA 标准溶液继续滴定,当溶液由紫红色恰好变为黄色时,即为滴定 Pb^{2+} 的终点。

$$Pb^{2+} + H_2Y^{2-} = PbY^{2-} + 2H^+$$

实验中所用的二甲酚橙为三苯甲烷显色剂，易溶于水，有 7 级酸式解离，其中 H_7In至 H_3In^{4-} 呈黄色，H_2In^{5-} 至 In^{7-} 呈红色，因此它在水溶液中的颜色随酸度的改变而改变，在 pH<6.3 时呈黄色，在 pH>6.3 时呈红色。二甲酚橙（XO）与Bi^{3+}、Pb^{2+} 所形成的配合物呈紫红色，它们的稳定性与Bi^{3+}、Pb^{2+} 和 EDTA 所形成的配合物相比要低一些，而 K(Bi-XO)>K(Pb-XO)。

三、仪器与试剂

1. 仪器

锥形瓶（250 mL）、移液管（25 mL）、酸式滴定管（50 mL）。

2. 试剂

EDTA 标准溶液（0.01 mol·L^{-1}）、二甲酚橙指示剂（2 g·L^{-1}水溶液）、六亚甲基四胺溶液（200 g·L^{-1}）、HCl 溶液（1∶1）、NaOH 溶液（2 mol·L^{-1}）、HNO_3溶液（6 mol·L^{-1}）、HNO_3溶液（0.1 mol·L^{-1}）、Bi^{3+} 和 Pb^{2+} 混合液（含 Bi^{3+}、Pb^{2+} 各约 0.01 mol·L^{-1}，称取 48 g $Bi(NO_3)_3$、33 g $Pb(NO_3)_2$，移入装有 312 mL 6 mol·L^{-1} HNO_3溶液的烧杯中，在电炉上微热溶解后，稀释至 10 L）、氨水（1∶1）。

四、实验步骤

准确移取 25.00 mL Pb^{2+}、Bi^{3+}混合液于锥形瓶中，调节溶液的 pH 值约为 1（一边摇动，一边向试液中滴加 2 mol·L^{-1} NaOH 溶液至刚出现白色混浊，然后迅速滴加 6 mol·L^{-1} HNO_3溶液，使白色混浊刚好消失，再加入 0.1 mol·L^{-1} HNO_3溶液，直至溶液的 pH 值约为 1），加入 1～2 滴二甲酚橙指示剂，用 EDTA 标准溶液滴定，当溶液由紫红色恰好变为黄色，即为 Bi^{3+} 的终点。记下消耗的 EDTA 标准溶液的体积 V_1(EDTA)，根据 V_1(EDTA)，计算混合液中 Bi^{3+} 的含量（以 $\rho(Bi^{3+})/(g \cdot L^{-1})$表示）。

在滴定 Bi^{3+} 后的溶液中，补加 2 滴二甲酚橙指示剂，并逐滴滴加氨水（1∶1），至溶液由黄色变为橙色，然后再滴加六亚甲基四胺溶液，至溶液呈紫红色，再过量加入 5 mL，此时溶液的 pH 值为 5～6。用 EDTA 标准溶液滴定，当溶液由紫红色恰好变为黄色，即为终点。记下 V_2(EDTA)，根据滴定结果，由（V_2(EDTA)－V_1(EDTA)）计算混合液中 Pb^{2+} 的含量（以 $\rho(Pb^{2+})/(g \cdot L^{-1})$表示）。

五、数据记录与处理

计算 Bi^{3+}、Pb^{2+} 的含量。

六、讨论与思考

1. 注意事项

在测定Bi^{3+}和Pb^{2+}时，一定要注意控制溶液合适的 pH 值条件。滴加六亚甲基四胺溶液至试液呈稳定的紫红色后应再过量滴加 5 mL。

滴定时试液颜色变化为紫红色—红色—橙黄色—黄色。

2. 思考题

(1) 滴定溶液中Bi^{3+}和Pb^{2+}时，溶液酸度各控制在什么范围？怎样调节？

(2) 能否在同一份试液中先滴定Pb^{2+}，然后滴定Bi^{3+}？

实验十　水的硬度测定

一、实验目的

(1) 了解水的硬度的概念、测定水的硬度的意义，以及水的硬度的表示方法。

(2) 理解 EDTA 法测定水中钙、镁含量的原理和方法。

(3) 掌握铬黑 T(EBT)和钙指示剂的应用，了解其特点。

二、实验原理

天然水的硬度主要由 Ca^{2+}、Mg^{2+} 组成。水的硬度的表示方法很多，但常用的有两种：一种是用“德国度(°)”表示，这种方法是将水中的 Ca^{2+}、Mg^{2+} 折合为 CaO 来计算，每升水含 10 mg CaO 就称为 1 德国度；另一种是用“$mg \cdot L^{-1}(CaCO_3)$”表示，它是将每升水中所含的 Ca^{2+}、Mg^{2+} 都折合成 $CaCO_3$ 的毫克数，这种表示方法在美国使用较多。

按照“德国度(°)”表示方法，天然水按硬度的大小可以分为以下几类：0°～4°称为极软水，4°～8°称为软水，8°～16°称为中等软水，16°～30°称为硬水，30°以上称为极硬水。

目前我国常用的硬度表示方法有两种：一种是用 $CaCO_3$ 的质量浓度 $\rho(CaCO_3)$ 表示水中 Ca^{2+}、Mg^{2+} 的含量，单位是 $mg \cdot L^{-1}$；另一种是用 $c(Ca^{2+}+Mg^{2+})$ 来表示水中 Ca^{2+}、Mg^{2+} 的含量，单位是 $mmol \cdot L^{-1}$。其相应的计算公式如下：

$$\rho(CaCO_3)=\frac{c(EDTA)\times V(EDTA)\times M(CaCO_3)}{V(水)\times 10^{-3}\ L \cdot mL^{-1}}$$

$$c(Ca^{2+}+Mg^{2+})=\frac{c(EDTA)\times V(EDTA)}{V(水)\times 10^{-3}\ L \cdot mL^{-1}}$$

式中：V(水)为水样体积，mL。

Ca^{2+}、Mg^{2+} 总量的测定：在 pH=10 的氨性缓冲溶液中，加入少量 EBT 指示剂，然后用 EDTA 标准溶液滴定。由于 EBT 和 EDTA 都能与 Ca^{2+}、Mg^{2+} 生成配合物，其稳定次序为 $CaY^{2-}>MgY^{2-}>MgEBT>CaEBT$，因此加入 EBT 后，它首先与 Mg^{2+} 结合，生成酒红色配合物。当滴入 EDTA 时，EDTA 先与游离的 Ca^{2+} 配位，其次与游离的 Mg^{2+} 配位，最后夺取 EBT 配合物中的 Mg^{2+}，使 EBT 游离出来，终点溶液由酒红色变为纯蓝色。

由于 EBT 与 Mg^{2+} 显色灵敏度高，与 Ca^{2+} 显色灵敏度低，所以当水样中 Mg^{2+} 含量较低时,用 EBT 作指示剂往往得不到敏锐的终点。这时可在 EDTA 标准溶液中加入适量的 Mg^{2+}(标定前加入 Mg^{2+} 对终点没有影响)或者在缓冲溶液中加入一定量 Mg(Ⅱ)-EDTA 盐,利用置换滴定法的原理来提高终点变色的敏锐性。滴定时,用三乙醇胺掩蔽 Fe^{3+}、Al^{3+} 等干扰离子。

三、仪器与试剂

1. 仪器

烧杯(100 mL)、容量瓶(250 mL)、锥形瓶、移液管(25 mL、50 mL)、酸式滴定管(50 mL)、玻棒、量筒(10 mL)、称量瓶、分析天平。

2. 试剂

EDTA 标准溶液(0.01 mol·L^{-1})、氨性缓冲溶液(pH=10,称取 35 g 固体 NH_4Cl溶解于水中,加 350 mL 浓氨水,用水稀释至 1 L)、EBT 指示剂(先称 100 g NaCl,在 105～106 ℃下烘干,磨细后加入 1 g EBT,再研磨混合均匀,保存在棕色瓶中)、三乙醇胺溶液(1∶2)、HCl 溶液(1∶1)、10%NaOH 溶液、$CaCO_3$基准物质(在 120 ℃下干燥 2 h)、钙指示剂(1 g 钙紫红素与 100 g NaCl 研磨均匀,置于 60 mL 广口瓶中,在干燥器中保存)。

四、实验步骤

(1) 总硬度的测定。准确移取水样 100.00 mL 于锥形瓶中,加入 1～2 滴 HCl 溶液(1∶1)使之酸化,并煮沸数分钟除去 CO_2,冷却后加入 5 mL 三乙醇胺溶液(1∶2)、5 mL pH=10 氨性缓冲溶液、10 mg(绿豆大小)EBT 指示剂,摇匀,用 EDTA 标准溶液滴定,溶液由酒红色转变为纯蓝色即为终点,记下消耗的 EDTA 标准溶液的体积 V_1。

(2) 钙硬度的测定。准确移取水样 100.00 mL 于锥形瓶中,加入 5 mL 10% NaOH 溶液,摇匀,再加入少许(绿豆大小)钙指示剂,摇匀,此时溶液呈酒红色。用 EDTA 标准溶液滴定至溶液呈纯蓝色即为终点。记下消耗的 EDTA 标准溶液的体积 V_2。

(3) 镁硬度的确定。由总硬度减钙硬度即得镁硬度。

五、数据记录与处理

根据消耗的 EDTA 标准溶液的体积,计算出 $\rho(CaCO_3)$或 $c(Ca^{2+}+Mg^{2+})$。记录格式自拟。

六、讨论与思考

1. 注意事项

(1) 若水样不清,则必须过滤,过滤所用的器皿和滤纸必须是干燥的,最初的滤液须弃去。

(2) 若水样中含有铜、锌、锰、铁、铝等离子，则会影响测定结果，可加入 1 mL 1% Na_2S 溶液使 Cu^{2+}、Zn^{2+} 等形成硫化物沉淀，过滤。锰的干扰可加入盐酸羟胺消除。

(3) 在氨性缓冲溶液中，$Ca(HCO_3)_2$ 含量较高时，可能慢慢析出 $CaCO_3$ 沉淀，使滴定终点拖长，变色不敏锐，所以滴定前最好将溶液酸化，煮沸除去 CO_2，注意 HCl 溶液不可多加，否则影响滴定时溶液的 pH 值。

2. 思考题

(1) 什么叫水的硬度？水的硬度有几种表示方法？

(2) 用 EDTA 法怎么测出总硬度？用什么作指示剂？试液的 pH 值应控制在什么范围？实验中是如何控制的？

(3) 用 EDTA 法测定水的硬度时，哪些离子产生干扰？应如何消除？

实验十一　铝合金中铝含量的测定

一、实验目的

(1) 了解返滴定法和置换滴定法的应用和结果的计算。

(2) 了解控制溶液的酸度、温度和滴定速度在配位滴定中的重要性。

(3) 掌握二甲酚橙指示剂的变色原理。

二、实验原理

由于 Al^{3+} 易水解，易形成多核羟基配合物，在较低酸度时，还可与 EDTA 形成羟基配合物，同时 Al^{3+} 与 EDTA 配位速度较慢，在较高酸度下煮沸则容易配位完全，故一般采用返滴定法或置换滴定法测定铝。采用置换滴定法时，先调节溶液的 pH 值为 3.5，加入过量的 EDTA 溶液，煮沸，使 Al^{3+} 与 EDTA 配位完全，冷却后，再调节溶液的 pH 值为 5～6，以二甲酚橙为指示剂，用锌标准溶液滴定过量的 EDTA（不计体积）。然后，加入过量的 NH_4F，加热至沸腾，使 AlY^- 与 F^- 之间发生置换反应，并释放出与 Al^{3+} 等物质的量的 EDTA。其反应方程式为：

$$AlY^- + 6F^- + 2H^+ \xlongequal{} AlF_6^{3-} + H_2Y^{2-}$$

释放出来的 EDTA，再用锌标准溶液滴定至溶液呈紫红色，即为终点。

试样中含 Ti^{4+}、Zr^{4+}、Sn^{4+} 等离子时，也同时被滴定，对 Al^{3+} 的测定有干扰。大量 Fe^{3+} 对二甲酚橙指示剂有封闭作用，故本法不适合于含大量 Fe^{3+} 试样的测定。Fe^{3+} 含量不太高时，可用此法，但需控制 NH_4F 的用量，否则 FeY^- 也会部分被置换，使结果偏高。为此可加入 H_3BO_3，使过量 F^- 生成 BF_4^-，从而防止 Fe^{3+} 的干扰。再者，加入 H_3BO_3 后，还可防止 SnY 中的 EDTA 被置换，因此，也可消除 Sn^{4+} 的干扰。大量 Ca^{2+} 在 pH 值为 5～6 时，也有部分与 EDTA 配位，使测定的 Al^{3+} 的结果不稳定。

三、仪器与试剂

1. 仪器

分析天平、移液管(25 mL)、锥形瓶(250 mL)、表面皿、容量瓶(100 mL)、烧杯(250 mL)、量筒(10 mL、100 mL)、酸式滴定管(50 mL)。

2. 试剂

HNO_3-HCl-H_2O(1∶1∶2)混合酸、HCl 溶液(1∶3)、EDTA 溶液(0.02 mol·L^{-1})、氨水(1∶1)、六亚甲基四胺溶液(20%)、锌标准溶液(0.01 mol·L^{-1})、NH_4F 溶液(20%)、二甲酚橙指示剂(2 g·L^{-1}水溶液)。

四、实验步骤

1. 铝合金试液的制备

准确称量 0.1～0.15 g 铝合金于 250 mL 烧杯中,加入 10 mL 混合酸,并立即盖上表面皿,待试样溶解后,用水冲洗烧杯壁和表面皿,将溶液转移至 100 mL 容量瓶中,稀释至刻度,摇匀。

2. 铝合金试液中铝含量的测定

吸取 25.00 mL 铝合金试液于 250 mL 锥形瓶中,加入 10 mL 0.02 mol·L^{-1} EDTA 溶液、2 滴二甲酚橙指示剂,溶液呈黄色,用氨水(1∶1)调至溶液恰好呈紫红色。然后滴加 3 滴 HCl 溶液(1∶3),将溶液煮沸 3 min 左右,冷却,加入 20 mL 20% 六亚甲基四胺溶液,此时溶液应呈黄色,如不呈黄色,可用 HCl 溶液调节,再补加 2 滴二甲酚橙指示剂,用锌标准溶液滴定至溶液由黄色变为紫红色(此时不计体积)。加入 10 mL 20%NH_4F 溶液,将溶液加热至微沸,流水冷却,再补加 2 滴二甲酚橙指示剂,此时溶液应呈黄色,若溶液呈红色,应滴加 HCl 溶液(1∶3)使其呈黄色,再用锌标准溶液滴定至溶液由黄色变为紫红色时,即为终点。根据消耗的锌标准溶液的体积,计算铝的质量分数。

$$w(\mathrm{Al})=\frac{c(\mathrm{Zn^{2+}})\times V(\mathrm{Zn^{2+}})\times M(\mathrm{Al})}{\frac{25.00}{100.0}\times m_s}\times 100\%$$

五、数据记录与处理

参照表 3-9 认真记录实验数据。

表 3-9 铝合金中铝含量的测定数据记录

	Ⅰ	Ⅱ	Ⅲ
铝合金试样质量 m_s/g			
$c(Zn^{2+})$/(mol·L^{-1})			

续表

	Ⅰ	Ⅱ	Ⅲ
待测液体积 V/mL			
消耗锌标准溶液体积 $V(Zn^{2+})$/mL			
$w(Al)/(\%)$			
$\overline{w}(Al)/(\%)$			
相对平均偏差 $\overline{d}_r/(\%)$			

六、讨论与思考

(1) 铝的测定为什么一般不采用 EDTA 直接滴定的方法？

(2) 为什么加入过量 EDTA 后，第一次用锌标准溶液滴定时，可以不计消耗的体积？

(3) 返滴定法测定简单试样中的 Al^{3+} 时，加入过量 EDTA 溶液的浓度是否必须准确？为什么？

实验十二　双氧水中 H_2O_2 含量的测定($KMnO_4$ 法)

一、实验目的

(1) 了解 $KMnO_4$ 标准溶液的配制和标定方法。

(2) 熟悉 $KMnO_4$ 与 $Na_2C_2O_4$ 的反应条件，正确判断滴定终点。

(3) 掌握用 $KMnO_4$ 法测定双氧水中 H_2O_2 的含量的原理和方法。

二、实验原理

市售的 $KMnO_4$ 常含有少量杂质，如硫酸盐、氯化物、硝酸盐及 MnO_2 等，因此不能用精确称量的 $KMnO_4$ 来直接配制准确浓度的溶液。$KMnO_4$ 氧化能力强，易和水中的有机物、空气中的尘埃及氨等还原性物质作用；$KMnO_4$ 还能自行分解，其分解反应如下：

$$4KMnO_4 + 2H_2O = 4MnO_2\downarrow + 4KOH + 3O_2\uparrow$$

分解速度随溶液的 pH 值改变而改变。在中性溶液中，分解很慢，但 Mn^{2+} 和 MnO_2 能加速 $KMnO_4$ 的分解，见光则分解得更快。由此可见，$KMnO_4$ 溶液的浓度容易改变，必须正确地配制和保存。

正确配制和保存的 $KMnO_4$ 溶液应呈中性，不含 MnO_2，这样，浓度就比较稳定，放置数月后浓度大约降低 0.5%。如果长期使用，仍应定期标定。

标定 $KMnO_4$ 溶液的基准物质有 As_2O_3、Fe、$H_2C_2O_4 \cdot H_2O$ 和 $Na_2C_2O_4$ 等，其中以 $Na_2C_2O_4$ 最为常用。$Na_2C_2O_4$ 易精制，不易吸湿，性质稳定。在酸性条件下，用 $Na_2C_2O_4$ 标定 $KMnO_4$ 的反应为：

$$2MnO_4^- + 5C_2O_4^{2-} + 16H^+ = 2Mn^{2+} + 10CO_2\uparrow + 8H_2O$$

上述标定反应要在酸性介质中、溶液预热至 75～85 ℃时于 Mn^{2+} 催化的条件下进行。滴定开始时，反应很慢，$KMnO_4$ 溶液必须逐滴加入，如果滴加过快，$KMnO_4$ 在热溶液中能部分分解而造成误差。

$$4KMnO_4 + 6H_2SO_4 = 2K_2SO_4 + 4MnSO_4 + 6H_2O + 5O_2\uparrow$$

在滴定过程中，由于溶液中逐渐有 Mn^{2+} 生成，使反应速率逐渐加快，所以滴定速度可稍加快些。

由于 $KMnO_4$ 溶液本身有颜色，滴定时，溶液中只要有稍微过量的 $KMnO_4$，即显粉红色，故无须另加指示剂。

H_2O_2 在工业、生物、医药等方面应用很广泛。利用其氧化性可以漂白毛、丝织物；医药上常用于消毒和杀菌；纯 H_2O_2 可作为火箭燃料的氧化剂；工业上利用 H_2O_2 的还原性除去氯气，其反应方程式为：

$$H_2O_2 + Cl_2 = 2Cl^- + O_2\uparrow + 2H^+$$

此外还可利用 H_2O_2 制备有机或无机过氧化物、泡沫塑料和其他多孔物质等。由于 H_2O_2 的广泛应用，常需要对其含量进行测定。

市售的双氧水含 H_2O_2 约 330 g·L^{-1}，药用双氧水含 H_2O_2 25～35 g·L^{-1}。在酸性溶液中，H_2O_2 很容易被 $KMnO_4$ 氧化，其反应方程式如下：

$$2MnO_4^- + 5H_2O_2 + 6H^+ = 2Mn^{2+} + 5O_2\uparrow + 8H_2O$$

因为 H_2O_2 受热易分解，故上述反应在室温下进行，其滴定过程与 $KMnO_4$ 滴定 $Na_2C_2O_4$ 相似。

三、仪器与试剂

1. 仪器

玻璃砂芯漏斗(3 号或 4 号)、电炉、托盘天平、分析天平、移液管(5 mL、25 mL)、吸量管(2 mL)、锥形瓶(250 mL)、烧杯(50 mL、250 mL)、量筒(10 mL、100 mL)、容量瓶(100 mL、250 mL)、称量瓶、棕色酸式滴定管(25 mL)、棕色试剂瓶(500 mL)。

2. 试剂

H_2SO_4 溶液(3 mol·L^{-1})、$MnSO_4$ 溶液(1 mol·L^{-1})、固体 $KMnO_4$(A. R.)、固体 $Na_2C_2O_4$(基准物质)。

四、实验步骤

1. 0.02 mol·L^{-1} $KMnO_4$ 溶液的配制

在托盘天平上称取 0.79 g 固体 $KMnO_4$，置于 250 mL 烧杯中，用新煮沸冷却的蒸馏水分数次充分搅拌溶解，置于棕色试剂瓶中，稀释至 250 mL，摇匀，塞紧，放在暗处静置 7～10 天（或溶于蒸馏水后加热煮沸 10～20 min，放置 2 天），然后用烧结玻璃漏斗过滤，保存于另一洁净的棕色试剂瓶中备用。

2. $KMnO_4$溶液的标定

（1）配制 250 mL 0.01 mol · L^{-1} $Na_2C_2O_4$标准溶液。在分析天平上准确称取草酸钠 0.33～0.34 g 1 份，置于 50 mL 烧杯中，加入少量蒸馏水溶解后，转入250 mL容量瓶中，加蒸馏水至刻度，充分摇匀。

（2）$KMnO_4$溶液的标定。用 25 mL 移液管吸取 25.00 mL $Na_2C_2O_4$标准溶液 3 份，置于 250 mL 锥形瓶中，加入 5 mL 3 mol · L^{-1} H_2SO_4溶液，摇匀。加热至溶液有蒸汽冒出（ 70～80 ℃），但不要煮沸，若温度太高，溶液中的草酸易分解（草酸钠遇酸生成草酸）。其分解反应方程式为：

$$H_2C_2O_4 = CO_2\uparrow + CO\uparrow + H_2O$$

将待标定的 $KMnO_4$溶液装入酸式滴定管，记下 $KMnO_4$溶液的初读数（$KMnO_4$溶液颜色较深，不易看见溶液弯月面的最低点，因此，应该从液面最高边上读数），趁热对 $Na_2C_2O_4$溶液进行滴定，小心滴加 $KMnO_4$溶液，充分摇匀，待第一滴紫红色褪去，再滴加第二滴。接近化学计量点时，紫红色褪去较慢，应减慢滴定速度，同时充分摇匀，直至最后半滴 $KMnO_4$溶液滴入摇匀后，锥形瓶内溶液显粉红色并保持半分钟不褪色，即为化学计量点（$KMnO_4$滴定时化学计量点不太稳定，由于空气中含有还原性气体及尘埃等杂质，进入溶液中能使 $KMnO_4$慢慢分解而使粉红色消失，所以在半分钟内不褪色，即可认为已达化学计量点）。记下读数，重复标定 2 次。

按下式计算 $KMnO_4$溶液的浓度：

$$c(KMnO_4) = \frac{2\times m(Na_2C_2O_4)}{\frac{5\times V(KMnO_4)}{1000\ mL\cdot L^{-1}}\times M(Na_2C_2O_4)}$$

式中：$m(Na_2C_2O_4)$为实际参加反应的 $Na_2C_2O_4$的质量，g。

3. 双氧水中 H_2O_2含量的测定

用吸量管准确移取 2.00 mL 双氧水待测液于 250 mL 容量瓶中，用水稀释至标线，摇匀。然后用 25 mL 移液管吸取 25.00 mL 稀释过的待测液于 250 mL 锥形瓶中，加入 20～30 mL 蒸馏水和 10 mL 3 mol · L^{-1} H_2SO_4溶液，用 $KMnO_4$标准溶液滴定，直到溶液显粉红色，且保持半分钟不褪色，即达滴定终点。平行测定 3 次，计算双氧水待测液中 H_2O_2的质量浓度 $\rho(H_2O_2)/(g\cdot L^{-1})$。

$$\rho(H_2O_2) = \frac{\frac{5}{2}c(KMnO_4)\times\frac{V(KMnO_4)}{1000\ mL\cdot L^{-1}}\times 34.014\ g\cdot mol^{-1}}{2.00\times10^{-3}\ L\times(25.00/250.0)}$$

五、数据记录与处理

参照表 3-10 及实验五的表格自制表格，并认真记录实验数据。

表 3-10 双氧水中 H_2O_2 含量的测定数据表

	Ⅰ	Ⅱ	Ⅲ
$c(KMnO_4)/(mol \cdot L^{-1})$			
双氧水体积 $V(H_2O_2)/mL$			
消耗 $KMnO_4$ 溶液体积 $V(KMnO_4)/mL$			
$\rho(H_2O_2)/(g \cdot L^{-1})$			
相对平均偏差 $\bar{d}_r/(\%)$			

六、讨论与思考

(1) 在 $KMnO_4$ 法中如果 H_2SO_4 用量不足,对结果有何影响?

(2) 用 $KMnO_4$ 滴定 H_2O_2 时,应注意哪些因素?

(3) 能否用 $KMnO_4$(A. R.)直接配制成标准溶液?

(4) 用 $KMnO_4$ 法测定 H_2O_2 时,能否用 HNO_3 或 HCl 来控制酸度?

(5) 用 $KMnO_4$ 法测定 H_2O_2 时,为何不能通过加热来加速反应?

实验十三 食碱的组成分析及含量测定(双指示剂酸碱滴定法)

一、实验目的

(1) 掌握 HCl 标准溶液的配制和标定方法。

(2) 理解用双指示剂酸碱滴定法测定与分析食碱等混合碱中组成及各组分含量的基本原理和方法,掌握酸碱分步滴定的原理。

(3) 学会食碱等混合碱的总碱度测定方法及计算方法。

(4) 进一步掌握滴定操作和滴定终点的判断,进一步熟悉容量瓶、移液管的使用方法。

二、实验原理

食碱即食用碱,为 Na_2CO_3 与少量 $NaHCO_3$ 等的混合物,是有别于工业用的纯碱(Na_2CO_3)和小苏打($NaHCO_3$)的食品添加剂。它是一种食品疏松剂和肉类嫩化剂,能使干原料迅速胀发,软化纤维,去除发面团的酸味,适当使用可为食品带来极佳的色、香、味、形,以增进人们的食欲。食碱性热,味苦而带涩。食碱除在食品上有许多用途外,在医药、农药、消防等领域均有很多用途。食碱的测定与分析方法主要有气体质量法、气体体积法、沉淀质量法和滴定法四种,其中采用双指示剂酸碱滴定法(简称双指示剂法)测定食碱的总碱度和各组分含量是用得最为广泛的方法。

双指示剂法是在食碱的试液中先加入酚酞指示剂，用 0.1 mol/L HCl 标准溶液滴定至溶液略带粉红色，即为第一化学计量点。此时试液中所含 NaOH 完全被中和，Na_2CO_3 被滴定成 $NaHCO_3$，其反应方程式为：

$$NaOH + HCl \longlongequal NaCl + H_2O$$

$$Na_2CO_3 + HCl \longlongequal NaCl + NaHCO_3$$

此时反应产物为 $NaHCO_3$ 和 NaCl，溶液 pH 值为 8.3，设所消耗 HCl 标准溶液的体积为 V_1(mL)。

然后，在滴定体系中继续加入甲基橙指示剂，再用相同的 HCl 标准溶液滴定至溶液由黄色转变为橙色，即为第二化学计量点。此时 $NaHCO_3$ 被中和成 H_2CO_3，反应方程式为：

$$NaHCO_3 + HCl \longlongequal NaCl + H_2O + CO_2 \uparrow$$

此时溶液 pH 值为 3.9。设所消耗 HCl 标准溶液的体积为 V_2(mL)。根据 V_1 和 V_2 的大小关系，可以判断出混合碱的组成。设试液的体积为 V(mL)。其滴定分析可表示如下：

待测物	NaOH	Na_2CO_3	$NaHCO_3$	
HCl 滴定剂 第一计量点	↓ NaCl	↓ $NaHCO_3$		↓ 消耗 HCl 的体积 V_1
HCl 滴定剂 第二计量点		↓ NaCl	↓ NaCl	↓ 消耗 HCl 的体积 V_2

由此可见，对于食碱等混合碱，通过滴定不仅能够完成定量分析，还可以完成定性分析。

因为 Na_2CO_3 转化生成 $NaHCO_3$ 以及 $NaHCO_3$ 转化为 NaCl 消耗 HCl 的量是相等的，所以由 V_1 和 V_2 的大小可以判断混合碱的组成。

当 $V_1 > V_2$ 时，试液为 NaOH 和 Na_2CO_3 的混合物，NaOH 和 Na_2CO_3 的含量(以质量浓度(g/L)表示)由下式计算：

$$w(NaOH) = \frac{(V_1 - V_2)c(HCl)M(NaOH)}{V} \tag{1}$$

$$w(Na_2CO_3) = \frac{2V_2 c(HCl)M(Na_2CO_3)}{2V} \tag{2}$$

当 $V_1 < V_2$ 时，试液为 Na_2CO_3 和 $NaHCO_3$ 的混合物，Na_2CO_3 和 $NaHCO_3$ 的含量(以质量浓度(g/L)表示)由下式计算：

$$w(Na_2CO_3) = \frac{2V_1 c(HCl)M(Na_2CO_3)}{2V} \quad (3)$$

$$w(NaHCO_3) = \frac{(V_2 - V_1)c(HCl)M(NaHCO_3)}{V} \quad (4)$$

思考:当 $V_1=0, V_2\neq0$;$V_1\neq0, V_2=0$;$V_1=V_2\neq0$ 时,又如何?

三、仪器与试剂

1. 仪器

酸式滴定管(50 mL)、移液管(25 mL)、容量瓶(250 mL)、洗耳球、玻棒、烧杯(200 mL)、量筒(25 mL)、锥形瓶(250 mL)、分析天平、称量瓶。

2. 试剂

甲基橙指示剂(1 g/L 水溶液)、酚酞指示剂(2 g/L 乙醇溶液)、0.1 mol/L HCl 标准溶液。

四、实验步骤

1. HCl 标准溶液的标定

用分析天平准确称量 0.15～0.20 g 经处理的基准物质无水 Na_2CO_3 3 份,分别置于 3 个洗净的 250 mL 锥形瓶中,用量筒量入 30 mL 无 CO_2 去离子水,溶解完全后,加入 4～5 滴甲基橙指示剂,摇匀后用 0.1 mol/L 待标定 HCl 标准溶液滴定至溶液由黄色恰变为橙色即为终点(边滴加边充分摇动,以免局部 Na_2CO_3 直接被滴至 H_2CO_3(CO_2 和 H_2O),后同),记下滴定消耗 HCl 标准溶液的体积 V。平行滴定 3 次,并计算待标定的 HCl 标准溶液的浓度。

2. 食碱的测定与分析

(1) 食碱试液的配制。

准确称取 1.8～2.2 g 食碱试样,置于 200 mL 洗净的烧杯中,用适量无 CO_2 去离子水溶解完全后定量转移至 250 mL 容量瓶中定容。

(2) 食碱试液的滴定。

用洗净的移液管吸取 25.00 mL 上述配好的食碱试液一份,置于 250 mL 洗净的锥形瓶中,加适量无 CO_2 蒸馏水,再加 2～3 滴酚酞指示剂,摇匀后用 0.1 mol/L HCl 标准溶液滴定至溶液由红色转变为微红色(以同浓度 $NaHCO_3$ 溶液滴入等量酚酞指示剂作对照确定)时,为第一化学计量点,记下滴定消耗 HCl 标准溶液的体积 V_1。

在上述溶液中再加 1～2 滴甲基橙指示剂,摇匀后继续用 0.1 mol/L HCl 标准溶液滴定至溶液由黄色恰变为橙色时,为第二化学计量点,记下滴定消耗 HCl 标准溶液的体积 V_2。

用同样方法平行测定 3 份,根据 V_1、V_2 的大小判断食碱混合物的组成,并依据相关公式计算各组分的含量。

（3）测定要求相对平均偏差小于0.4%。

五、数据记录与处理

将得到的实验数据及计算结果填写在表3-11和表3-12中。

表3-11　HCl标准溶液浓度的标定

	1	2	3
Na_2CO_3的质量/g			
消耗HCl标准溶液的体积/mL			
c(HCl)/(mol/L)			
$\bar{c}$(HCl)/(mol/L)			
相对平均偏差/(%)			

表3-12　食碱的测定

	1	2	3
食碱溶液体积/mL	25.00	25.00	25.00
滴定初始读数/mL			
第一计量点读数/mL			
第二计量点读数/mL			
V_1/mL			
V_2/mL			
$w(Na_2CO_3)$/(%)			
$\bar{w}(Na_2CO_3)$/(%)			
$w(Na_2CO_3)$相对平均偏差/(%)			
$w(NaHCO_3)$/(%)			
$\bar{w}(NaHCO_3)$/(%)			
$w(NaHCO_3)$相对平均偏差/(%)			

六、讨论与思考

1. 注意事项

（1）称取基准物质无水Na_2CO_3时，因样品直接“敲”入锥形瓶中，锥形瓶外壁的挂水一定要擦干且盖好表面皿后才能进天平室。

（2）滴定时，要在第一化学计量点滴完后的锥形瓶中迅速滴入甲基橙指示剂后，

立即测定 V_2。千万不能在 3 个锥形瓶先分别测定 V_1 后，再分别测定 V_2，这样会造成较大误差。

(3) 如果试样是 Na_2CO_3 和 NaOH 组成的混合碱，那么滴定第一化学计量点时酚酞指示剂可适当多滴几滴，以防 NaOH 滴定不完全而使 NaOH 的测定结果偏低，Na_2CO_3 的测定结果偏高。

(4) 使用的单色指示剂酚酞(由红色至无色，实际滴定时终点颜色为极浅的红色)滴定突跃不大、颜色变化不很明显，使结果误差较大。因此，要采用对照的方法或采用混合指示剂的方法(第一化学计量点用甲酚红-百里酚蓝混合指示剂，终点时由紫色变为玫瑰红色)来提高分析结果的准确度。实验中最好用浓度相当的 $NaHCO_3$ 的酚酞溶液做对照，否则极易造成较大的终点判断误差；另外，在到达第一化学计量点前，也不要因为滴定速度过快，而造成溶液中 HCl 局部浓度过高，引起 Na_2CO_3 或 $NaHCO_3$ 分解成 CO_2，带来较大的误差，但是滴定速度也不能太慢，摇动要迅速且均匀。

(5) 临近第二化学计量点时，一定要充分且快速摇动，以防止形成 CO_2 的过饱和溶液而使终点提前到达。

(6) 随着绿色可持续发展思想的深入，本实验也可设计成微型或微量测定实验。为确保测定的准确性，要用精密度更高的分析天平，微量或微型滴定装置和精密度更高的电位、电导、光度等终点确定方法等。

2. *思考题*

(1) 何谓双指示剂法？食碱等混合碱的测定原理是什么？双指示剂法测定混合碱的准确度较低，还有什么方法能提高分析结果的准确度？

(2) 用双指示剂法测定混合碱时，在同一份溶液中测定，试判断下列五种情况中混合碱的成分各是什么？

① $V_1=0, V_2\neq0$；　② $V_1\neq0, V_2=0$；　③ $V_1>V_2$；　④ $V_1<V_2$；⑤ $V_1=V_2\neq0$。

(3) 用 HCl 滴定食碱液时，将试液在空气中放置一段时间后滴定，将会给测定结果带来什么影响？若到达第一化学计算点前，滴定速度过快或摇动不均匀，对测定结果有何影响？

(4) 干燥的纯 NaOH 和 $NaHCO_3$ 按 2∶1 的质量比混合后溶于水，并用 HCl 标准溶液滴定。使用酚酞为指示剂时用去 HCl 标准溶液的体积为 V_1，继而用甲基橙为指示剂，又用去 HCl 标准溶液的体积为 V_2，求 V_1/V_2。(取 3 位有效数字)

(5) 为增强综合素质和创新能力的培养，试将本实验设计成一个食碱产品制备、质量检测和品质分析的综合性化学实验，写出实验方案。

(6) 为什么在试样为 Na_2CO_3 和 NaOH，进行滴定第一化学计量点时酚酞指示剂应适当多加几滴？这与单色指示剂用量对滴定的影响相矛盾么？

实验十四　碘量法测定维生素 C、葡萄糖的含量

一、实验目的

（1）掌握直接碘量法测定维生素 C 含量的原理和方法。

（2）掌握间接碘量法测定葡萄糖含量的原理和方法。

二、实验原理

1. 直接碘量法测定维生素 C 的含量

维生素 C(又称抗坏血酸，符号表示为 Vc)是人体重要的维生素之一，其分子(分子式为 $C_6H_8O_6$)中的烯二醇基具有还原性，能被 I_2 定量氧化成二酮基。其反应方程式为：

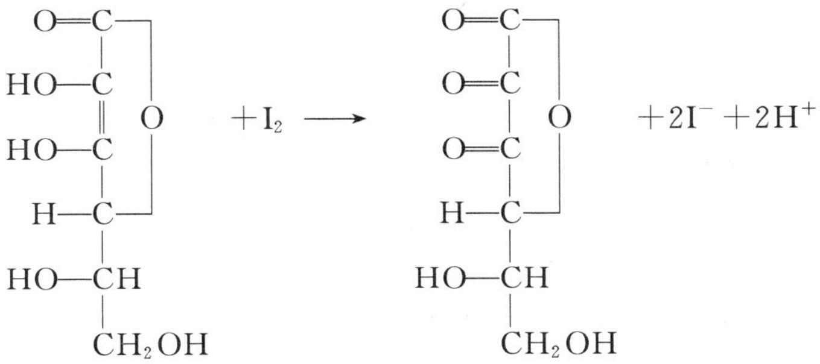

```
O═C─┐                         O═C─┐
   │   │                         │   │
HO─C   │                      O═C   │
   ║   O    + I2 ──→             │   O    + 2I⁻ + 2H⁺
HO─C   │                      O═C   │
   │   │                         │   │
 H─C───┘                       H─C───┘
   │                             │
HO─CH                         HO─CH
   │                             │
   CH2OH                         CH2OH
抗坏血酸                      脱氢抗坏血酸
```

碱性介质对反应有利，但维生素 C 的还原性很强，在空气中极易被氧化，在碱性介质中尤甚。因此，以淀粉作为指示剂，用直接碘量法测定药片、注射液、蔬菜、水果中维生素 C 的含量时，应加入 HAc，使溶液呈弱酸性，以避免除了 I_2 以外的其他氧化剂的干扰。

维生素 C 在医药和化学中的应用非常广泛，在光度法和配位滴定法中常用来还原 Fe^{3+}、Cu^{2+} 等金属离子。

2. 间接碘量法测定葡萄糖的含量

在碱性条件下，将一定量的 I_2 加入葡萄糖溶液中，I_2 与 OH^- 作用生成的 IO^- 能够把葡萄糖分子中的醛基定量地氧化成羧基。其反应方程式为：

$$I_2 + 2OH^- \longrightarrow IO^- + I^- + H_2O$$

$$CH_2OH(CHOH)_4CHO + IO^- + OH^- \longrightarrow CH_2OH(CHOH)_4COO^- + I^- + H_2O$$

未与葡萄糖作用的过量的 IO^- 在碱性介质中进一步歧化为 IO_3^- 和 I^-。溶液酸化后，IO_3^- 又与 I^- 反应析出 I_2。其反应方程式为：

$$3IO^- \longrightarrow IO_3^- + 2I^-$$

$$IO_3^- + 5I^- + 6H^+ \longrightarrow 3I_2 + 3H_2O$$

此时,再用 $Na_2S_2O_3$ 标准溶液滴定析出的 I_2。其反应方程式为:

$$2S_2O_3^{2-}+I_2 = S_4O_6^{2-}+2I^-$$

由以上反应可以看出一分子葡萄糖与一分子 I_2 相当。根据所加入的 I_2 标准溶液的物质的量和滴定所消耗的 $Na_2S_2O_3$ 标准溶液的体积,便可计算出葡萄糖的质量分数。

三、仪器和试剂

1. 仪器

分析天平(0.1 mg)、托盘天平、棕色酸式滴定管(25 mL)、容量瓶(100 mL、150 mL)、移液管(25 mL)、烧杯(50 mL、100 mL)、量筒(5 mL、25 mL),碘量瓶(250 mL)、表面皿。

2. 试剂

I_2 溶液(0.05 mol · L^{-1})、淀粉溶液(0.5%)、HAc 溶液(2 mol · L^{-1})、$Na_2S_2O_3$ 标准溶液(0.1 mol · L^{-1})、NaOH 溶液(1.0 mol · L^{-1})、HCl 溶液(1∶1)。

四、实验步骤

1. $Na_2S_2O_3$ 标准溶液标定 I_2 溶液

准确移取 25.00 mL $Na_2S_2O_3$ 标准溶液 3 份,分别置于 250 mL 碘量瓶中,加 50 mL 水、2 mL 淀粉溶液,用 I_2 溶液滴定至瓶内溶液呈稳定的蓝色,且半分钟内不褪色即为终点。I_2 溶液的浓度可依据下式计算:

$$c(I_2)=\frac{c(Na_2S_2O_3)\times V(Na_2S_2O_3)}{2V(I_2)}$$

2. 维生素 C 含量的测定

将维生素 C 片研细后,准确称取试样 0.7～1.0 g 于一小烧杯中,加入少量新煮沸并冷却的蒸馏水[1]及 15 mL 2 mol · L^{-1} HAc 溶液使之溶解,然后定量转移至 150 mL 容量瓶中,加蒸馏水稀释至刻度,摇匀。

用移液管吸取上述试液 25.00 mL 于碘量瓶中,加入 2 mL 0.5%淀粉溶液,立即用 0.05 mol · L^{-1} I_2 标准溶液滴定至呈现蓝色且 2 min 内不褪色,即为终点。平行测定 3 次[2]。计算维生素 C 的质量分数。

维生素 C 的摩尔质量为 176.12 g · mol^{-1},根据等物质的量规则,维生素 C 的质量分数可依据下式计算:

$$w(Vc)=\frac{c(I_2)\times V(I_2)\times 10^{-3}\ L\cdot mL^{-1}\times 176.12\ g\cdot mol^{-1}}{m(Vc\text{试样})}\times\frac{150.0}{25.00}\times 100\%$$

3. 葡萄糖含量的测定

称取约 0.5 g 葡萄糖试样于 100 mL 烧杯中,加入少量蒸馏水使之溶解,然后定量转移至 100 mL 容量瓶中,加蒸馏水稀释至刻度,摇匀。

用移液管吸取上述试液 25.00 mL 于 250 mL 碘量瓶中,由酸式滴定管准确加入

25.00 mL I_2标准溶液。然后，缓慢滴入 1.0 mol·L^{-1} NaOH 溶液[3]，边加边摇，直至溶液呈浅黄色。用小表面皿将碘量瓶盖好，放置 10～15 min[4]，使之反应完全。用少量水冲洗表面皿和碘量瓶内壁，再加入 2 mL HCl 溶液(1∶1)，使溶液呈酸性，立即用 $Na_2S_2O_3$标准溶液滴定至浅黄色。加入 2 mL 淀粉指示剂，继续滴定至蓝色恰好消失，即为终点。平行测定 3 次，可依据下式计算试样中葡萄糖的质量分数，并计算 3 次平行测定结果的相对平均偏差。

$$w(\text{葡萄糖})=\frac{\left[c(I_2)\times V(I_2)-\frac{1}{2}c(Na_2S_2O_3)\times V(Na_2S_2O_3)\right]\times M(\text{葡萄糖})}{m(\text{葡萄糖试样})\times 1000\ \text{mL}\cdot\text{L}^{-1}}\times\frac{100.0}{25.00}\times 100\%$$

[注释]

[1]　Vc 是强还原剂，极易被蒸馏水中的溶解氧氧化，因此必须将蒸馏水煮沸以赶去大部分溶解氧，否则会导致测定结果偏低。

[2]　Vc 的 $\varphi^{\ominus}=0.18$ V，凡能被 I_2直接氧化的物质，均有干扰。因此本实验平行测定结果的精密度不高，可适当放宽一些。

[3]　加碱的速度不能过快，否则生成的 IO^- 来不及氧化葡萄糖，就进一步歧化为 IO^{3-} 和 I^-，使测定结果偏低。

[4]　NaOH 溶液加完后，要放置 10～15 min，目的是使葡萄糖分子中的醛基定量地被 IO^- 氧化为羧基。

五、数据记录与处理

实验数据及结果按表 3-13 及表 3-14 填写。

表 3-13　Vc 含量测定数据表

	Ⅰ	Ⅱ	Ⅲ
倾出前：m_1(Vc 试样＋称量瓶)/g			
倾出后：m_2(Vc 试样＋称量瓶)/g			
m(Vc 试样)/g			
初读数 $V_1(I_2)$/mL			
终读数 $V_2(I_2)$/mL			
$V(I_2)$/mL			
w(Vc)/(%)			
$\overline{w}$(Vc)/(%)			
相对平均偏差 $\overline{d}_r$/(%)			

表 3-14　碘量法测定葡萄糖含量(指示剂:淀粉)

	Ⅰ	Ⅱ	Ⅲ
倾出前:m_1(葡萄糖试样+称量瓶)/g			
倾出后:m_2(葡萄糖试样+称量瓶)/g			
m(葡萄糖试样)/g			
初读数 $V_1(Na_2S_2O_3)$/mL			
终读数 $V_2(Na_2S_2O_3)$/mL			
$V(Na_2S_2O_3)$/mL			
w(葡萄糖)/(%)			
$\overline{w}$(葡萄糖)/(%)			
相对平均偏差 $\overline{d}_r$/(%)			

六、讨论与思考

(1) 测定 Vc 试样时,为什么要在稀 HAc 溶液中进行?

(2) 溶解试样时,为什么要加新煮沸并冷却的蒸馏水?

(3) 溶液酸化后,为什么要立即用 $Na_2S_2O_3$ 标准溶液滴定?

(4) 碘量法的主要误差来源有哪些? 如何避免?

实验十五　铜合金中铜含量的测定

一、实验目的

(1) 掌握 $Na_2S_2O_3$ 溶液的配制及标定方法。

(2) 学习间接碘量法的原理和方法,熟悉碘量瓶的正确使用。

(3) 了解淀粉指示剂的作用原理。

(4) 掌握用碘量法测定铜的原理和方法。

二、实验原理

利用间接碘量法可测定铜盐或铜合金中的铜含量。其原理是在弱酸性的条件下,Cu^{2+} 可以被 KI 还原为 CuI,利用间接碘量法测定 Cu^{2+} 的反应方程式如下:

$$2Cu^{2+} + 5I^- = 2CuI\downarrow + I_3^-$$

$$2S_2O_3^{2-} + I_3^- = S_4O_6^{2-} + 3I^-$$

析出的 I_2 以淀粉为指示剂,用 $Na_2S_2O_3$ 标准溶液滴定。Cu^{2+} 与 I^- 的反应是可逆的,为了使反应趋于完全,必须加入过量的 KI。但 CuI 沉淀表面强烈地吸附 I_3^-,使

得 I_3^- 不与淀粉作用导致终点提前到达，使测定结果偏低。如果加入 KSCN 或 NH_4SCN溶液，就会使部分 CuI($K_{sp}=1.1\times10^{-12}$)转化为溶解度更小的 CuSCN($K_{sp}=4.8\times10^{-15}$)：

$$CuI+SCN^- = CuSCN\downarrow +I^-$$

CuSCN 不吸附 I_3^-，从而使吸附的那部分 I_3^- 释放出来，提高了测定的准确度。KSCN 或 NH_4SCN 溶液只能在接近终点时加入，否则较多的 I_2 会明显地被 KSCN 所还原而使结果偏低。其反应方程式为：

$$SCN^- +4I_2+4H_2O = SO_4^{2-}+ICN+8H^+ +7I^-$$

可根据下式计算试样中铜的质量分数：

$$w(Cu)=\frac{c(Na_2S_2O_3)\times\frac{V(Na_2S_2O_3)}{1000\ mL\cdot L^{-1}}\times63.546\ g\cdot mol^{-1}}{m_s}\times100\%$$

当用碘量法测定合金中的铜时，必须设法防止其他能氧化 I^- 的物质(如 NO_3^-、Fe^{3+} 等)的干扰。防止的方法是加入掩蔽剂以掩蔽干扰离子(比如使 Fe^{3+} 生成 $[FeF_6]^{3-}$ 配离子而被掩蔽)或在测定前将它们分离除去。若有 As(Ⅴ)、Sb(Ⅴ)存在，则应将 pH 值调至 4，以免它们氧化 I^-。

$Na_2S_2O_3\cdot5H_2O$ 中一般含有少量的 S、Na_2SO_3、Na_2SO_4、Na_2CO_3、NaCl 等杂质，且易风化和潮解，因此不能用直接法来配制 $Na_2S_2O_3$ 标准溶液，应采用标定法配制。

$Na_2S_2O_3$溶液不够稳定，容易分解。水中的 CO_2、细菌和光照都能使其分解，水中的 O_2 也能使其氧化，故配制 $Na_2S_2O_3$ 溶液时，需要使用新煮沸(为了除去水中的 CO_2、O_2 和杀死微生物)冷却的蒸馏水，并加入少量 Na_2CO_3 溶液(0.02%)使溶液呈弱碱性，以抑制细菌的生长(有时还添加少量 HgI_2)。保存于棕色瓶中，放置几天后再进行标定，且不宜久置，使用一段时间后需要重新标定。如果发现溶液变浑或析出硫，就应该过滤后再标定，或者另外配制。

标定 $Na_2S_2O_3$溶液的基准物质有纯 I_2、KIO_3、$KBrO_3$、纯铜、$K_2Cr_2O_7$ 等，这些物质除纯 I_2 外，均能与 KI 反应而析出 I_2，析出的 I_2 用 $Na_2S_2O_3$ 溶液滴定，这种标定方法是间接碘量法。在上述几种基准物质中，以使用 $K_2Cr_2O_7$ 作基准物质最为方便。该法以淀粉为指示剂，用间接碘量法标定 $Na_2S_2O_3$ 溶液。因为 $K_2Cr_2O_7$ 与 $Na_2S_2O_3$ 的反应产物有多种，不能按确定的反应式进行，故不能用 $K_2Cr_2O_7$ 直接滴定 $Na_2S_2O_3$。而应先使 $K_2Cr_2O_7$ 与过量的 KI 反应，析出的 I_2 再用 $Na_2S_2O_3$ 溶液滴定，其反应方程式如下：

$$Cr_2O_7^{2-}+6I^- +14H^+ = 2Cr^{3+}+3I_2+7H_2O$$

$$2S_2O_3^{2-}+I_2 = 2I^- +S_4O_6^{2-}$$

溶液的酸度愈大，该反应速率愈快，但酸度太大时，I^- 又容易被空气中的 O_2 氧化，所以酸度一般以 0.2～0.4 $mol\cdot L^{-1}$ 为宜。$Cr_2O_7^{2-}$ 与 I^- 的反应速率较慢，为了加快反应速率，同时加入过量的 KI，并在暗处放置一定时间，使 $Cr_2O_7^{2-}$ 与 I^- 反应完全。但在滴定前须将溶液稀释,这样既可降低酸度,使 I^- 被 O_2 氧化的速度减慢,又可使 $Na_2S_2O_3$ 的分解作用减小,而且稀释后 Cr^{3+} 的绿色减弱(变浅),便于观察终点。

三、仪器与试剂

1. 仪器

分析天平(感量 0.1 mg)、托盘天平、量筒、烧杯、移液管(25 mL)、滴定管、棕色试剂瓶(250 mL)、漏斗,碘量瓶(250 mL)。

2. 试剂

$K_2Cr_2O_7$ 标准溶液(0.017 mol·L^{-1})、固体 KI、$Na_2S_2O_3$ 标准溶液(0.010 mol·L^{-1})、KI 溶液(200 g·L^{-1},使用前配制)、固体 Na_2CO_3、NH_4SCN 溶液(100 g·L^{-1})、H_2SO_4 溶液(1 mol·L^{-1})、淀粉溶液(5 g·L^{-1})、HCl 溶液(1∶1,6 mol·L^{-1})、H_2O_2(3%)、氨水(1∶1)、HAc 溶液(1∶1)、NH_4F-HF 缓冲溶液(200 g·L^{-1})、$CuSO_4\cdot5H_2O$ 试样、$Na_2S_2O_3\cdot5H_2O$(A. R.)。

四、实验步骤

1. $Na_2S_2O_3$ 溶液的配制和标定

(1) $Na_2S_2O_3$ 溶液的配制。称取 13 g $Na_2S_2O_3\cdot5H_2O$,溶于 500 mL 新煮沸并冷却的蒸馏水中,加 0.1 g Na_2CO_3 保存于棕色瓶中,放置一周后进行标定。

(2) $Na_2S_2O_3$ 溶液的标定。用移液管吸取 25.00 mL $K_2Cr_2O_7$ 标准溶液于 250 mL 碘量瓶中,向其中加5 mL 6 mol·L^{-1} HCl 溶液、5 mL 200 g·L^{-1} KI 溶液。摇匀后盖上表面皿,于暗处放置 5 min[1]。加入 100 mL 水稀释后,用 $Na_2S_2O_3$ 溶液滴定至淡黄色,再加入 2 mL 淀粉指示剂[2],继续滴定至溶液由浅蓝色变为绿色,即为终点。平行测定 3 次,计算 $Na_2S_2O_3$ 标准溶液的浓度和相对平均偏差。

2. 铜合金中铜含量的测定

准确称取铜合金 0.10~0.15 g,置于 250 mL 碘量瓶中,加入 10 mL HCl 溶液(1∶1)和 2 mL 3% H_2O_2 使其溶解,煮沸除去 H_2O_2,冷却,加入蒸馏水和氨水(1∶1)各 50 mL,再加入 HAc 溶液(1∶1)、NH_4F-HF 缓冲溶液和 KI 溶液各 10 mL,立即用 $Na_2S_2O_3$ 标准溶液滴定至呈浅黄色,再加入 2 mL 淀粉指示剂,继续滴定至呈浅蓝色,再加入 10 mL 100 g·L^{-1} NH_4SCN 溶液,溶液蓝色转深,再继续用 $Na_2S_2O_3$ 标准溶液滴定至蓝色刚好消失即为滴定终点,此时溶液呈米黄色。平行测定 3 次,计算铜合金中铜的质量分数。

3. $CuSO_4\cdot5H_2O$ 中铜含量的测定

准确称取 $CuSO_4\cdot5H_2O$ 0.5~0.6 g,置于 250 mL 碘量瓶中,加入 5 mL 1 mol·L^{-1} H_2SO_4 溶液和 100 mL 蒸馏水使其溶解。加入 10 mL 100 g·L^{-1} KI 溶

液，立即用 $Na_2S_2O_3$ 标准溶液滴定至呈浅黄色，加入 2 mL 淀粉指示剂，继续滴定至呈浅蓝色，再加入 10 mL 100 g · L^{-1} NH_4SCN 溶液，溶液蓝色转深，再继续用 $Na_2S_2O_3$ 标准溶液滴定至蓝色刚好消失即为滴定终点，此时溶液呈米黄色。平行测定 3 次，计算 $CuSO_4 \cdot 5H_2O$ 中铜的质量分数。

[注释]

[1]　$K_2Cr_2O_7$ 与 KI 反应进行得很慢，在稀溶液中更慢，故在加水稀释前应放置 5 min，使其反应完全。

[2]　接近终点时，即当溶液为淡黄色时，才可以加指示剂。

五、数据记录与处理

按表 3-15 认真记录实验数据（仿照此表设计表格，记录 $CuSO_4 \cdot 5H_2O$ 中铜含量的测定实验数据）。

表 3-15　铜合金中铜含量的测定（指示剂：淀粉）

	Ⅰ	Ⅱ	Ⅲ
倾出前：m_1（称量瓶＋合金）/g			
倾出后：m_2（称量瓶＋合金）/g			
倾出合金质量 m/g			
终读数 $V_2(Na_2S_2O_3)$/mL			
初读数 $V_1(Na_2S_2O_3)$/mL			
$V(Na_2S_2O_3)$/mL			
$w(Cu)$/(%)			
$\overline{w}(Cu)$/(%)			
相对平均偏差 $\overline{d}_r$/(%)			

六、讨论与思考

(1) 用 $K_2Cr_2O_7$ 作为基准物质标定 $Na_2S_2O_3$ 溶液时，要加入过量的 KI 和 HCl 溶液，为什么？为什么要放置一定时间后才能加水稀释？为什么在滴定前还要加水稀释？

(2) 用碘量法测定铜含量时，为什么要加入 NH_4SCN？为什么不能在酸化后立即加入 NH_4SCN 溶液？

(3) 若试样中含有铁，怎样消除铁对测定铜的干扰？所加的试剂是否能控制溶液的 pH 值为 3～4？

实验十六　饮用水及水源的水质分析——化学耗氧量(COD)的测定

一、实验目的

(1) 初步了解 COD 的意义及其在环境监测中的应用。

(2) 初步了解水中 COD 与水体污染的关系。

(3) 掌握 $KMnO_4$ 法测定水样中 COD 值的原理和方法。

二、实验原理

COD 是水质污染程度的主要指标之一。由于废水中还原性物质常常是各种有机物,人们常将 COD 作为水质是否受到有机物污染的重要指标。COD 是指在特定条件下,用一种强氧化剂定量地氧化水中还原性物质(有机物和无机物)时所消耗氧化剂的数量,以 O_2 计,单位为 $mg \cdot L^{-1}$。不同条件下得出的 COD 值不同,因此必须严格控制反应条件。

对于工业废水,我国规定用 $K_2Cr_2O_7$ 法测定,测得的值称为 COD_{Cr}。对于地表水、地下水、饮用水和生活污水,则可以用 $KMnO_4$ 法进行测定。根据测定时溶液的酸度,又可以将 $KMnO_4$ 法分为酸性 $KMnO_4$ 法和碱性 $KMnO_4$ 法,分别记为 COD_{Mn}(酸性)、COD_{Mn}(碱性)。以 $KMnO_4$ 法测定的 COD 值,有文献又称为“高锰酸盐指数”。

清洁地面水中有机物的含量较低,COD 值小于 4 $mg \cdot L^{-1}$。轻度污染的水源 COD 值可达 4～10 $mg \cdot L^{-1}$,若水中 COD 值大于 10 $mg \cdot L^{-1}$,则认为该水质受到较严重的污染。清洁海水的 COD 值小于 0.5 $mg \cdot L^{-1}$。

COD 的测定法中,$KMnO_4$ 法适合测定地面水、河水等污染不十分严重的水。在此只讨论酸性 $KMnO_4$ 法。

在酸性溶液中加入过量的 $KMnO_4$ 溶液,加热使水中的有机物充分与之作用。加入足量的 $Na_2C_2O_4$ 以还原过量的 $KMnO_4$,剩余的 $Na_2C_2O_4$ 再用 $KMnO_4$ 返滴定。反应方程式如下:

$$4MnO_4^- + 12H^+ + 5C^* = 4Mn^{2+} + 5CO_2\uparrow + 6H_2O$$ (C^* 指水样中还原性物质的总和)

$$2MnO_4^- + 5C_2O_4^{2-} + 16H^+ = 2Mn^{2+} + 8H_2O + 10CO_2\uparrow$$

此法的检出范围为 0.5～4.5 $mg \cdot L^{-1}$。

如果水样中 Cl^- 的量大于 300 $mg \cdot L^{-1}$,将使测定结果偏高,通常需加入 Ag_2SO_4。1 g Ag_2SO_4 可消除 200 mg Cl^- 的干扰。也可将水样稀释以消除干扰。如使用 Ag_2SO_4 不方便,可采用碱性 $KMnO_4$ 法测定水中 COD。

取水样后应立即进行分析,如需放置可适当加入硫酸酸化并稀释,以抑制微生物的繁殖。

三、仪器与试剂

1. 仪器

分析天平(0.1 g、0.1 mg)、锥形瓶(250 mL)、棕色滴定管(50 mL)、水浴装置、移液管(10 mL、25 mL)、量筒(10 mL、100 mL)。

2. 试剂

$KMnO_4$溶液(0.0020 mol · L^{-1},可将 0.020 mol · L^{-1}的 $KMnO_4$溶液用新煮沸并冷却的蒸馏水稀释 10 倍)、$Na_2C_2O_4$标准溶液(0.0050 mol · L^{-1},准确称取 0.17 g 干燥过的 $Na_2C_2O_4$于小烧杯中,加水溶解后移入 250 mL 容量瓶中,稀释至刻度,摇匀)、固体 Ag_2SO_4、H_2SO_4溶液(1∶3)。

四、实验步骤

1. 水样的采集

(1) 采集表层水。用桶、瓶等容器直接采集。一般将容器沉至水下 0.3～0.5 m 处采集。

(2) 采集深层水。将带有重锤的具塞采样器(见图 3-1)沉入水中,达到所需深度后(从拉伸的绳子的标度上看出),拉伸瓶口塞子上连接的细绳,打开瓶塞,待水样充满后提出来。

(3) 采集自来水或带抽水设备的地下水(井水)。先排放 2～3 min,让积存的杂质流去,然后用瓶、桶等采集。

图 3-1　采样器

2. 水样的测定

视水质污染程度移取适量水样。一般情况下,准确移取 100.00 mL 水样于 250 mL 锥形瓶中,加10 mL H_2SO_4溶液(1∶3)(必要时可加入少许固体 Ag_2SO_4,以除去水样中少量的 Cl^-),并准确加入 10.00 mL 0.0020 mol · L^{-1} $KMnO_4$溶液,将锥形瓶放入沸水浴中加热 30 min(加热过程中若观察到红色褪去,应适量补加 $KMnO_4$溶液),水浴液面要高于锥形瓶内的液面,使其中的还原性物质被充分氧化。取出后,溶液应为浅红色,立即准确加入 10.00 mL 0.0050 mol · L^{-1} $Na_2C_2O_4$标准溶液,红色应完全褪去。然后在70～80 ℃下用 $KMnO_4$溶液滴定至呈微红色,半分钟内不褪色即为终点(终点时溶液温度不应低于 60 ℃)。记录 $KMnO_4$溶液的用量 V_1。

3. 空白实验

在 250 mL 锥形瓶中加入 50 mL 蒸馏水和 10 mL H_2SO_4溶液(1∶3),将其置于水浴中加热到 70～80 ℃,立即用 $KMnO_4$溶液滴定至呈微红色,半分钟内不褪色即为终点(终点时溶液温度不应低于 60 ℃)。记录 $KMnO_4$溶液的用量 V_2。

4. $KMnO_4$溶液与 $Na_2C_2O_4$溶液的换算系数 K

在 250 mL 锥形瓶中加入 100 mL 蒸馏水和 10 mL H_2SO_4溶液(1∶3),加入

10.00 mL $Na_2C_2O_4$标准溶液,摇匀,在水浴中加热到70～80 ℃,立即用$KMnO_4$溶液滴定至呈微红色,半分钟内不褪色即为终点(终点时溶液温度不应低于60 ℃)。记录$KMnO_4$溶液的用量V_3。则换算系数为:

$$K=\frac{10.00\ \text{mL}}{V_3-V_2}$$

水样中化学耗氧量COD的值为:

$$\text{COD}_{\text{Mn}}(\text{酸性},\text{mg}\cdot\text{L}^{-1})=\frac{[(10.00\ \text{mL}+V_1)K-10.00\ \text{mL}]\times c(\text{Na}_2\text{C}_2\text{O}_4)\times 15.999\ \text{g}\cdot\text{mol}^{-1}}{V_s\times 10^{-3}\ \text{L}\cdot\text{mL}}$$

五、数据记录与处理

平行测定3份,分别按上式计算结果,若它们的相对偏差不超过0.3%,则可以取其平均值作为最终结果。否则,不能取平均值,而要查找原因,作出合理解释。

六、讨论与思考

1. 注意事项

(1) 水样的采集:①具有代表性;②取样时不要污染;③尽量不改变水样的成分。

(2) 水样的储存:应尽快分析。必要时在0～5 ℃保存,48 h内测定。

2. 思考题

(1) 测定水中COD的意义何在?有哪些方法可以测定COD?

(2) 水样加入$KMnO_4$溶液加热后,若紫红色消失说明什么?应采取什么措施?

(3) 水样中Cl^-含量高时对测定有何干扰?应采用什么方法消除?

(4) 清洁地面水、轻度污染的水源、严重污染的水源的COD值有何区别?

(5) 如果已知$KMnO_4$溶液和$Na_2C_2O_4$溶液的准确浓度,而未进行K值的测定,试推导COD的计算公式。

(6) 为了使滴定反应能够定量地、较快地进行,应该控制好哪些主要条件?试逐一分析。

实验十七　氯化物中氯含量的测定(莫尔法)

一、实验目的

(1) 掌握$AgNO_3$标准溶液的配制与标定方法。

(2) 掌握用莫尔法测定氯离子的方法和原理。

(3) 掌握铬酸钾指示剂的正确使用。

二、实验原理

银量法常用于生活用水、工业用水、环境水、药品、食品及某些可溶性氯化物中氯含量的测定。此法是在中性或弱碱性溶液中，以 K_2CrO_4 为指示剂，用 $AgNO_3$ 标准溶液进行滴定。由于 AgCl 的溶解度比 Ag_2CrO_4 的小，因此溶液中首先析出 AgCl 沉淀，当 AgCl 定量析出后，稍过量的 $AgNO_3$ 溶液即与 CrO_4^{2-} 生成砖红色 Ag_2CrO_4 沉淀，表示达到终点。其主要反应式如下：

$$Ag^+ + Cl^- \longrightarrow AgCl\downarrow（白色） \qquad K_{sp}=1.8\times10^{-10}$$

$$2Ag^+ + CrO_4^{2-} \longrightarrow Ag_2CrO_4\downarrow（砖红色） \qquad K_{sp}=2.0\times10^{-12}$$

滴定必须在中性或弱碱性溶液中进行，最适宜的 pH 值范围为 6.5～10.5。若酸度过高，则不产生 Ag_2CrO_4 沉淀；若酸度过低，则形成 Ag_2O 沉淀。如有铵盐存在，溶液的 pH 值范围最好控制为 6.5～7.2。

指示剂的用量对滴定有影响。根据溶度积原理，等当点时溶液中 Ag^+ 和 Cl^- 的浓度为：

$$c(Ag^+)=c(Cl^-)=\sqrt{K_{sp}(AgCl)}=\sqrt{1.8\times10^{-10}}\ mol\cdot L^{-1}=1.3\times10^{-5}\ mol\cdot L^{-1}$$

在等当点时，要求刚好析出 Ag_2CrO_4 沉淀以指示终点，此时溶液中 CrO_4^{2-} 的浓度应为：

$$c(CrO_4^{2-})=\frac{K_{sp}(Ag_2CrO_4)}{[c(Ag^+)]^2}=\frac{2.0\times10^{-12}}{(1.3\times10^{-5})^2}\ mol\cdot L^{-1}=1.2\times10^{-2}\ mol\cdot L^{-1}$$

在实际工作中，若 K_2CrO_4 的浓度太高，会干扰对 Ag_2CrO_4 沉淀颜色的观察，影响终点的判断。因此，实际上加入 K_2CrO_4 的浓度以 $5\times10^{-3}\ mol\cdot L^{-1}$ 为宜，可以认为不影响分析结果的准确度。如果溶液较稀，例如，以 0.010 00 $mol\cdot L^{-1}$ $AgNO_3$ 溶液滴定 0.010 00 $mol\cdot L^{-1}$ KCl 溶液，则终点误差将达 +0.6%，那就会影响分析结果的准确度。在这种情况下，通常需要校准指示剂的空白值。

凡是能与 Ag^+ 生成难溶化合物或配合物的阴离子都干扰测定，如 PO_4^{3-}、AsO_4^{3-}、SO_3^{2-}、S^{2-}、CO_3^{2-} 及 $C_2O_4^{2-}$ 等，其中 S^{2-} 可通过生成 H_2S，经加热煮沸而除去，SO_3^{2-} 可经氧化成 SO_4^{2-} 而不产生干扰。大量 Cu^{2+}、Ni^{2+}、Co^{2+} 等有色离子将影响终点的观察。凡是能与 CrO_4^{2-} 生成难溶化合物的阳离子也干扰测定，如 Ba^{2+}、Pb^{2+} 与 CrO_4^{2-} 分别生成 $BaCrO_4$ 和 $PbCrO_4$ 沉淀，但 Ba^{2+} 的干扰可借加入过量 Na_2SO_4 而消除。

Al^{3+}、Fe^{3+}、Bi^{3+}、Zr^{4+} 等高价金属离子，在中性或弱碱性溶液中易水解产生沉淀，也不应存在。若存在，改用佛尔哈德法测定氯含量。

三、仪器与试剂

1. 仪器

棕色酸式滴定管（50 mL，棕色）、容量瓶（250 mL）、移液管（10 mL、25 mL）、量筒（10 mL、25 mL）、锥形瓶（250 mL）、烧杯（50 mL）、分析天平。

2. 试剂

NaCl 基准物质(在 500～600 ℃灼烧半小时后，置于干燥器中冷却，也可将 NaCl 置于带盖的瓷坩埚中加热，并不断搅拌，待爆炸声停止后，将坩埚放入干燥器中冷却后使用)、$AgNO_3$溶液(0.01 mol·L^{-1}，将 1.6987 g $AgNO_3$溶解于 1000 mL 去离子水中，将溶液转入棕色试剂瓶中，置暗处保存，以防止见光分解)、K_2CrO_4溶液(5%)。

四、实验步骤

1. $AgNO_3$溶液的标定

准确称取 0.293～0.439 g NaCl 基准物质，置于小烧杯中，用去离子水溶解后，转入 250 mL 容量瓶中，加去离子水稀释至刻度，摇匀。准确移取 10.00 mL NaCl 标准溶液置于锥形瓶中，加入 25 mL 去离子水、1 mL 5%K_2CrO_4溶液，在不断摇动下，用 $AgNO_3$溶液滴定至呈砖红色，即为终点。

2. 试样分析

准确称取 1.3 g 待测 NaCl 试样置于烧杯中，加去离子水溶解后，转入 250 mL 容量瓶中，用去离子水稀释至刻度，摇匀。准确移取 25.00 mL NaCl 试液置于锥形瓶中，加入 25 mL 去离子水、1 mL 5%K_2CrO_4溶液，在不断摇动下，用 $AgNO_3$溶液滴定至呈砖红色，即为终点，平行测定 3 份。

根据试样的质量和滴定中消耗的 $AgNO_3$标准溶液的体积，计算试样中氯的质量分数，计算相对平均偏差。

五、数据记录与处理

参照表 3-16 和表 3-17 的格式认真记录实验数据。

表 3-16　$AgNO_3$溶液的标定

	Ⅰ	Ⅱ	Ⅲ
倾出前：m_1(NaCl+称量瓶)/g			
倾出后：m_2(NaCl+称量瓶)/g			
m(NaCl)/g			
终读数 $V_2(AgNO_3)$/mL			
初读数 $V_1(AgNO_3)$/mL			
$V(AgNO_3)$/mL			
$c(AgNO_3)$/(mol·L^{-1})			
$\bar{c}(AgNO_3)$/(mol·L^{-1})			
相对平均偏差 $\bar{d}_r$/(%)			

表 3-17　氯化物中氯含量的测定

	Ⅰ	Ⅱ	Ⅲ
倾出前：m_1(NaCl＋称量瓶)/g			
倾出后：m_2(NaCl＋称量瓶)/g			
m_s/g			
终读数 $V_2(AgNO_3)$/mL			
初读数 $V_1(AgNO_3)$/mL			
$V(AgNO_3)$/mL			
w(Cl)/(%)			
$\overline{w}$(Cl)/(%)			
相对平均偏差 $\overline{d}_r$/(%)			

六、讨论与思考

1. 注意事项

(1) 本实验测定氯离子的方法中，溶液酸度的控制是关键。

(2) 指示剂用量大小对测定有影响，必须定量加入。溶液较稀时，须作指示剂的空白校准，方法如下：取 1 mL K_2CrO_4 指示剂，加入适量水，然后加入无 Cl^- 的 $CaCO_3$ 固体(相当于滴定时 AgCl 的沉淀量)，制成相似于实际滴定的混浊溶液。逐渐滴入 $AgNO_3$ 标准溶液，至与终点颜色相同为止，记录读数，从滴定试液所消耗的 $AgNO_3$ 标准溶液体积中扣除此读数。

(3) 沉淀滴定中，为减少沉淀对被测离子的吸附，一般滴定的体积以大些为好，故需加水稀释试液。

(4) 银为贵金属，含 AgCl 的废液应回收处理。回收方法可参见《电镀与环保》，1990 年第 2 期。

(5) 实验完毕，要用去离子水洗涤棕色滴定管并且倒立于滴定管架上，不可用自来水洗涤，以防止管内壁有沉淀而堵塞管口。

2. 思考题

(1) $AgNO_3$ 标准溶液应装在酸式滴定管还是碱式滴定管中？为什么？

(2) 配制 $AgNO_3$ 标准溶液的容器用自来水洗后，若不用蒸馏水洗，而直接用来配制 $AgNO_3$ 标准溶液，将会出现什么现象？为什么会出现该现象？

(3) 配制好的 $AgNO_3$ 溶液要保存于棕色瓶中，并置于暗处，为什么？

(4) 莫尔法测氯时，为什么溶液的 pH 值须控制为 6.5～10.5？

实验十八　银盐中银含量的测定(佛尔哈德法)

一、实验目的

(1) 掌握用佛尔哈德法测定银含量的方法、原理。

(2) 学会正确判断使用铁铵矾指示剂的滴定终点。

二、实验原理

在 HNO_3 介质中,以铁铵矾为指示剂,用 NH_4SCN(或 KSCN)滴定 Ag^+,当 AgSCN定量沉淀后,稍过量的 SCN^- 与 Fe^{3+} 生成红色配合物,即为终点。

滴定反应: $SCN^- + Ag^+ \rightleftharpoons AgSCN\downarrow$(白色)　　$K_{sp}=1.0\times10^{-12}$

指示反应: $SCN^- + Fe^{3+} \rightleftharpoons [FeSCN]^{2+}$(红色)　　$K_{稳}=138$

为了防止 Fe^{3+} 水解成深色配合物,影响终点观察,酸度应控制在 0.1～1 $mol\cdot L^{-1}$。由于 AgSCN 沉淀吸附 Ag^+,使终点提早,造成结果偏低,因此滴定时应充分摇动溶液,使被吸附的 Ag^+ 及时释放出来。

三、仪器与试剂

1. 仪器

酸式滴定管(50 mL,棕色)、移液管(25 mL)、量筒(5 mL、25 mL)、锥形瓶(250 mL)、烧杯。

2. 试剂

NH_4SCN 溶液(0.1 $mol\cdot L^{-1}$,称取 3.8 g NH_4SCN,置于 250 mL 烧杯中,加入适量水使其溶解,移入试剂瓶中,稀释至 500 mL,摇匀)、HNO_3 溶液(6 $mol\cdot L^{-1}$)、铁铵矾指示剂(400 $g\cdot L^{-1}$)、$AgNO_3$ 标准溶液(0.1 $mol\cdot L^{-1}$)。

四、实验步骤

1. NH_4SCN 标准溶液的标定

准确移取 0.1 $mol\cdot L^{-1}$ $AgNO_3$ 标准溶液 25.00 mL 3 份,置于 3 个锥形瓶中,分别加入 20 mL 蒸馏水、5 mL 6 $mol\cdot L^{-1}$ HNO_3 溶液和 2 mL 铁铵矾指示剂,用 0.1 $mol\cdot L^{-1}$ NH_4SCN 标准溶液滴定至溶液呈淡棕红色,剧烈振摇后仍不褪色,即为终点。记录所消耗的 NH_4SCN 标准溶液的体积。

2. 试样中银含量的测定

准确称取银盐试样 0.25～0.3 g 3 份,置于 3 个锥形瓶中,分别加入 10 mL 6 $mol\cdot L^{-1}$ HNO_3 溶液,加热溶解后,加 50 mL 蒸馏水、2 mL 铁铵矾指示剂,在充分剧烈摇动下,用 0.1 $mol\cdot L^{-1}$ NH_4SCN 标准溶液滴定至溶液呈淡棕红色,经轻轻摇动后也不消失，即为终点。记录所消耗的 NH_4SCN 标准溶液的体积。计算试样中银的质量分数。

五、数据记录与处理

参照表 3-18 的格式认真记录实验数据。

表 3-18　佛尔哈德法测定银的含量

	Ⅰ	Ⅱ	Ⅲ
倾出前：m_1（银盐试样＋称量瓶）/g			
倾出后：m_2（银盐试样＋称量瓶）/g			
m（银盐试样）/g			
终读数 $V_2(NH_4SCN)$/mL			
初读数 $V_1(NH_4SCN)$/mL			
$V(NH_4SCN)$/mL			
$w(Ag)$/(%)			
$\overline{w}(Ag)$/(%)			
相对平均偏差 $\overline{d}_r$/(%)			

六、讨论与思考

1. 注意事项

(1) 滴定应在酸性介质中进行。如果在中性或碱性介质中，则指示剂水解而析出 $Fe(OH)_3$ 沉淀，Ag 在碱性溶液中会生成 Ag_2O 沉淀；如果酸度过大，则部分 SCN^- 形成 HSCN（$K_a = 0.14$）。所以滴定时 HNO_3 的浓度应控制在 0.2～0.5 $mol \cdot L^{-1}$。

(2) 指示剂用量大小对滴定准确度有影响，一般控制 Fe^{3+} 浓度为 0.015 5 $mol \cdot L^{-1}$ 为宜。

(3) 由于 AgSCN 沉淀易吸附 Ag^+，故滴定时要剧烈摇动，直至淡红棕色不消失时才算到达终点。

2. 思考题

(1) 用佛尔哈德法测定银，滴定时必须剧烈摇动，为什么？

(2) 采用佛尔哈德法，能否使用 $FeCl_3$ 作指示剂？

(3) 用返滴定法测定 Cl^- 时，能否剧烈摇动？为什么？

实验十九　氯化钡中钡含量的测定

一、实验目的

(1) 了解晶形沉淀的生成原理和沉淀方法。

(2) 掌握晶形沉淀的制备、过滤、洗涤、灼烧及恒重等基本操作技术。

(3) 掌握测定 $BaCl_2 \cdot 2H_2O$ 中钡含量的原理和方法。

二、实验原理

Ba^{2+} 能生成一系列的微溶化合物,如 $BaCO_3$、$BaCrO_4$、BaC_2O_4、$BaHPO_4$、$BaSO_4$ 等,其中 $BaSO_4$ 的溶解度最小(25 ℃时为 0.25 mg/100 mL(H_2O))。$BaSO_4$ 性质非常稳定,组成与化学式相符合,因此常以 $BaSO_4$ 重量法测 Ba^{2+} 的含量。当存在过量沉淀剂时,溶解度大为减小,一般可以忽略不计。$BaSO_4$ 重量法既可用于测定 Ba^{2+} 的含量,也可用于测定 SO_4^{2-} 的含量。

称取一定量 $BaCl_2 \cdot 2H_2O$,用水溶解,加稀 HCl 溶液酸化,加热至微沸,在不断搅动下,慢慢加入热的稀 H_2SO_4 溶液,Ba^{2+} 与 SO_4^{2-} 反应,形成晶形沉淀[1]。沉淀经陈化[2]、过滤、洗涤、烘干、炭化、灰化、灼烧后,以 $BaSO_4$ 形式称量,可求出 $BaCl_2 \cdot 2H_2O$中钡的含量。

$BaSO_4$ 重量法一般在 0.05 $mol \cdot L^{-1}$ 左右 HCl 溶液介质中进行沉淀,这是为了防止产生 $BaCO_3$、$BaHPO_4$、$BaHAsO_4$ 沉淀以及防止生成 $Ba(OH)_2$ 共沉淀。同时,适当提高酸度,增加 $BaSO_4$ 在沉淀过程中的溶解度,以降低其相对过饱和度,有利于获得较好的晶形沉淀。

用 $BaSO_4$ 重量法测定 Ba^{2+} 时,一般用稀 H_2SO_4 溶液作沉淀剂。为了使 $BaSO_4$ 沉淀完全,H_2SO_4 溶液必须过量。由于 H_2SO_4 在高温下可挥发除去,故沉淀带下的 H_2SO_4 不致引起误差,因此,沉淀剂可过量 50%～100%。用 $BaSO_4$ 重量法测定 SO_4^{2-} 时,沉淀剂 $BaCl_2$ 只允许过量 20%～30%,因为 $BaCl_2$ 灼烧时不易挥发除去。

$PbSO_4$、$SrSO_4$ 的溶解度均较小,Pb^{2+}、Sr^{2+} 对钡的测定有干扰。NO_3^-、ClO_3^-、Cl^- 等阴离子和 K^+、Na^+、Ca^{2+}、Fe^{3+} 等阳离子均可以引起共沉淀现象,故应严格掌握沉淀条件,避免共沉淀现象,以获得纯净的 $BaSO_4$ 晶形沉淀。

三、仪器与试剂

1. 仪器

瓷坩埚(25 mL)、定量滤纸(慢速或中速)、沉淀帚、玻璃漏斗、烧杯(100 mL、250 mL)、玻棒、滴管、表面皿、分析天平。

2. 试剂

H_2SO_4溶液(1 mol · L^{-1}、0.1 mol · L^{-1})、HCl 溶液(2 mol · L^{-1})、HNO_3溶液(2 mol · L^{-1})、$AgNO_3$溶液(0.1 mol · L^{-1})、$BaCl_2 \cdot 2H_2O$(A. R.)。

四、实验步骤

1. 称样及沉淀的制备

准确称取 2 份 0.4～0.6 g $BaCl_2 \cdot 2H_2O$ 试样，分别置于 250 mL 烧杯中，加入约 100 mL 水、3 mL 2 mol · L^{-1} HCl 溶液，搅拌溶解。加热至近沸。

另取 4 mL 1 mol · L^{-1} H_2SO_4溶液 2 份于 2 个 100 mL 烧杯中，加 30 mL 蒸馏水，加热至近沸，趁热将 2 份 H_2SO_4溶液分别用小滴管逐滴地加入 2 份热的钡盐溶液中，并用玻棒不断搅拌，直至加完为止。待 $BaSO_4$沉淀下沉后，于上层清液中加入 1～2 滴 0.1 mol · L^{-1} H_2SO_4溶液，仔细观察沉淀是否完全。沉淀完全后，盖上表面皿(切勿将玻棒拿出烧杯)，放置过夜陈化。也可将沉淀放在 60～70 ℃的水浴或沙浴上，保温 40 min 陈化。

2. 沉淀的过滤和洗涤

按前述操作，用慢速或中速定量滤纸通过倾泻法过滤。用稀 H_2SO_4 溶液(由 1 mL 1 mol · L^{-1} H_2SO_4溶液加 100 mL 水配成)洗涤沉淀 3～4 次，每次约 10 mL。然后，将沉淀定量转移到滤纸上，用沉淀帚由上到下擦拭烧杯内壁，并用折叠滤纸时撕下的小片滤纸擦拭杯壁，将此小片滤纸放于漏斗中，再用稀 H_2SO_4溶液洗涤 4～6 次，用 HNO_3酸化的 $AgNO_3$溶液检验，直至洗涤液中不含 Cl^- 为止[3]。

3. 空坩埚的灼烧和恒重

将 2 个洗净并晾干的瓷坩埚放入马弗炉中(800～850 ℃)灼烧 30～45 min，先在空气中冷却，然后放入干燥器中，冷至室温(约 30 min)，称重。再第二次灼烧 15～20 min，同样方法冷却，再称重。如此操作直至恒重为止(即两次称量差值在 0.2～0.4 mg 之内)。

4. 沉淀的灼烧和恒重

将折叠好的沉淀滤纸包(不能捏成一团)置于已恒重的瓷坩埚中，经烘干、炭化、灰化[4]后，在马弗炉中(800～850 ℃)灼烧至恒重，冷至室温称重。计算$BaCl_2 \cdot 2H_2O$中钡的质量分数。

[注释]

[1]　沉淀作用应当在热溶液中进行。一方面可增大沉淀的溶解度，降低溶液的相对过饱和度，以便获得大的晶粒；另一方面，又能减少杂质的吸附量，有利于得到纯净的沉淀。此外，升高溶液的温度，可以增加构晶离子的扩散速度，从而加快晶体的成长，有利于获得大的晶粒。但应当指出，对于溶解度较大的沉淀，在溶液中析出沉淀后，宜冷却至室温后再过滤，以减少沉淀溶解的损失。

[2]　沉淀完全后，让初生的沉淀与母液一起放置一段时间，这个过程称为陈化。

在陈化过程中,不仅小晶粒转化为大晶粒,而且还可以使不完整的晶粒转化为稳定态的沉淀,也能使沉淀变得更加纯净。$BaSO_4$沉淀经陈化后,晶粒变大,且结构更为完整。

[3] 检查方法:用试管收集 2 mL 滤液,加 1 滴 2 mol · L^{-1} HNO_3溶液酸化,加入 2 滴 $AgNO_3$溶液,若无白色混浊产生,表示 Cl^- 已洗净。

[4] 滤纸灰化时空气要充足,否则 $BaSO_4$易被滤纸的炭还原为灰黑色的 BaS:

$$BaSO_4 + 4C = BaS + 4CO\uparrow$$

$$BaSO_4 + 4CO = BaS + 4CO_2$$

如遇此情况,可加入 2~3 滴 H_2SO_4溶液(1∶1),小心加热,冒烟后重新灼烧。

五、数据记录与处理

将实验数据填入表 3-19、表 3-20 中,根据所得质量计算 $w(Ba^{2+})$及相对平均偏差。

$$w(Ba^{2+}) = \frac{m(BaSO_4)}{m_s} \times \frac{M(Ba^{2+})}{M(BaSO_4)} \times 100\%$$

表 3-19 空坩埚恒重记录表

	坩埚 1 的质量/g	坩埚 2 的质量/g
第一次恒重		
第二次恒重		
第三次恒重		
第四次恒重		

表 3-20 $BaCl_2 \cdot 2H_2O$ 中 Ba^{2+} 的测定原始记录及数据处理

	Ⅰ	Ⅱ
倾出前:m_1(试样+称量瓶)/g		
倾出后:m_2(试样+称量瓶)/g		
m_s/g		
空坩埚质量/g		
m(坩埚+$BaSO_4$沉淀)/g		
m($BaSO_4$沉淀)/g		
$w(Ba^{2+})$/(%)		
$\overline{w}(Ba^{2+})$/(%)		
相对平均偏差 $\overline{d}_r$/(%)		

六、讨论与思考

1. 注意事项

灼烧温度不能太高，如超过 950 ℃，可能有部分 $BaSO_4$ 分解：

$$BaSO_4 = BaO + SO_3\uparrow$$

2. 思考题

（1）为什么在热溶液中沉淀 $BaSO_4$，但要在冷却后过滤？晶形沉淀为什么要陈化？

（2）什么叫灼烧至恒重？

实验二十　水中微量铁的测定（邻二氮菲分光光度法）

一、实验目的

（1）学习如何选择分光光度分析的实验条件。

（2）掌握用分光光度法测定铁的原理及方法。

（3）掌握分光光度计和吸量管的使用方法。

二、实验原理

铁的分光光度法所用的显色剂较多，有邻二氮菲（又称邻菲啰啉、菲绕林）及其衍生物、磺基水杨酸、硫氰酸盐、5-Br-PADAP 等。其中邻二氮菲分光光度法灵敏度高，稳定性好，干扰容易消除，因而是目前普遍采用的一种方法。

在 pH 值为 2～9 的溶液中，Fe^{2+} 与邻二氮菲（Phen）生成稳定的橘红色配合物 $Fe(Phen)_3^{2+}$：

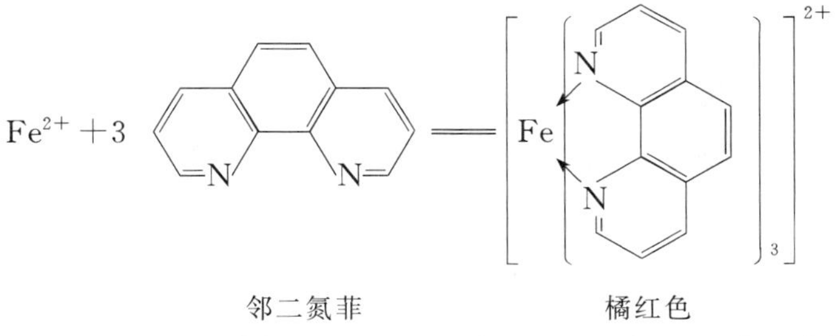

$Fe^{2+} + 3$ N N ═══ Fe N N $[\ \ ]_3^{2+}$

邻二氮菲　　　　橘红色

其中 $\lg\beta_3 = 21.3$，摩尔吸光系数 $\varepsilon_{508} = 1.1\times10^4\ L \cdot mol^{-1} \cdot cm^{-1}$。当铁为 +3 价时，可用盐酸羟胺还原：

$$2Fe^{3+} + 2NH_2OH \cdot HCl = 2Fe^{2+} + N_2\uparrow + 4H^+ + 2H_2O + 2Cl^-$$

Cu^{2+}、Co^{2+}、Ni^{2+}、Cd^{2+}、Hg^{2+}、Mn^{2+}、Zn^{2+} 等也能与邻二氮菲生成稳定的配合物，在量少的情况下，不影响 Fe^{2+} 的测定，量大时可用 EDTA 掩蔽或预先分离。

分光光度法的实验条件,如测量波长、溶液酸度、显色剂用量、显色时间、温度、溶剂以及共存离子的干扰及其消除等,都是通过实验来确定的。本实验在测定试样中铁含量之前,先做部分条件实验,以便初学者掌握确定实验条件的方法。

条件实验的简单方法是变动某实验条件,固定其余条件,测得一系列吸光度值,绘制吸光度-某实验条件的曲线,根据曲线确定某实验条件的适宜值或适宜范围。

三、仪器与试剂

1. 仪器

分光光度计、酸度计、50 mL 容量瓶 8 个(或比色管 8 支)、100 mL 容量瓶 1 个、吸量管。

2. 试剂

铁标准溶液(100 $\mu g \cdot mL^{-1}$,准确称取 0.863 4 g 分析纯 $NH_4Fe(SO_4)_2 \cdot 12H_2O$ 于 200 mL 烧杯中,加入 20 mL 6 $mol \cdot L^{-1}$ HCl 溶液和少量蒸馏水,溶解后转移至 1 L容量瓶中,稀释至刻度,摇匀)、邻二氮菲溶液(1.5 $g \cdot L^{-1}$,新配制)、盐酸羟胺溶液(100 $g \cdot L^{-1}$,用时配制)、NaAc 溶液(1 $mol \cdot L^{-1}$)、NaOH 溶液(1 $mol \cdot L^{-1}$)、HCl 溶液(6 $mol \cdot L^{-1}$)。

四、实验步骤

(一) 条件实验

1. 测量波长的选择

用吸量管吸取 0.0 mL 和 1.0 mL 铁标准溶液分别注入 2 个 50 mL 容量瓶(或比色管)中,各加入 1 mL 盐酸羟胺溶液,摇匀。再加入 2 mL 邻二氮菲溶液、5 mL NaAc 溶液,用水稀释至刻度,摇匀。放置 10 min 后,用 1 cm 比色皿,以空白试剂(即 0.0 mL 铁标准溶液)为参比溶液,在 440～560 nm 之间,每隔 10 nm 测一次吸光度,在最大吸收峰附近,每隔 5 nm 测一次吸光度。在坐标纸上,以波长 λ 为横坐标,吸光度 A 为纵坐标,绘制反映 A 与 λ 关系的吸收曲线。从吸收曲线上选择测定铁的适宜波长,一般选用最大吸收波长 λ_{max}。

2. 溶液酸度的选择

取 8 个 50 mL 容量瓶(或比色管),用吸量管分别加入 1 mL 铁标准溶液、1 mL 盐酸羟胺溶液,摇匀,再加入 2 mL 邻二氮菲溶液,摇匀。用 5 mL 吸量管分别加入 0.0 mL、0.2 mL、0.5 mL、1.0 mL、1.5 mL、2.0 mL、2.5 mL 和 3.0 mL 1 $mol \cdot L^{-1}$ NaOH 溶液,用水稀释至刻度,摇匀。放置 10 min 后,用 1 cm 比色皿,以蒸馏水为参比溶液,在选择的波长下测定各溶液的吸光度。同时,用酸度计测量各溶液的 pH 值。以 pH 值为横坐标,吸光度 A 为纵坐标,绘制反映 A 与 pH 值关系的酸度影响曲线，得出测定铁的适宜酸度范围。

3. 显色剂用量的选择

取 7 个 50 mL 容量瓶(或比色管)，用吸量管各加入 1 mL 铁标准溶液、1 mL 盐酸羟胺溶液，摇匀，再分别加入 0.1 mL、0.3 mL、0.5 mL、0.8 mL、1.0 mL、2.0 mL、4.0 mL 邻二氮菲溶液和 5.0 mL NaAc 溶液，以水稀释至刻度，摇匀。放置 10 min 后，用 1 cm 比色皿，以蒸馏水为参比溶液，在选择的波长下测定各溶液的吸光度。以所取邻二氮菲溶液的体积 V 为横坐标，吸光度 A 为纵坐标，绘制反映 A 与 V 关系的显色剂用量影响曲线，得出测定铁时显色剂的最适宜用量。

4. 显色时间

在一个 50 mL 容量瓶(或比色管)中，用吸量管加入 1.0 mL 铁标准溶液、1.0 mL 盐酸羟胺溶液，摇匀。再加入 2.0 mL 邻二氮菲溶液、5.0 mL NaAc 溶液，以水稀释至刻度，摇匀。立刻用 1 cm 比色皿，以蒸馏水为参比溶液，在选定的波长下测定吸光度。然后依次测量放置 5 min、10 min、30 min、60 min、120 min 等的吸光度。以时间 t 为横坐标，吸光度 A 为纵坐标，绘制反映 A 与 t 关系的显色时间影响曲线，得出铁与邻二氮菲显色反应完全所需要的适宜时间。

(二) 铁含量的测定

1. 标准曲线的制作

用移液管吸取 10.0 mL 100 $\mu g \cdot mL^{-1}$ 铁标准溶液于 100 mL 容量瓶中，加入 2 mL 6 $mol \cdot L^{-1}$ HCl溶液，用水稀释至刻度，摇匀。此溶液中 Fe^{3+} 的浓度为10 $\mu g \cdot mL^{-1}$。

在 6 个 50 mL 容量瓶(或比色管)中，用吸量管分别加入 0.0 mL、2.0 mL、4.0 mL、6.0 mL、8.0 mL、10.0 mL 10 $\mu g \cdot mL^{-1}$ 铁标准溶液，均加入 1 mL 盐酸羟胺溶液，摇匀。再加入 2 mL 邻二氮菲溶液、5 mL NaAc 溶液，摇匀。用水稀释至刻度，摇匀。放置 10 min 后，用 1 cm 比色皿，以空白试剂(即 0.0 mL 铁标准溶液)为参比溶液，在所选择的波长下，测定各溶液的吸光度。以含铁量为横坐标，吸光度 A 为纵坐标，绘制标准曲线。

由绘制的标准曲线，重新查出某一适中的铁浓度相应的吸光度，计算 Fe(Ⅱ)-Phen配合物的摩尔吸光系数 ε。

2. 试样中铁含量的测定

准确吸取适量试液于 50 mL 容量瓶(或比色管)中，按标准曲线的制作步骤，加入各种试剂，测量吸光度。从标准曲线上计算出试液中铁的含量(单位为 $\mu g \cdot mL^{-1}$)。

注意：上述溶液的配制和吸光度测定宜同时进行。

五、数据记录与处理

1. 记录

比色皿____________ 光源电压____________

2. 绘制曲线

(1) 吸收曲线;(2) A-t 曲线;(3) A-V 曲线;(4) 标准曲线。

3. 结果分析

对各项测定结果进行分析并作出结论。例如,从吸收曲线可得出邻二氮菲-亚铁配合物在波长 510 nm 处吸光度最大,因此测定铁时宜选用的波长为 510 nm 等。

(1) 吸收曲线的绘制。

(2) 邻二氮菲-亚铁配合物的稳定性。

(3) 显色剂浓度的实验。

(4) 标准曲线的绘制与铁含量的测定。

六、讨论与思考

(1) 邻二氮菲分光光度法测定铁的适宜条件是什么?

(2) Fe^{3+} 标准溶液在显色前加盐酸羟胺溶液的目的是什么? 如测定一般铁盐的总铁量,是否需要加盐酸羟胺溶液?

(3) 如使用配制已久的盐酸羟胺溶液,对分析结果将带来什么影响?

(4) 怎样选择本实验中各种测定的参比溶液?

(5) 在本实验的各项测定中,有的试剂的加入体积要比较准确,而有的试剂的加入量则不必准确量度,为什么?

(6) 溶液的酸度对邻二氮菲-亚铁的吸光度影响如何? 为什么?

(7) 根据自己的实验数据,计算在最适宜波长下邻二氮菲-亚铁配合物的摩尔吸光系数。

实验二十一 水泥熟料中 SiO_2、Fe_2O_3、Al_2O_3、CaO 和 MgO 含量的测定

一、实验目的

(1) 了解重量法测定 SiO_2 含量的原理和重量法测定水泥熟料中 SiO_2 含量的方法。

(2) 进一步掌握配位滴定法的原理,通过控制试液的酸度、温度及选择适当的掩蔽剂和指示剂等,在铁、铝、钙、镁共存时分别测定各成分的含量。

(3) 掌握水浴加热、沉淀、过滤、洗涤、灰化、灼烧等技术。

(4) 通过复杂物质分析实验，培养综合分析问题和解决问题的能力。

二、实验原理

水泥主要由硅酸盐组成。水泥熟料由水泥生料经 1 400 ℃以上的高温煅烧而成。一般的水泥由水泥熟料加入适量的石膏组成。要控制水泥的质量，可以通过水泥熟料的分析得以实现。根据分析结果，可以检验水泥熟料质量和烧成情况的好坏，及时调整原料的配比以控制生产。

水泥熟料的主要化学成分是：SiO_2(18%～24%)、Fe_2O_3(2.0%～5.5%)、Al_2O_3(4.0%～9.5%)、CaO(60%～67%)和 MgO(4.5%以下)。根据水泥熟料的组成，本实验采用化学法测定主要成分的含量。

1. 试样的分解

水泥熟料中碱性氧化物占60%以上，因此容易被酸分解。水泥熟料主要为硅酸三钙($3CaO \cdot SiO_2$)、硅酸二钙($2CaO \cdot SiO_2$)、铝酸三钙($3CaO \cdot Al_2O_3$)和铁铝酸四钙($4CaO \cdot Al_2O_3 \cdot Fe_2O_3$)等混合物。这些化合物与 HCl 溶液作用时，生成硅酸和可溶性的氯化物，反应方程式如下：

$$2CaO \cdot SiO_2 + 4HCl = 2CaCl_2 + H_2SiO_3 + H_2O$$

$$3CaO \cdot SiO_2 + 6HCl = 3CaCl_2 + H_2SiO_3 + 2H_2O$$

$$3CaO \cdot Al_2O_3 + 12HCl = 3CaCl_2 + 2AlCl_3 + 6H_2O$$

$$4CaO \cdot Al_2O_3 \cdot Fe_2O_3 + 20HCl = 4CaCl_2 + 2AlCl_3 + 2FeCl_3 + 10H_2O$$

硅酸是一种无机酸，在水溶液中绝大部分以溶胶状态存在，其化学式应以 $SiO_2 \cdot H_2O$表示。用浓酸和加热蒸干等方法处理，能使绝大部分硅酸水溶胶脱水变成水凝胶析出，因此，可以利用沉淀分离的方法把硅酸与水泥中的铁、铝、钙、镁等组分分开。

2. SiO_2含量测定的原理

本实验中以重量法测定 SiO_2的含量。对水泥熟料经酸分解后的溶液，采用加热蒸发近干和加固体氯化铵两种措施，使水溶性胶状硅胶尽可能全部脱水析出。蒸发脱水是将溶液控制在 100～110 ℃温度下进行的，在水浴上加热 10～15 min。由于 HCl 的蒸发，硅酸中所含水分大部分被带走，硅酸水溶胶即成为水凝胶析出。加入固体氯化铵后，氯化铵进行水解，夺取硅酸中的水分，从而加速了硅胶水溶胶的脱水过程，反应方程式如下：

$$NH_4Cl + H_2O = NH_3 \cdot H_2O + HCl$$

含水硅胶的组成不固定，因此，沉淀经过过滤、洗涤、灰化后，还需要经 950～1000 ℃高温灼烧为 SiO_2，然后称量，根据沉淀的质量计算 SiO_2的含量。

$$H_2SiO_3 \cdot nH_2O \xrightarrow{110\ ℃} H_2SiO_3 \xrightarrow{950\sim1000\ ℃} SiO_2$$

3. 水泥熟料中铁、铝、钙、镁等组分的测定原理

水泥熟料中的铁、铝、钙、镁等组分以 Fe^{3+}、Al^{3+}、Ca^{2+}、Mg^{2+}等离子形式存在于

过滤完 SiO_2 沉淀后的滤液中，它们都与 EDTA 形成稳定的配离子。但这些配离子的稳定性有较显著的差别，因此，只要控制适当的酸度，就可以用 EDTA 分别滴定，测定其含量。

1）铁的测定

以磺基水杨酸或其钠盐为指示剂，在 pH=1.5～2.5、温度为 60～70 ℃的溶液中，用 EDTA 标准溶液滴定。

滴定反应　　$Fe^{3+}+H_2Y^{2-}$ ══ $FeY^{-}+2H^{+}$

指示剂的显色反应　　$Fe^{3+}+HIn^{-}$ ══ $FeIn^{+}+H^{+}$

（无色）　（紫红色）

终点时　　$FeIn^{+}+H_2Y^{2-}$ ══ $FeY^{-}+HIn^{-}+H^{+}$

（紫红色）　（亮黄色）

终点时溶液由紫红色变为亮黄色。

用 EDTA 滴定铁的关键在于正确控制溶液的 pH 值和掌握适当的温度。实验表明，溶液酸度控制不恰当对铁的测定结果影响很大。在 pH≤1.5 时，结果偏低；pH>3 时，Fe^{3+} 开始形成红棕色的氢氧化物，往往没有滴定终点。滴定时溶液的温度以 60～70 ℃为宜。如果温度高于 75 ℃，Al^{3+} 也可能与 EDTA 配合，使 Fe_2O_3 的测定结果偏高，而 Al_2O_3 的测定结果偏低；当温度低于 50 ℃时，反应速率很慢，不易观察到准确的终点。

2）铝的测定

以 PAN 为指示剂，用铜盐回滴法来测定铝的含量。因为 Al^{3+} 与 EDTA 的配位反应进行得很慢，不宜采用直接滴定法，所以一般先加入过量的 EDTA 溶液，并加热煮沸，使 Al^{3+} 与 EDTA 充分反应，然后用 $CuSO_4$ 标准溶液回滴过量的 EDTA。

Al-EDTA 配合物是无色的，PAN 指示剂在 pH=4.3 的条件下是黄色的，所以滴定开始前溶液呈黄色。随着 $CuSO_4$ 标准溶液的加入，Cu^{2+} 不断与过量的 EDTA 生成淡蓝色的 Cu-EDTA，溶液逐渐由黄色变为绿色。终点时，过量的 Cu^{2+} 与 PAN 反应生成红色配合物，由于蓝色 Cu-EDTA 的存在，所以终点呈紫色。

滴定反应　　$Al^{3+}+H_2Y^{2-}$ ══ $AlY^{-}+2H^{+}$

用铜盐回滴过量的 EDTA　　$Cu^{2+}+H_2Y^{2-}$ ══ $CuY^{2-}+2H^{+}$

（蓝色）

终点时的变色反应　　$Cu^{2+}+PAN \longrightarrow CuPAN$

（黄色）　（红色）

溶液中蓝色 Cu-EDTA 量的多少，对终点颜色变化的敏锐程度有影响。因而，对 EDTA 过量的量要加以控制，一般 100 mL 溶液中加入的 EDTA 标准溶液（0.01～0.015 $mol \cdot L^{-1}$）以过量 10～15 mL 为宜。在这种情况下，终点为紫色。

3）钙的测定

在 pH>12 的强碱性溶液中，Mg^{2+} 形成 $Mg(OH)_2$ 沉淀而被掩蔽，Fe^{3+}、Al^{3+} 用

三乙醇胺掩蔽，以钙黄绿素-甲基百里香酚蓝-酚酞(CMP)为混合指示剂，用 EDTA 标准溶液滴定。

pH＞12 时，钙黄绿素本身呈橘红色，与 Ca^{2+}、Sr^{2+}、Ba^{2+} 等离子配位后呈绿色的荧光。终点时，溶液中的荧光消失呈橘红色，但由于溶液中有残余荧光，会影响终点的观察，需要利用某些酸碱指示剂和其他配位指示剂的颜色，来掩盖钙黄绿素残余荧光。本实验选用钙黄绿素-甲基百里香酚蓝-酚酞混合指示剂，其中的甲基百里香酚蓝和酚酞在滴定的条件下起着遮盖残余荧光的作用。

4）镁的测定

以 EDTA 配位滴定法测定镁的含量多采用差减法，即在一份溶液中，调节 pH＝10，用 EDTA 滴定钙、镁总含量，从总含量中减去钙的量，即求得镁的含量。

滴定钙、镁总含量时，常用的指示剂有铬黑 T 和酸性铬蓝 K-萘酚绿 B(K-B)混合指示剂。铬黑 T 易受某些重金属离子的封闭，所以采用 K-B 指示剂作为 EDTA 滴定钙、镁总含量的指示剂。混合指示剂中的萘酚绿 B 在滴定过程中没有颜色变化，只起衬托终点颜色的作用，终点颜色的变化是红色到蓝色。Fe^{3+}、Al^{3+} 用三乙醇胺和酒石酸钾钠进行联合掩蔽。

三、仪器与试剂

1. 仪器

电子天平、滴定管、容量瓶(250 mL)、移液管(25 mL)、锥形瓶(250 mL)、烧杯(50 mL、250 mL、400 mL)、量筒、电炉、漏斗、瓷坩埚、滤纸、平头玻棒、表面皿、胶头扫棒。

2. 试剂

EDTA 标准溶液(0.01 mol·L^{-1})、浓盐酸、HCl 溶液(3%、6 mol·L^{-1})、浓硝酸、NH_4Cl(s)、氨水(1∶1)、三乙醇胺(1∶2)、KOH 溶液(20%)、磺基水杨酸(10%，将 10 g 磺基水杨酸溶于 100 mL 水中)、$CuSO_4$ 标准溶液(0.01 mol·L^{-1}，将 1.3 g $CuSO_4 \cdot 5H_2O$溶于水中，加 2～3 滴 1∶1 H_2SO_4，用水稀释至 500 mL)、HAc-NaAc 缓冲溶液(pH＝4.3，将 33.7 g 无水乙酸钠溶于水中，加入 80 mL 冰乙酸，加水稀释至 1 L，摇匀)、PAN 指示剂(3%，称取 0.3 g PAN，溶于 100 mL 乙醇中)、酒石酸钾钠溶液(10%，将 10 g 酒石酸钾钠溶于 100 mL 水中)；NH_3-NH_4Cl 缓冲溶液(pH＝10，将 67.5 g 氯化铵溶于水中，加入 570 mL 氨水(相对密度 0.9)，用水稀释至 1 L)；溴甲酚绿指示剂(0.05%，将 0.05 g 溴甲酚绿溶于 100 mL 20%乙醇溶液中)、K-B 指示剂(酸性铬蓝 K-萘酚绿 B 混合指示剂，准确称取 1 g 酸性铬蓝 K、2.5 g 萘酚绿 B 与 50 g 已在 105 ℃烘干的硝酸钾，混合研细，保存在磨口瓶中)、CMP 指示剂(钙黄绿素-甲基百里香酚蓝-酚酞混合指示剂，准确称取 1 g 钙黄绿素、1 g 甲基百里香酚蓝、0.2 g 酚酞与 50 g 已在105 ℃烘干的硝酸钾，混合研细，保存在磨口瓶中)。

四、实验步骤

1. SiO_2含量的测定

准确称取试样 0.5 g 左右，置于干燥的 50 mL 烧杯中，加入 1 g 氯化铵，用平头玻棒混匀。盖上表面皿，沿皿口滴加 2 mL 浓盐酸及 1～2 滴浓硝酸。仔细搅匀，使所有深灰色试样变为淡黄色糊状物。再盖上表面皿，将烧杯放在电热板(或沸水浴)上加热(通风柜内)，待蒸发近干时(10～15 min)，取下烧杯。加入 10 mL 热 HCl 溶液(3%)，搅拌，使可溶性的盐类溶解。用定量(中速)滤纸以长颈漏斗过滤，滤液用 250 mL 容量瓶盛接，用胶头扫棒以热 HCl 溶液(3%)擦洗玻棒及烧杯，并洗涤沉淀 3～4次，然后用热水充分洗涤沉淀(一般 10 次左右)，直至检验无氯离子为止(将滤液收集在试管中，加几滴硝酸银溶液，观察试管中溶液是否混浊)。滤液和洗液保存在 250 mL 容量瓶中。

沉淀及滤纸一并移入已恒量的瓷坩埚中，灰化，再于 950～1000 ℃的高温炉内灼烧 30 min，取出，放入干燥器中冷却 20～30 min，称量。反复灼烧，直至恒重。

2. Fe_2O_3含量的测定

将分离 SiO_2后的滤液冷却至室温，用蒸馏水稀释至 250 mL 标线，摇匀。吸取 25.00 mL 试样溶液于 400 mL 烧杯中，加水稀释至 100 mL，加 2 滴 0.05%溴甲酚绿指示剂(在 pH<3.8 时呈黄色，pH>5.4 时呈绿色)，逐滴加入氨水(1∶1)，使之呈绿色，然后用 6 $mol \cdot L^{-1}$ HCl 溶液调至黄色后再过量 3 滴，溶液 pH=1.8～2.0。将溶液加热至 60～70 ℃，加 10 滴磺基水杨酸指示剂，用 0.01 $mol \cdot L^{-1}$ EDTA 标准溶液缓慢滴定此溶液，使其由紫红色变到亮黄色(终点的溶液温度不应低于 60 ℃)。保留此溶液供测定 Al_2O_3用。

3. Al_2O_3含量的测定

在滴定完铁后的溶液中，加入 0.01 $mol \cdot L^{-1}$ EDTA 标准溶液 20～25 mL(过量 10～15 mL)，用水稀释至 200 mL。加 15 mL pH=4.3 的 HAc-NaAc 缓冲溶液，煮沸 1～2 min，取下稍冷，加入 4～5 滴 PAN 指示剂溶液，用 0.01 $mol \cdot L^{-1}$ $CuSO_4$标准溶液滴定至亮紫色。

EDTA 与 $CuSO_4$标准溶液之间体积比的测定：从滴定管放出 0.01 $mol \cdot L^{-1}$ EDTA 标准溶液于 400 mL 烧杯中，用水稀释至 200 mL，再加 15 mL pH=4.3 的 HAc-NaAc 缓冲溶液，煮沸 1～2 min，取下稍冷，加入 4～5 滴 PAN 指示剂溶液，以 0.01 $mol \cdot L^{-1}$ $CuSO_4$标准溶液滴定至亮紫色。

4. CaO 含量的测定

吸取分离完 SiO_2后的滤液 10.00 mL 放入 250 mL 烧杯中，加水稀释至 100 mL 左右，加 5 mL 三乙醇胺(1∶2)及少许 CMP 指示剂，在搅拌下加入 20%KOH 溶液至出现绿色荧光后，再过量 5～8 mL，此时溶液 pH 值在 13 以上，用 0.01 $mol \cdot L^{-1}$ EDTA 标准溶液滴定至绿色荧光消失并呈现红色为终点(观察终点时应该从烧杯上方向下看)。

5. MgO 含量的测定

吸取分离完 SiO_2 后的滤液 10.00 mL 放入 400 mL 烧杯中，加水稀释至 200 mL 左右，加入 1 mL 酒石酸钾钠溶液、5 mL 三乙醇胺(1∶2)，搅拌 1 min。然后加入 15 mL pH=10 的 NH_3-NH_4Cl 缓冲溶液及少许 K-B 指示剂，用 0.01 $mol \cdot L^{-1}$ EDTA 标准溶液滴定至溶液由紫红色变为纯蓝色。

五、数据记录与处理

计算公式如下：

$$w(SiO_2)=\frac{m(SiO_2)}{m_s}\times 100\%$$

$$w(Fe_2O_3)=\frac{c(EDTA)\times V(EDTA)\times 10^{-3}\ L\cdot mL^{-1}\times M(Fe_2O_3)}{2m_s}\times 100\%$$

$$w(Al_2O_3)=\frac{[c(CuSO_4)\times V(CuSO_4)-c(EDTA)\times V(EDTA)]\times 10^{-3}\ L\cdot mL^{-1}\times M(Al_2O_3)}{2m_s}\times 100\%$$

$$w(CaO)=\frac{c(EDTA)\times V_1\times 10^{-3}\ L\cdot mL^{-1}\times M(CaO)}{m_s}\times 100\%$$

$$w(MgO)=\frac{c(EDTA)\times (V_2-V_1)\times 10^{-3}\ L\cdot mL^{-1}\times M(MgO)}{m_s}\times 100\%$$

式中：w 为质量分数；m_s 为试样质量，g；M 为摩尔质量，$g\cdot mol^{-1}$；c 为物质的量浓度，$mol\cdot L^{-1}$；V 为体积，mL；m 为质量，g。

六、讨论与思考

(1) 如何分解水泥熟料试样？分解后被测组分以什么形式存在？

(2) 重量法测定 SiO_2 含量的原理是什么？

(3) 洗涤沉淀的操作应注意什么问题？怎样提高洗涤的效果？

(4) 滴定 Fe^{3+} 时，Al^{3+}、Ca^{2+}、Mg^{2+} 等离子的干扰用什么方法消除？

(5) Fe^{3+} 的滴定应控制在什么温度范围？为什么？

(6) 如果 Fe^{3+} 的测定结果不准确，对 Al^{3+} 的测定结果有什么影响？

(7) EDTA 滴定 Al^{3+} 时，为什么要采用返滴定法，还能采用别的滴定方式吗？在 pH=4.3 条件下滴定 Al^{3+}、Ca^{2+} 和 Mg^{2+} 会不会有干扰？

(8) 测定 Ca^{2+}、Mg^{2+} 时加入三乙醇胺的目的是什么？为什么要在加入 KOH 之前加三乙醇胺？

四　综合设计篇

实验二十二　混合碱的分析

一、实验目的

（1）学会用双指示剂法测定混合碱中各组分的含量，掌握酸碱分步滴定的原理。

（2）学会混合碱的总碱度测定方法及计算。

二、实验原理

混合碱是 Na_2CO_3 与 NaOH 或 Na_2CO_3 与 $NaHCO_3$ 等类似的混合物。欲测定同一份试样中各组分的含量，可用 HCl 标准溶液滴定，根据滴定过程中 pH 值变化的情况，选用两种不同的指示剂分别指示第一、第二化学计量点的到达，这种方法常称为双指示剂法。此法简便、快速，在生产实际中应用广泛。常采用双指示剂法对混合碱试样中的组成进行定性分析和定量测定。

在混合碱试样中加入酚酞指示剂，此时溶液呈红色，用 HCl 标准溶液滴定到溶液由红色恰好变为无色，则试液中所含 NaOH 完全被中和，Na_2CO_3 被中和为 $NaHCO_3$，溶液中所含 $NaHCO_3$（或是 Na_2CO_3 被中和生成的，或是试样中含有的）未被中和，反应方程式如下：

$$NaOH + HCl = NaCl + H_2O$$

$$Na_2CO_3 + HCl = NaCl + NaHCO_3$$

设滴定用去的 HCl 标准溶液的体积为 V_1。再加入甲基橙指示剂，继续用 HCl 标准溶液滴定到溶液由黄色变为橙色。此时试液中的 $NaHCO_3$ 被中和，反应方程式为：

$$NaHCO_3 + HCl = NaCl + CO_2\uparrow + H_2O$$

第二次滴定消耗的（即第一计量点到第二计量点之间消耗的）HCl 标准溶液的体积为 V_2。

当 $V_1 > V_2$ 时，试样为 Na_2CO_3 与 NaOH 的混合物。中和 Na_2CO_3 所需的 HCl 溶液是分两次滴定加入的，两次用量应该相等。即滴定 Na_2CO_3 所消耗的 HCl 溶液的

体积为 $2V_2$，而中和 NaOH 所消耗的 HCl 溶液的体积为 (V_1-V_2)，故 NaOH 和 Na_2CO_3 的质量分数的计算公式应为：

$$w(NaOH)=\frac{c(HCl)\times[V_1(HCl)-V_2(HCl)]\times M(NaOH)}{1000\ mL\cdot L^{-1}\times m_s}\times 100\%$$

$$w(Na_2CO_3)=\frac{c(HCl)\times 2V_2(HCl)\times M(Na_2CO_3)}{1000\ mL\cdot L^{-1}\times 2m_s}\times 100\%$$

当 $V_1<V_2$ 时，试样为 Na_2CO_3 与 $NaHCO_3$ 的混合物。此时 V_1 为中和 Na_2CO_3 至 $NaHCO_3$ 时所消耗的 HCl 溶液的体积，故 Na_2CO_3 所消耗的 HCl 溶液的体积为 $2V_1$，中和 $NaHCO_3$ 所消耗的 HCl 溶液的体积为 (V_2-V_1)，$NaHCO_3$ 和 Na_2CO_3 的质量分数的计算公式为：

$$w(NaHCO_3)=\frac{c(HCl)\times[V_2(HCl)-V_1(HCl)]\times M(NaHCO_3)}{1000\ mL\cdot L^{-1}\times m_s}\times 100\%$$

$$w(Na_2CO_3)=\frac{c(HCl)\times 2V_1(HCl)\times M(Na_2CO_3)}{1000\ mL\cdot L^{-1}\times 2m_s}\times 100\%$$

同时，可依据 V_1、V_2 的值计算混合碱的总碱度，通常用 Na_2O 的质量分数表示。其计算公式为：

$$w(Na_2O)=\frac{c(HCl)\times[V_2(HCl)+V_1(HCl)]\times M(Na_2O)}{1000\ mL\cdot L^{-1}\times 2m_s}\times 100\%$$

双指示剂法中，传统的方法是先用酚酞指示剂，后用甲基橙指示剂，用 HCl 标准溶液滴定。由于酚酞变色不是很敏锐，人眼观察这种颜色变化的灵敏性稍差些，因此可选用甲酚红-百里酚蓝混合指示剂。酸色为黄色，碱色为紫色，变色点的 pH 值为 8.3。pH 值为 8.2 时呈玫瑰色，pH 值为 8.4 时呈清晰的紫色，此混合指示剂变色敏锐。用 HCl 标准溶液滴定到溶液由紫色变为粉红色，即为终点。

三、仪器与试剂

1. 仪器

酸式滴定管(50 mL)、移液管(25 mL)、容量瓶(250 mL)、烧杯(100 mL)、洗耳球、分析天平。

2. 试剂

HCl 标准溶液($0.10\ mol\cdot L^{-1}$)、酚酞指示剂(0.2%)、甲基橙指示剂(0.2%)、混合指示剂(将 0.1 g 甲酚红溶于 100 mL 乙醇中，0.1 g 百里酚蓝指示剂溶于 100 mL 20%乙醇中，V(0.1%甲酚红)：V(0.1%百里酚蓝)=1：6)。

四、实验步骤

1. $0.1\ mol\cdot L^{-1}$ HCl 溶液的标定

见实验四。

2. 试液的配制

准确称取混合碱试样 1.5～2.0 g 于小烧杯中，加 30 mL 蒸馏水使其溶解，必要时适当加热。冷却后，将溶液定量转移至 250 mL 容量瓶中，稀释至刻度并摇匀。

3. 混合碱中各组分含量的测定

准确移取 25.00 mL 上述试液于锥形瓶中，加入 2 滴酚酞指示剂，用 HCl 标准溶液滴定(边滴加边充分摇动，以免局部 Na_2CO_3 直接被中和成 H_2CO_3(CO_2 和 H_2O))至溶液由红色变为无色，此时即为第一个终点，记下所用 HCl 标准溶液的体积 V_1(用酚酞指示剂指示终点时，最好以 $NaHCO_3$ 溶液加入等量指示剂后进行滴定的终点颜色作对照)。再加1～2 滴甲基橙指示剂，继续用 HCl 标准溶液滴定至溶液由黄色变为橙色，即为第二个终点，记下第二次所用 HCl 标准溶液的体积 V_2。计算各组分的质量分数。平行做 3 次，测定的相对平均偏差应小于 0.3%。

五、数据记录与处理

参照表 4-1 的格式认真记录实验数据(以 Na_2CO_3 与 $NaHCO_3$ 混合碱为例)。

表 4-1　混合碱中 Na_2CO_3 与 $NaHCO_3$ 含量的测定

	Ⅰ	Ⅱ	Ⅲ
滴定消耗 HCl 标准溶液的体积 V_1/mL			
滴定消耗 HCl 标准溶液的体积 V_2/mL			
$w(NaHCO_3)$/(%)			
$w(Na_2CO_3)$/(%)			
总碱度 $w(Na_2O)$/(%)			
$\overline{w}(NaHCO_3)$/(%)			
$\overline{w}(Na_2CO_3)$/(%)			
平均总碱度 $\overline{w}(Na_2O)$/(%)			

六、讨论与思考

1. 注意事项

(1) 双指示剂法测定时，酚酞指示剂可适当多加几滴，否则常因滴定不完全使 NaOH 的测定结果偏低，Na_2CO_3 的测定结果偏高。

(2) 最好用 $NaHCO_3$ 的酚酞溶液(浓度相当)作对照。在达到第一终点前，不要因为滴定速度过快，使溶液中 HCl 局部过浓，造成 CO_2 的损失，从而带来较大的误差。滴定速度亦不能太慢，摇动要均匀。

(3) 接近终点时，一定要充分摇动，以防形成 CO_2 的过饱和溶液而使终点提前到达。

2. 思考题

(1) 何谓双指示剂法？混合碱的测定原理是什么？

(2) 采用双指示剂法测定混合碱时，在同一份溶液中测定，试判断下列五种情况中混合碱的成分各是什么？

① $V_1=0, V_2\neq0$；　② $V_1\neq0, V_2=0$；　③ $V_1>V_2$；　④ $V_1<V_2$；　⑤ $V_1=V_2\neq0$。

(3) 用 HCl 标准溶液滴定混合碱液时，将试液在空气中放置一段时间后滴定，将会给测定结果带来什么影响？若到达第一化学计量点前，滴定速度过快或摇动不均匀，对测定结果有何影响？

实验二十三　蛋壳中钙、镁含量的测定

一、实验目的

(1) 学习固体试样的酸溶方法。

(2) 掌握配位滴定法测定蛋壳中钙、镁含量的方法和原理。

(3) 了解配位滴定中，指示剂的选用原则和应用范围。

二、实验原理

鸡蛋壳的主要成分为 $CaCO_3$，其次为 $MgCO_3$、蛋白质、色素以及少量 Fe 和 Al。由于试样中含酸不溶物较少，可用 HCl 溶液将其溶解，制成试液，采用配位滴定法测定钙、镁的含量，特点是快速、简便。

试样经溶解后，Ca^{2+}、Mg^{2+} 共存于溶液中。Fe^{3+}、Al^{3+} 等干扰离子，可用三乙醇胺或酒石酸钾钠掩蔽。调节溶液的酸度至 $pH\geqslant12$，使 Mg^{2+} 生成氢氧化物沉淀，以钙试剂作指示剂，用 EDTA 标准溶液滴定，单独测定钙的含量。另取一份试样，调节其酸度至 $pH=10$，以铬黑 T 作指示剂，用 EDTA 标准溶液滴定可直接测定溶液中钙和镁的总量。由总量减去钙的含量即得镁的含量。

三、仪器与试剂

1. 仪器

分析天平(0.1 mg)、小型台式破碎机、标准筛(80 目)、酸式滴定管(50 mL)、锥形瓶(250 mL)、移液管(25 mL)、容量瓶(250 mL)、烧杯(250 mL)、表面皿、广口瓶(125 mL)或称量瓶(40 mm×25 mm)。

2. 试剂

EDTA 标准溶液(0.02 $mol\cdot L^{-1}$)、HCl 溶液(6 $mol\cdot L^{-1}$)、NaOH 溶液(10%)、钙指示剂(应配成1∶100(NaCl)的固体指示剂)、铬黑 T 指示剂(也应配成

1∶100(NaCl)的固体指示剂)、NH_3-NH_4Cl 缓冲溶液(pH=10)、三乙醇胺水溶液(33%)。

四、实验步骤

1. 试样的溶解及试液的制备

将鸡蛋壳洗净并除去内膜,烘干后用小型台式破碎机粉碎,使其通过 80 目的标准筛,装入广口瓶或称量瓶中备用。准确称取上述试样 0.25～0.30 g(精确到 0.2 mg),置于 250 mL 烧杯中,加少量水润湿,盖上表面皿,从烧杯嘴处用滴管滴加约5 mL HCl溶液,使其完全溶解,必要时用小火加热。冷却后转移至 250 mL 容量瓶中,用水稀释至刻度,摇匀。

2. 钙含量的测定

准确吸取 25.00 mL 上述待测试液于锥形瓶中,加入 20 mL 蒸馏水和 5 mL 三乙醇胺溶液,摇匀。再加入 10 mL NaOH 溶液、0.5 mL 钙指示剂,摇匀后,用EDTA标准溶液滴定至由红色恰好变为蓝色,即为终点。根据所消耗的 EDTA 标准溶液的体积,自己推导公式计算试样中 CaO 的质量分数。平行测定 3 份,若它们的相对偏差不超过 0.3%,则可以取其平均值作为最终结果。否则,不要取平均值,而要查找原因,作出合理解释。

3. 钙、镁总量的测定

准确吸取 25.00 mL 待测试液于锥形瓶中,加入 20 mL 水和 5 mL 三乙醇胺溶液,摇匀。再加入 10 mL NH_3-NH_4Cl 缓冲溶液,摇匀。最后加入铬黑 T 指示剂少许,用 EDTA 标准溶液滴定至溶液由紫红色恰好变为纯蓝色,即为终点。测得钙、镁的总量。自己推导公式计算试样中钙、镁的总量,由总量减去钙的含量即得镁的含量,以镁的质量分数表示。平行测定 3 份,要求相对偏差不超过 0.3%。

钙、镁总量的测定也可用 K-B 指示剂[1],终点的颜色变化是由紫红色变为蓝绿色。

[注释]

K-B 指示剂是由酸性铬蓝 K 和萘酚绿 B 按 1∶2 的物质的量比进行混合,加 50 倍的 KNO_3 混合磨匀配成。

五、数据记录与处理

记录相关数据,表格自行设计。

六、讨论与思考

(1) 将烧杯中已经溶解好的试样转移到容量瓶以及稀释到刻度时,应注意什么问题?

(2) 查阅资料,说明还有哪些方法可以测定蛋壳中钙、镁的含量。

实验二十四　补钙制剂中钙含量的测定(EDTA 法)

一、实验目的

(1) 掌握补钙制剂及其类似样品的溶解方法。

(2) 进一步熟悉配位滴定的方法和原理。

(3) 掌握铬蓝黑 R 指示剂的应用条件及其终点判断方法。

二、实验原理

补钙制剂一般用酸来溶解,并加入少量的三乙醇胺,以消除 Fe^{3+} 等离子的干扰,调节 pH 值为 12～13,以铬蓝黑 R 作指示剂,它与钙生成红色配合物,当用 EDTA 滴定至化学计量点时,游离出指示剂,使溶液呈蓝色。

三、仪器与试剂

1. 仪器

分析天平(0.1 mg)、恒温干燥箱、酒精灯、烧杯(100 mL)、容量瓶(250 mL)、移液管(25 mL)、锥形瓶(250 mL)。

2. 试剂

EDTA 溶液(约为 0.01 $mol \cdot L^{-1}$,待标定)、$CaCO_3$ 基准物质、NaOH 溶液(5 $mol \cdot L^{-1}$)、HCl 溶液(6 $mol \cdot L^{-1}$)、三乙醇胺溶液(200 $g \cdot L^{-1}$)、铬蓝黑 R 乙醇溶液(5 $g \cdot L^{-1}$)。

四、实验步骤

1. $CaCO_3$ 标准溶液(约为0.01 $mol \cdot L^{-1}$)的配制

准确称取在 110 ℃烘箱中烘了 2 h 的 $CaCO_3$ 基准物质 0.25 g 左右(精确到 0.2 mg),置于 100 mL 烧杯中,先用少量水润湿,再逐滴小心地加入 6 $mol \cdot L^{-1}$ HCl 溶液,至 $CaCO_3$ 完全溶解,然后将其定量转移至 250 mL 容量瓶中,以水稀释至刻度,摇匀,并计算其浓度。

2. EDTA 标准溶液的标定

用移液管准确移取 25.00 mL $CaCO_3$ 标准溶液,置于 250 mL 锥形瓶中,加入 2 mL NaOH 溶液、2～3 滴铬蓝黑 R 乙醇溶液,用待标定的 EDTA 标准溶液滴定至溶液由红色变为蓝色即为终点。根据滴定所消耗的 EDTA 标准溶液的体积和 $CaCO_3$ 标准溶液的体积、浓度,计算 EDTA 标准溶液的浓度。平行测定 3 份,若它们的相对偏差不超过 0.2%,则可以取其平均值作为最终结果。否则,不要取平均值,而要查找原因,作出合理解释。

3. 补钙制剂中钙的测定

准确称取补钙制剂(根据补钙制剂的标示量,可以估算需要称取的量,这里以葡萄糖酸钙为例)2 g 左右(精确到 0.2 mg),置于 100 mL 烧杯中,加入 5 mL HCl 溶液,适当加热至完全溶解后,冷至室温,定量转移至 250 mL 容量瓶中,用水稀释至刻度,摇匀。

用移液管移取上述溶液 25.00 mL 于锥形瓶中,加入 5 mL 三乙醇胺、5 mL NaOH 溶液、25 mL 水,摇匀,加 3～4 滴铬蓝黑 R 指示剂,用 EDTA 标准溶液滴定至由红色变为蓝色即为终点。记录所消耗的 EDTA 标准溶液的体积。按下式计算结果。平行测定 3 份,若它们的相对偏差不超过 0.2%,则可以取其平均值作为最终结果。否则,不要取平均值,而要查找原因,作出合理解释。

$$w(\mathrm{Ca})=\frac{c(\mathrm{EDTA})\times V(\mathrm{EDTA})\times 10^{-3}\ \mathrm{L\cdot mL^{-1}}\times M(\mathrm{Ca})}{m_{\mathrm{s}}\times\frac{25.00}{250.0}}\times 100\%$$

式中:$w(\mathrm{Ca})$为补钙制剂中钙的质量分数,%;$c(\mathrm{EDTA})$为 EDTA 标准溶液的浓度,$\mathrm{mol\cdot L^{-1}}$;$V(\mathrm{EDTA})$为 EDTA 标准溶液的体积,mL;$M(\mathrm{Ca})$为钙的摩尔质量,$\mathrm{g\cdot mol^{-1}}$;m_{s}为补钙制剂的质量,g。

五、数据记录与处理

记录相关数据,并按上面的公式计算,结果保留三位有效数字。

六、讨论与思考

(1) 根据你所掌握的知识,还能设计出其他测定钙制剂中钙的方法吗?

(2) 简述铬蓝黑 R 的变色原理。

实验二十五　分光光度法测定水中的总磷

一、实验目的

(1) 掌握磷钼蓝分光光度法测定总磷的原理和操作方法。

(2) 掌握用过硫酸钾消解水样的方法。

(3) 掌握分光光度分析实验的重要环节,并熟练使用分光光度计。

二、实验原理

在天然水和废水中,磷几乎都以各种磷酸盐的形式存在,分别是正磷酸盐、缩合磷酸盐(焦磷酸盐、偏磷酸盐和多磷酸盐)以及与有机物相结合的磷酸盐。它们普遍存在于溶液、腐殖质粒子、水生生物或其他悬浮物中。关于水中磷的测定,通常按其存在形态，分别测定总磷、溶解性正磷酸盐和总溶解性磷。本实验所测定的是水中的总磷，主要分为两步：第一步是用氧化剂过硫酸钾，将水样中不同形态的磷转化成正磷酸盐；第二步是测定正磷酸盐浓度，从而求得总磷含量。

本实验采用过硫酸钾氧化-磷钼蓝分光光度法测定总磷。在微沸（最好是在高压釜内经 120 ℃加热）条件下，过硫酸钾将试样中不同形态的磷氧化为磷酸根。在酸性条件下，正磷酸盐与钼酸铵反应（以酒石酸锑钾为催化剂），生成磷钼杂多酸，接着磷钼杂多酸被抗坏血酸还原，变成蓝色配合物，即磷钼蓝。磷钼蓝浓度与磷含量成正相关，以此测定水样中的总磷。相关反应式如下：

$$K_2S_2O_8 + H_2O \longrightarrow 2KHSO_4 + \frac{1}{2}O_2$$

$$P\text{（缩合磷酸盐或有机磷中的磷）} + 2O_2 \longrightarrow PO_4^{3-}$$

$$PO_4^{3-} + 12MoO_4^{2-} + 24H^+ + 3NH_4^+ \longrightarrow (NH_4)_3PO_4 + 12MoO_3 + 12H_2O$$

本方法的最低检出浓度为 0.01 mg·L^{-1}，测定上限为 0.6 mg·L^{-1}，适用于进行地面水、生活污水，以及日化、磷肥、机械加工（表面磷化处理）、农药、钢铁、焦化等行业的工业废水中的正磷酸盐分析。砷含量大于 2 mg·L^{-1}时，可用硫代硫酸钠除去干扰；硫化物含量大于 2 mg·L^{-1}时，可以通入氮气除去干扰；若是铬含量大于 50 mg·L^{-1}，可用亚硫酸钠除去干扰。

三、仪器与试剂

1. 仪器

分光光度计、可调温电炉（或电热板）、具塞比色管（50 mL）、容量瓶（250 mL，1000 mL）、烧杯（250 mL）、移液管（10 mL）、吸量管（1 mL、2 mL、5 mL、10 mL、20 mL）、量筒（10 mL）、过滤装置、棕色细口瓶（250 mL）、称量瓶（40 mm×25 mm）。

2. 试剂

$K_2S_2O_8$溶液（50 g·L^{-1}）、H_2SO_4溶液（1 mol·L^{-1}、6 mol·L^{-1}、9 mol·L^{-1}）、NaOH 溶液（1 mol·L^{-1}、6 mol·L^{-1}）、酚酞（10 g·L^{-1}）、乙醇溶液（95%）。

抗坏血酸溶液（100 g·L^{-1}）：用少量水将 10 g 抗坏血酸溶解于烧杯中，并稀释至 100 mL，储存于棕色细口瓶中，待用。此溶液在较低温度下可稳定放置 3 周，如果发现变黄，则应重新配制。

钼酸铵溶液：溶解 13 g 钼酸铵（$(NH_4)_6Mo_7O_{24}\cdot 4H_2O$）于 100 mL 水中，另溶解 0.35 g 酒石酸锑钾（$KSbC_4H_4O_7\cdot\frac{1}{2}H_2O$）于 100 mL 水中，在不断搅拌下，将钼酸铵溶液缓缓加入 300 mL 9 mol·L^{-1} H_2SO_4溶液中，再加入酒石酸锑钾溶液，混匀，储存于棕色细口瓶中，置于冷处保存，至少可以稳定放置 2 个月。

磷标准储备溶液（P 的含量为 50 μg·mL^{-1}）：将装有磷酸二氢钾的称量瓶置于 105～110 ℃的干燥箱中干燥 2 h，取出冷却后放入干燥器中。准确称取（0.2197±

0.0010)g 干燥的磷酸二氢钾置于烧杯中,加水溶解后转移至 1000 mL 容量瓶中,加入约 800 mL 水、5 mL 9 mol·L^{-1} H_2SO_4溶液,再用水稀释至刻度,摇匀。

磷标准工作溶液(P 的含量为 2.0 μg·mL^{-1}):准确吸取磷标准储备溶液 10.00 mL 于 250 mL 容量瓶中,用水稀释至刻度,摇匀。使用当天配制。

四、实验步骤

1. 水样的采集、消解及预处理

从附近水域用适当方式采集足够水样,封闭待用。

从水样瓶中分取适量混匀的水样(含磷量≤30 mg·L^{-1})于 250 mL 容量瓶中,加水至 50 mL,加数粒玻璃珠、1 mL 6 mol·L^{-1} H_2SO_4溶液、5 mL 50 g·L^{-1} $K_2S_2O_8$溶液。置于可调温电炉或电热板上加热至沸,保持微沸 30～40 min,至体积约为 10 mL 为止。冷却后,加入 1 滴酚酞指示剂,边摇边滴加 NaOH 溶液至刚好呈微红色,再滴加 1 mol·L^{-1} H_2SO_4溶液使红色刚好褪去。如果溶液不够澄清,则用滤纸过滤于 50 mL 比色管中,用水洗涤锥形瓶和滤纸,洗涤液并入比色管中,加水至刻度线,供"水样测定"步骤使用。

2. 制作标准曲线

取 7 支 50 mL 比色管,分别加入磷标准工作溶液 0.00 mL、0.50 mL、1.00 mL、3.00 mL、5.00 mL、10.00 mL、15.00 mL。加水至 50 mL。

(1) 显色:向比色管中加入 1 mL 100 g·L^{-1}抗坏血酸溶液,混匀,半分钟后加 2 mL 钼酸铵溶液充分混匀,放置 15 min。

(2) 测定:使用光程为 10 mm 或者 30 mm 的比色皿,于 700 nm 波长处,以试剂空白溶液为参比,测定吸光度。以磷含量为横坐标,吸光度值为纵坐标,绘制标准曲线。

3. 水样测定

取步骤 1 中制备好的待测水样适量(一般取 10.00 mL),按步骤 2 进行显色和吸光度的测定。从标准曲线上查出磷的含量。

五、数据记录与处理

$$\text{磷酸盐含量(总磷,mg·L}^{-1}\text{)} = \frac{m}{V}$$

式中:m 为由步骤 3 所测定的磷含量,μg;V 为所取水样的体积, mL。

六、讨论与思考

(1) 本实验测定吸光度时,以试剂空白溶液为参比,这同以水作参比时相比较,在扣除试剂空白方面,做法有何不同?

(2) 通过本实验,总结分光光度分析的重要环节。

实验二十六　食品中蛋白质含量的测定

一、实验目的

(1) 掌握食品中蛋白质测定的方法和原理。

(2) 了解食品样品的处理过程。

(3) 掌握凯氏定氮蒸馏装置的正确使用。

二、实验原理

本法适用于各类食品中蛋白质的测定。

蛋白质是含氮的有机化合物。食品与硫酸和催化剂一同加热消化,使蛋白质分解,产生的氨与硫酸结合生成硫酸铵,加入 NaOH 溶液使其碱化。然后通过水蒸气蒸馏使氨游离,用硼酸吸收后再以 H_2SO_4 或 HCl 标准溶液滴定,根据酸的消耗量计算的结果乘以换算系数,即为蛋白质的含量。

主要反应式如下:

$$C_mH_nN \xrightarrow{H_2SO_4,CuSO_4} CO_2\uparrow + H_2O + NH_4^+$$

三、仪器与试剂

定氮蒸馏装置如图 4-1 所示。

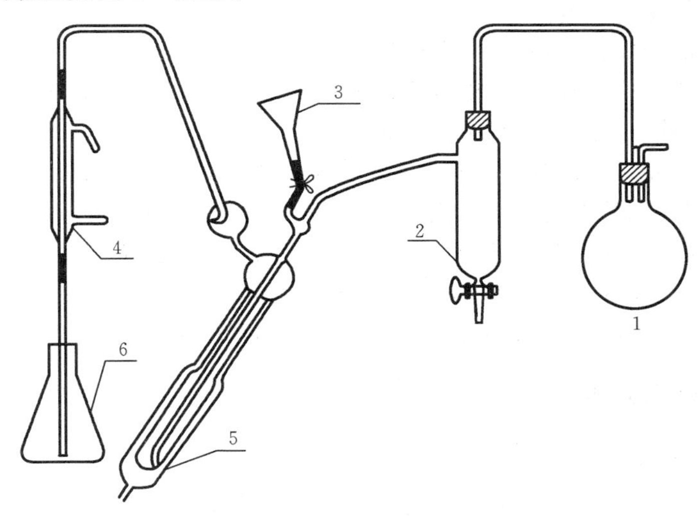

图 4-1　定氮蒸馏装置

1—圆底烧瓶;2—汽水分离器;3—小漏斗;4—冷凝管;5—反应室;6—接收瓶(250 mL 锥形瓶)

所有试剂均用不含氨的蒸馏水配制。

硫酸铜、硫酸钾、H_2SO_4溶液、硼酸溶液(2%)、甲基红指示剂、混合指示液(1份0.1%甲基红乙醇溶液与5份0.1%溴甲酚绿乙醇溶液临用时混合,也可用2份0.1%甲基红乙醇溶液与1份0.1%次甲基蓝乙醇溶液临用时混合)、NaOH溶液(40%)、H_2SO_4标准溶液($0.05\ mol \cdot L^{-1}$)或HCl标准溶液($0.05\ mol \cdot L^{-1}$)。

四、实验步骤

1. 样品处理

精确称取0.2~2.0 g固体样品(或2~5 g半固体样品,或吸取10~20 mL液体样品)(相当氮30~40 mg),移入干燥的100 mL或500 mL凯氏瓶(又称克氏瓶)中,加入0.2 g硫酸铜、3 g硫酸钾及20 mL H_2SO_4溶液,摇匀,瓶口放一小漏斗,将瓶以45°角斜支于有小孔的石棉网上。小心加热,等其中的物质全部炭化,停止产生泡沫后,加强火力,并保持瓶内液体微沸,至液体呈蓝绿色澄清透明后,再继续加热0.5 h。取下冷却,缓慢加入20 mL水。然后移入100 mL容量瓶中,并用少量水洗凯氏瓶,洗液并入容量瓶中,再加水至刻度,混匀备用。取与处理样品相同质量的硫酸铜、硫酸钾、硫酸按同一方法做试剂空白实验。

2. 仪器安装

按图4-1安装好定氮蒸馏装置,于水蒸气发生瓶内装水至约2/3处,加甲基红指示剂数滴及数毫升硫酸,以保持水呈酸性,加入数粒玻璃珠以防暴沸,用调压器控制,加热煮沸水蒸气发生瓶内的水。

3. 蛋白质含量的测定

向接收瓶内加入10 mL 2%硼酸溶液及1滴混合指示液,并将冷凝管的下端插入液面下,吸取10.0 mL上述样品消化稀释液,让其由小漏斗流入反应室,并以10 mL水洗涤小漏斗使其完全流入反应室内。将10 mL 40% NaOH溶液缓缓倒入小漏斗,流入反应室,夹好螺旋夹,并加水于小漏斗以防漏气。开始蒸馏,水蒸气通入反应室使氨通过冷凝管而进入接收瓶内,蒸馏5 min。移动接收瓶,使冷凝管下端离开液面,再蒸馏1 min。然后用少量水冲洗冷凝管下端外部。取下接收瓶,以$0.05\ mol \cdot L^{-1}$ H_2SO_4或$0.05\ mol \cdot L^{-1}$ HCl标准溶液滴定至灰色或蓝紫色,即为终点。同时吸取10.0 mL试剂空白消化液按上述方法操作。

五、数据记录与处理

计算公式如下:

$$w(\text{蛋白质}) = \frac{(V_1 - V_2) \times c \times \dfrac{14.0\ g \cdot mol^{-1}}{1000\ mL \cdot L^{-1}}}{m_s \times \dfrac{10}{100}} \times F \times 100\%$$

式中:w(蛋白质)为样品中蛋白质的质量分数,%;V_1为样品消耗H_2SO_4或HCl标准溶液的体积，mL；V_2 为试剂空白消耗 H_2SO_4 或 HCl 标准溶液的体积，mL；c 为 H_2SO_4 或 HCl 标准溶液的物质的量浓度，$mol \cdot L^{-1}$；14.0 $g \cdot mol^{-1}$ 为氮的摩尔质量；m_s 为样品的质量，g；F 为氮换算为蛋白质的系数。

蛋白质中氮的质量分数一般为 15%～17.6%，按 16%计算，乘以 6.25 即为蛋白质的质量分数。氮的质量分数换算为蛋白质质量分数的换算系数：乳制品为 6.38，面粉为 5.70，玉米、高粱为 6.24，花生为 5.46，大米为 5.95，大豆与豆制品为 5.71，肉与肉制品为 6.25，大麦、小米、燕麦、裸麦为 5.83，芝麻、向日葵为 5.30。

六、讨论与思考

（1）分解样品需要加硫酸铜、硫酸钾，为什么？

（2）为什么要让 40%的 NaOH 溶液缓缓流入反应室？快速加入会发生什么现象？

（3）冷凝管的下端为什么要插入液面下？

实验二十七　去离子水的制备及水质检验

一、实验目的

（1）学生根据离子交换原理，设计一套用离子交换法制备去离子水的方案。经修改完善后按方案安装一套制备去离子水的简易设备，并用本套仪器和自来水制取 200 mL 去离子水。

（2）对自来水和制得的去离子水进行水质检验，自己选择或设计检测方案。

二、实验原理

取自来水，使其首先经过强酸性阳离子交换树脂，再经过强碱性阴离子交换树脂，即得到去离子水。反应方程式如下：

$$Me^{n+} + nR—SO_3H \xlongequal{} (R—SO_3)_nMe + nH^+$$

$$nH^+ + X^{n-} + nR—N(CH_3)_3^+OH^- \xlongequal{} [R—N(CH_3)_3]_nX + nH_2O$$

三、仪器与试剂

1. 仪器

离子交换柱（50 mL）、锥形瓶（250 mL）、pH 试纸或酸度计、电导率仪。

2. 试剂

强酸性阳离子交换树脂、强碱性阴离子交换树脂、EDTA 标准溶液（0.02 $mol \cdot L^{-1}$）、$AgNO_3$、铬黑 T 指示剂（1%）、NH_3-NH_4Cl 缓冲溶液（pH=10）。

四、实验步骤

1. 装柱

将离子交换柱的下方装上一块脱脂棉,以防树脂落入管尖而阻碍流水,然后将管中放入适量的水,向管中倒入强酸性阳离子交换树脂 20 mL 左右。用同样的办法装填阴离子交换柱。

2. 去离子水的制备

打开管尖部分的万用夹放水,控制流速为每秒 1～2 滴,至水面在树脂上 1 cm 左右时倒入去离子水清洗树脂,用表面皿接几滴流出的水,用 $AgNO_3$ 检验至无 Cl^-,将水放至树脂上约 1 cm 处。

取自来水 200 mL 左右逐渐倒入阳离子交换柱中进行交换,控制流速为每秒 1～2 滴,下面用经去离子水洗净的锥形瓶接收,接收的水再倒入阴离子交换柱中进行交换,下面用经去离子水洗净的锥形瓶接收,接收的水即为自制的去离子水。

3. 水质的检验

分别检验自来水、去离子水(外购)、自制去离子水以及经阳离子交换柱交换的水的 Cl^-、金属离子、电导率以及 pH 值。

五、讨论与思考

(1) 经阳离子交换柱交换的水的 Cl^-、金属离子、电导率以及 pH 值与自来水有哪些区别?

(2) 影响离子交换的主要因素有哪些?

实验二十八　NaH_2PO_4-Na_2HPO_4混合体系中各组分含量的测定

一、实验目的

培养学生查阅相关书刊及分析问题、解决问题的能力,学生运用所学知识分析实际试样,以提高学生素质。

二、实验提示

该混合试样中含有少量惰性杂质。

三、实验要求

(1) 教师提前一周将设计实验的题目交给学生,学生根据所学知识和查阅的资料自行设计分析方案，并交教师审阅后，进行实验，写出实验报告。

（2）设计分析方案时，主要考虑以下几个方面：

① 有几种分析方案？选择一种最优方案。

② 所设计分析方案的原理。

③ 所需试剂的用量、浓度和配制方法。

④ 实验步骤。

⑤ 数据记录与处理。

⑥ 实验讨论与思考。

实验二十九　H_2SO_4-$H_2C_2O_4$混合液中各组分浓度的测定

一、实验目的

（1）巩固理论课中学过的重要氧化还原反应的知识。

（2）对较复杂的氧化还原体系的组分测定能设计出可行的方案。

二、实验要求

（1）教师提前一周将设计实验的题目交给学生，学生根据所学知识和查阅的资料自行设计分析方案，并提交给教师审阅后，进行实验，写出实验报告。

（2）设计分析方案时，主要考虑以下几个方面：

① 有几种分析方案？选择一种最优方案。

② 所设计分析方案的原理。

③ 所需试剂的用量、浓度和配制方法。

④ 实验步骤。

⑤ 数据记录。

⑥ 实验讨论与思考。

实验三十　自来水中氯含量的测定

一、实验目的

（1）学习 $AgNO_3$ 标准溶液的配制与标定的原理和方法。

（2）掌握莫尔法沉淀滴定的原理。

（3）掌握铬酸钾指示剂正确的使用方法。

二、实验原理

自来水中氯离子的定量检测常采用莫尔法。该法的用途比较广泛，生活饮用水、工业用水以及环境水和食品中氯含量的监测常用的就是莫尔法。

此法是在中性或弱碱性溶液中，以 K_2CrO_4 为指示剂，用 $AgNO_3$ 标准溶液进行滴定。由于 AgCl 的溶解度比 Ag_2CrO_4 的小，因此溶液中首先析出 AgCl 沉淀，当 AgCl 定量析出后，稍过量的 $AgNO_3$ 溶液即与 CrO_4^{2-} 生成砖红色 Ag_2CrO_4 沉淀，表示达到终点。其主要反应式如下：

$$Ag^+ + Cl^- = AgCl\downarrow \text{(白色)} \qquad K_{sp} = 1.8\times10^{-10}$$

$$2Ag^+ + CrO_4^{2-} = Ag_2CrO_4\downarrow \text{(砖红色)} \qquad K_{sp} = 2.0\times10^{-12}$$

滴定必须在中性或弱碱性溶液中进行，最适宜的 pH 值范围为 6.5～10.5。若酸度过高，则不产生 Ag_2CrO_4 沉淀；若酸度过低，则形成 Ag_2O 沉淀。如有铵盐存在，溶液的 pH 值范围最好控制为 6.5～7.2。

指示剂的用量对滴定有影响：

(1) 一般 K_2CrO_4 溶液用量以 5.0×10^{-3} mol · L^{-1} 为宜(用量大，则终点提前；用量小，则终点拖后)。

(2) 沉淀滴定一般在稀溶液中进行，以减少吸附量。

(3) 凡是能与 Ag^+ 生成难溶化合物或配合物的阴离子都产生干扰，如 AsO_4^{3-}、AsO_3^{3-}、S^{2-}、CO_3^{2-}、$C_2O_4^{2-}$ 等，其中 H_2S 可加热煮沸除去，将 SO_3^{2-} 氧化成 SO_4^{2-} 后不再干扰测定。

(4) 大量 Cu^{2+}、Ni^{2+}、Co^{2+} 等有色离子将影响终点的观察。

(5) 凡是能与 CrO_4^{2-} 生成难溶化合物的阳离子都产生干扰，如 Ba^{2+}、Pb^{2+} 分别能与 CrO_4^{2-} 生成 $BaCrO_4$ 和 $PbCrO_4$ 沉淀。Ba^{2+} 的干扰可通过加入过量 Na_2SO_4 消除。

(6) Al^{3+}、Fe^{3+}、Bi^{3+}、Sn^{4+} 等高价金属离子在中性或弱碱性溶液中易水解产生沉淀，也不应存在。

三、仪器与试剂

1. 仪器

天平(精度 0.1 g、0.1 mg)、酸式滴定管(棕色，50 mL)、移液管(25 mL、100 mL)、容量瓶(200 mL)、锥形瓶(250 mL)、烧杯(50 mL)。

2. 试剂

(1) NaCl 基准物质：在 500～600 ℃灼烧半小时后，放置于干燥器中冷却。也可将 NaCl 置于带盖的瓷坩埚中，加热，并不断搅拌，待爆炸声停止后，将坩埚放入干燥器中冷却后使用。

(2) $AgNO_3$ 溶液(约 0.0050 mol · L^{-1})：将 4.2～4.4 g $AgNO_3$ 溶解于 5000 mL 去离子水中，将溶液转入棕色试剂瓶中，置于暗处保存，以防止见光分解。

(3) K_2CrO_4溶液(0.5%)。

四、实验步骤

1. $AgNO_3$溶液的标定

准确称取0.05～0.07 g NaCl基准物质，置于小烧杯中，用去离子水溶解后，转入250 mL容量瓶中，加去离子水稀释至刻度，摇匀。

准确移取25.00 mL NaCl标准溶液注入250 mL锥形瓶中，加入5滴0.5% K_2CrO_4溶液，在不断摇动下，用$AgNO_3$溶液滴定(慢滴，剧烈摇动，因Ag_2CrO_4不能迅速转变为AgCl)至呈现砖红色即为终点，平行测定3份。根据NaCl的质量和滴定所消耗$AgNO_3$溶液的体积，计算$AgNO_3$溶液的浓度。

2. 自来水中氯含量的测定

准确移取100.0 mL自来水置于锥形瓶中，加入10滴0.5% K_2CrO_4溶液，在不断摇动下，用$AgNO_3$溶液滴定(非常慢地滴，剧烈摇动)至呈现砖红色即为终点，平行测定3份。

计算自来水中Cl^-的含量。

五、数据记录与处理

参照表4-2和表4-3的格式认真记录实验数据。

表4-2　$AgNO_3$溶液的标定

m(NaCl)	$V(AgNO_3)$/mL	$c(AgNO_3)/(mol \cdot L^{-1})$	$\bar{c}(AgNO_3)$	相对偏差/(%)	相对平均偏差/(%)

表4-3　自来水中氯含量的测定

自来水体积/mL	滴定剂用量/mL	氯含量/(mg/L)	氯含量平均值/(mg/L)	相对偏差/(%)	相对平均偏差/(%)

六、讨论与思考

1. 注意事项

(1) 适宜的pH值为6.5～10.5，若有铵盐存在，则pH值控制在6.5～7.2。

(2) $AgNO_3$溶液需保存在棕色瓶中,勿使 $AgNO_3$溶液与皮肤接触。

(3) 实验结束后,盛装 $AgNO_3$溶液的滴定管先用蒸馏水冲洗 2~3 次,再用自来水冲洗。含银废液予以回收。

2. 思考题

(1) 莫尔法测氯含量时,为什么溶液的 pH 值须控制在 6.5~10.5?

(2) 以 K_2CrO_4溶液为指示剂时,指示剂浓度过大或过小对测定结果有何影响?

(3) 能否用莫尔法以 NaCl 标准溶液直接滴定 Ag^+? 为什么?

(4) 配制好的 $AgNO_3$溶液要储于棕色瓶中,并置于暗处,为什么?

实验三十一　可溶性硫酸盐中硫含量的测定(重量法)

一、实验目的

(1) 理解晶形沉淀的生成原理和沉淀条件。

(2) 练习沉淀的生成、过滤、洗涤和灼烧等操作技术。

(3) 测定可溶性硫酸盐中硫的含量,并用换算因数计算测定结果。

二、实验原理

测定可溶性硫酸盐中硫含量所用的经典方法,都是用 Ba^{2+} 将 SO_4^{2-} 沉淀为 $BaSO_4$,沉淀经过滤、洗涤和灼烧后,以 $BaSO_4$形式称量,从而求得 SO_3或 S 含量。

$BaSO_4$的溶解度很小($K_{sp}=1.1\times10^{-10}$),100 mL 溶液中在 25 ℃时仅溶解 0.25 mg,利用同离子效应,在过量沉淀剂存在下,溶解度更小,一般可以忽略不计。用 $BaSO_4$重量法测定 SO_4^{2-} 时,沉淀剂 $BaCl_2$因灼烧时不易挥发除去,因此只允许过量 20%~30%。用 $BaSO_4$重量法测定 Ba^{2+}时,一般用稀 H_2SO_4溶液作为沉淀剂。由于 H_2SO_4在高温下可挥发除去,故 $BaSO_4$沉淀带下的 H_2SO_4不至于引起误差,因而沉淀剂可过量 50%~100%。$BaSO_4$性质非常稳定,干燥后的组成与分子式符合。若沉淀的条件控制不好,$BaSO_4$易生成细小的晶体,过滤时易穿过滤纸,引起沉淀的损失,因此进行沉淀时,必须注意创造和控制有利于形成较大晶体的条件,如在搅拌条件下将沉淀剂的稀溶液逐滴加入试样溶液、采用陈化步骤等。

为了防止生成 $BaCO_3$、$Ba_3(PO_4)_2$或 $BaHPO_4$及 $Ba(OH)_2$等沉淀,应在酸性溶液中进行沉淀。同时适当提高酸度,增加 $BaSO_4$的溶解度,以降低其相对饱和度,有利于获得颗粒较大的纯净而易过滤的沉淀,一般在 0.05 mol·L^{-1}左右的 HCl 溶液中进行沉淀。溶液中也不允许有酸不溶物和易被吸附的离子(如 Fe^{3+}、NO_3^-等)存在,否则应预先分离或掩蔽。Pb^{2+}、Sr^{2+}干扰测定。

用 $BaSO_4$重量法测定 SO_4^{2-}的方法应用广泛。磷肥、水泥以及有机物中的硫含量等都可以用此法分析。本实验可以用无水芒硝(Na_2SO_4)作试样。

三、仪器与试剂

1. 仪器

瓷坩埚、坩埚钳、马弗炉、电热板、长颈漏斗、漏斗架、玻棒、烧杯(500 mL)、量筒(25 mL)、洗瓶、称量瓶、分析天平(0.1 mg)、干燥器、慢速或中速定量滤纸。

2. 试剂

HCl 溶液(2 mol·L^{-1})、$BaCl_2$溶液(100 g·L^{-1})、$AgNO_3$溶液(0.1 mol·L^{-1})、HNO_3溶液(6 mol·L^{-1})。

四、实验步骤

1. 称样及沉淀的制备

准确称取在 100～120 ℃干燥过的试样(Na_2SO_4)0.2～0.3 g,置于 500 mL 烧杯中,用 25 mL 水溶解,加入 2 mol·L^{-1} HCl 溶液 5 mL,用水稀释至约 200 mL。将溶液加热至沸腾,在不断搅拌下逐滴加入 5～6 mL 100 g·L^{-1}热 $BaCl_2$溶液(预先稀释约 1 倍并加热),静置 1～2 min 让沉淀沉降,然后在上清液中加 1～2 滴 $BaCl_2$溶液,检查沉淀是否完全。此时若无沉淀或混浊产生,表示沉淀已经完全,否则应再加 1～2 滴稀 $BaCl_2$溶液,直至沉淀完全。然后将溶液加热沸腾 10 min,在约 90 ℃下保温陈化约 1 h。

2. 沉淀的过滤与洗涤

陈化后的沉淀与上清液冷却至室温,用定量滤纸倾斜法过滤。用热蒸馏水洗涤沉淀至无 Cl^- 为止。

3. 空坩埚恒重

将 2 个洁净的瓷坩埚放在(800±20)℃马弗炉中至恒重。第一次灼烧 40 min,第二次及以后每次灼烧 20 min。

4. 沉淀的灼烧和恒重

将沉淀和滤纸移入已在 800～850 ℃灼烧至恒重的瓷坩埚中,烘干、灰化后,再在 800～850 ℃灼烧至恒重。根据所得 $BaSO_4$质量,计算试样中 SO_3(或 S)的质量分数。

[注释]

[1]　注意控制晶型沉淀的生成条件。

[2]　以 $AgNO_3$的酸溶液检查 Cl^- 的存在。

[3]　灰化时注意补充空气。

五、数据记录与处理

按表 4-4 记录实验数据,根据 $BaSO_4$的质量计算试样中 SO_3(或 S)的质量分数 $w(SO_3)$(或 $w(S)$)。

$$w(SO_3)=\frac{m(BaSO_4)}{m_s}\times\frac{M(SO_3)}{M(BaSO_4)}\times 100\%$$

$$w(S)=\frac{m(BaSO_4)}{m_s}\times\frac{M(S)}{M(BaSO_4)}\times 100\%$$

表 4-4　硫酸钠试样中硫含量的测定

	Ⅰ	Ⅱ
倾出前：m_1(称量瓶＋试样)/g		
倾出后：m_2(称量瓶＋试样)/g		
m_s/g		
m(空坩埚)/g		
m(坩埚＋$BaSO_4$)/g		
$m(BaSO_4)$/g		
$w(SO_3)$		
$\overline{w}(SO_3)$		
相对偏差 d_r/(%)		
相对平均偏差 $\overline{d}_r$/(%)		

六、讨论与思考

(1) 沉淀剂 100 $g\cdot L^{-1}$ $BaCl_2$溶液的用量 5～6 mL 是怎样计算得到的？反之，如果用 H_2SO_4沉淀 Ba^{2+}，H_2SO_4用量应如何计算？

(2) 为什么试液和沉淀剂都要预先稀释，而且试液要预先加热？

(3) 沉淀完毕后，为什么要将沉淀与母液一起保温放置一段时间后才进行过滤？

(4) 洗涤至无 Cl^- 的目的和检查 Cl^- 的方法如何？

(5) 为什么要控制在一定酸度的 HCl 溶液中进行沉淀？

(6) 用倾斜法过滤有什么优点？

(7) 什么叫恒重？怎样才能把灼烧恒重后的沉淀称准？

实验三十二　HCl-NH_4Cl 混合液中各组分含量的测定

一、实验目的

(1) 掌握 NaOH 标准溶液的配制和标定方法。

(2) 掌握用双指示剂法测定 HCl-NH_4Cl 混合液中各组分含量的基本原理和方法，掌握酸碱分步滴定的原理。

(3) 学会混合酸的测定方法及计算。

(4) 进一步掌握滴定操作和滴定终点的判断，进一步熟悉移液管的使用方法。

二、实验原理

HCl是一元强酸，可用NaOH标准溶液直接滴定，反应方程式为

$$NaOH + HCl \xlongequal{} NaCl + H_2O$$

而NH_4Cl是一元弱酸，其解离常数$K_a = 5.6\times10^{-10}$，$cK_a < 10^{-8}$，无法用NaOH标准溶液直接滴定，可用甲醛强化，反应方程式为

$$4NH_4^+ + 6HCHO \xlongequal{} (CH_2)_6N_4H^+ + 3H^+ + 6H_2O$$

反应生成的H^+和$(CH_2)_6N_4H^+$ ($K_a = 7.1\times10^{-6}$)可用NaOH标准溶液直接滴定。

反应到第一化学计量点时HCl完全被中和，此时溶液中有NaCl和NH_4Cl，pH=5.28，可用甲基红(4.4～6.2)作指示剂，用NaOH标准溶液滴定至溶液由红色转变为橙色即为终点，所消耗NaOH标准溶液的体积为V_1。

反应到第二化学计量点时得到$(CH_2)_6N_4$溶液，pH=8.77，可用酚酞(8.0～9.6)作指示剂，继续用NaOH标准溶液滴定至溶液转变为橙色(黄色与粉红色的混合色)即为终点，所消耗NaOH标准溶液的体积为V_2。

各组分含量($g\cdot L^{-1}$)的计算公式如下：

$$w_{HCl} = \frac{cV_1M(HCl)}{V_{混合液}}$$

$$w_{NH_4Cl} = \frac{cV_2M(NH_4Cl)}{V_{混合液}}$$

三、仪器与试剂

1. 仪器

碱式滴定管(50 mL)、移液管(25 mL)、洗耳球、量筒(10 mL)、锥形瓶(250 mL)、电子天平。

2. 试剂

甲基红指示剂($1\ g\cdot L^{-1}$水溶液)、酚酞指示剂($2\ g\cdot L^{-1}$乙醇溶液)、NaOH标准溶液($0.1\ mol\cdot L^{-1}$)、甲醛溶液(1∶1，已中和)。

四、实验步骤

1. NaOH标准溶液的标定

按实验五的方法进行NaOH标准溶液的标定，并计算其浓度。

2. HCl-NH_4Cl混合液中各组分含量的测定

准确移取25.00 mL HCl-NH_4Cl混合液，置于250 mL锥形瓶中，再加2～3滴甲基红指示剂，摇匀后用NaOH标准溶液滴定至溶液由红色转变为橙色且30 s内不

褪色即为终点,记录所用 NaOH 标准溶液的体积 V_1。

在上述溶液中加入 10 mL 甲醛溶液,再加 1～2 滴酚酞指示剂,摇匀后继续用 NaOH 标准溶液滴定至溶液为橙色(黄色与粉红色的混合色)即为终点,记录所用 NaOH 标准溶液的体积 V_2。

用同样方法平行测定 3 份。根据 V_1、V_2 的大小计算混合液中 HCl、NH_4Cl 的含量。

要求测定相对平均偏差小于 0.4%。

五、数据记录与处理

将通过测定所得到的实验数据记录于表 4-5 和表 4-6,并进行有关计算。

表 4-5　NaOH 溶液浓度的标定

	1	2	3
邻苯二甲酸氢钾的质量/g			
消耗 NaOH 标准溶液的体积/mL			
c(NaOH)/(mol·L^{-1})			
$\bar{c}$(NaOH)/(mol·L^{-1})			
相对平均偏差/(%)			

表 4-6　混合液中 HCl、NH_4Cl 含量的测定

	1	2	3
混合液体积/mL	25.00	25.00	25.00
V_1/mL			
$V_{总}$/mL			
V_2/mL			
w(HCl)/(g·L^{-1})			
$\bar{w}$(HCl)/(g·L^{-1})			
w(HCl)相对平均偏差/(%)			
w(NH_4Cl)/(g·L^{-1})			
$\bar{w}$(NH_4Cl)/(g·L^{-1})			
w(NH_4Cl)相对平均偏差/(%)			

六、讨论与思考

1. 注意事项

(1) 控制滴定时指示剂的用量。

(2) 滴定时正确操作:见滴成线,逐滴加入,半滴加入。

(3) 滴定至终点时,在规定的时间内不能褪色。

(4) 注意有效数字的保留。

2. 思考题

(1) $HCl-NH_4Cl$ 混合液中各组分含量测定的基本原理是什么?

(2) 为什么不能用 NaOH 标准溶液直接连续滴定混合液中的 HCl、NH_4Cl?

实验三十三　石灰石或白云石中钙、镁含量的测定

一、实验目的

(1) 学习酸溶法分解试样。

(2) 掌握用配位滴定法测定石灰石或白云石中钙、镁含量的原理和方法,了解配位滴定的特点。

(3) 学习采用掩蔽剂消除共存离子的干扰。

(4) 学会钙指示剂(NN)、铬黑 T 指示剂(EBT)的使用及终点颜色变化的观察,掌握配位滴定操作。

二、实验原理

石灰石、白云石的主要成分是 $CaCO_3$ 和 $MgCO_3$ 以及少量的 Fe、Al、Si 等杂质,采用掩蔽剂即可消除共存离子的干扰,故通常不需分离即可直接测定。

1. 试样的溶解

一般的石灰石或白云石,用 HCl 溶液就能使其溶解,其中钙、镁等以 Ca^{2+}、Mg^{2+} 等形式转入溶液中,有些试样经 HCl 溶液处理后仍不能全部溶解,则需以碳酸钠熔融,或用高氯酸处理,也可将试样先在 950～1050 ℃高温下灼烧成氧化物,这样就易被酸分解(在灼烧中黏土和其他难以被酸分解的硅酸盐会变为可被酸分解的硅酸镁等)。试样中含有少量的 Fe、Al 等干扰杂质,滴定前在酸性溶液中加入三乙醇胺掩蔽。

2. 钙、镁含量的测定

调节溶液 pH 值为 12～13,以钙指示剂为指示剂,用 EDTA 标准溶液滴定至酒红色变为纯蓝色即为终点,所消耗 EDTA 标准溶液的体积为 V_1。此时测定的是钙的含量。

另取一份溶液,调节 pH 值为 10,以铬黑 T 为指示剂,用 EDTA 标准溶液滴定至酒红色变为纯蓝色即为终点,所消耗 EDTA 标准溶液的体积为 V_2。此时测定的是钙、镁的总量。

计算公式如下:

$$w(\mathrm{Ca})=\frac{cV_1M(\mathrm{Ca})\times\frac{250}{25}}{1000\ \mathrm{mL\cdot L^{-1}}\times m_s}$$

$$w(\mathrm{Mg})=\frac{c(V_2-V_1)M(\mathrm{Mg})\times\frac{250}{25}}{1000\ \mathrm{mL\cdot L^{-1}}\times m_s}$$

三、仪器与试剂

1. 仪器

碱式滴定管(50 mL)、移液管(25 mL)、容量瓶(250 mL)、烧杯(250 mL)、洗耳球、量筒(5 mL)、锥形瓶(250 mL)、电子天平。

2. 试剂

EDTA标准溶液(0.02 mol·L^{-1})、HCl溶液(1∶1)、NH_3-NH_4Cl缓冲溶液(pH 10)、铬黑T指示剂(1%固体指示剂)、钙指示剂(1%固体指示剂)、NaOH溶液(10%)、三乙醇胺(1∶1)。

四、实验步骤

1. 试液的制备

准确称取石灰石或白云石试样0.2～0.3 g,放入250 mL烧杯中,加入数滴去离子水润湿试样,盖上表面皿,从烧杯嘴处逐滴滴加1∶1 HCl溶液至刚好溶解,加适量水转移至容量瓶中,定容。

2. 钙含量的测定

准确移取25.00 mL试样溶液,置于250 mL锥形瓶中,加3 mL三乙醇胺、25 mL去离子水、4 mL 10% NaOH溶液,摇匀。此时溶液的pH值在12～13,再加0.01 g铬黑T指示剂,摇匀后用EDTA标准溶液滴定至溶液由酒红色转变为纯蓝色,记录所消耗的EDTA标准溶液的体积V_1。平行测定3次。利用V_1计算试样中钙的含量。

3. 镁含量的测定

准确移取25.00 mL试样溶液,置于250 mL锥形瓶中,加3 mL三乙醇胺,25 mL去离子水,5 mL 10% NH_3-NH_4Cl缓冲溶液,摇匀。此时溶液的pH值为10左右,再加0.01 g钙指示剂,摇匀后用EDTA标准溶液滴定至溶液由酒红色转变为纯蓝色,记录所消耗的EDTA标准溶液的体积V_2。平行测定3次。利用V_1、V_2计算试样中镁的含量。

4. 测定要求

要求相对平均偏差小于0.3%。

五、数据记录与处理

将通过测定所得到的实验数据记录于表4-7,并进行有关计算。

表 4-7　石灰石或白云石中钙、镁含量的测定

	1	2	3
试样质量 m_s/g			
V_1/mL			
V_2/mL			
w(Ca)/($g \cdot L^{-1}$)			
$\overline{w}$(Ca)/($g \cdot L^{-1}$)			
w(Ca)相对平均偏差/(%)			
w(Mg)/($g \cdot L^{-1}$)			
$\overline{w}$(Mg)/($g \cdot L^{-1}$)			
w(Mg)相对平均偏差/(%)			

六、讨论与思考

1. 注意事项

(1) 控制指示剂的用量(米粒大小)。

(2) 控制滴定速度,近终点时用力摇动锥形瓶。

2. 思考题

(1) 石灰石或白云石中钙、镁含量测定的基本原理是什么?

(2) 镁对钙的测定是否有干扰?如有,如何消除?

实验三十四　醋酸的电位滴定

一、实验目的

(1) 掌握电位滴定方法及确定终点的方法。

(2) 学会用电位滴定法测定弱酸的 pK_a。

(3) 掌握酸度计的使用方法。

二、实验原理

电位滴定法是利用滴定过程中电池电动势或指示电极电位的变化特点,来确定终点的方法,可用于酸碱、沉淀、配位、氧化还原及非水等各种滴定。

酸碱电位滴定常用的指示电极为玻璃电极,参比电极为饱和甘汞电极(SCE),用酸度计测定溶液的 pH 值。仪器装置如图 4-2 所示。

电位滴定时，记录滴定剂体积 V 和相应的 pH 值，按滴定曲线(pH-V)、一阶微商曲线($\Delta pH/\Delta V$-V')及二阶微商曲线($\Delta^2 pH/\Delta V^2$-V'')作图法及计算法确定终点，从而计算出醋酸试液的浓度。强碱滴定一元弱酸的电位滴定曲线如图 4-3 所示。

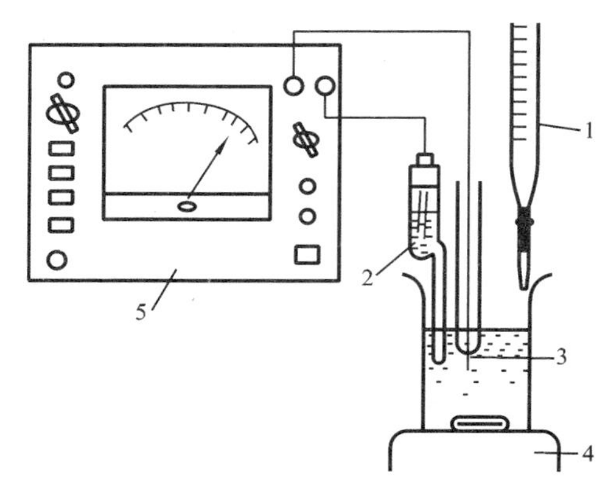

图 4-2　电位滴定仪器装置图

1—滴定管；2—饱和甘汞电极；3—玻璃电极；4—电磁搅拌器；5—酸度计

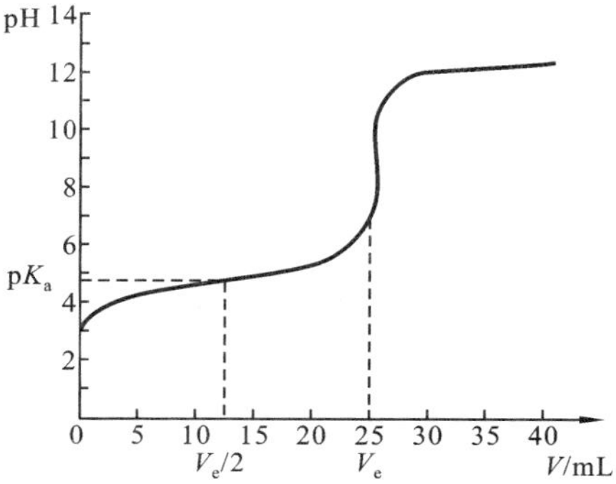

图 4-3　强碱滴定一元弱酸的电位滴定曲线

醋酸电位滴定还可以测定弱酸、弱碱的解离常数。例如，弱碱滴定一元弱酸的 pH-V 曲线上，半计量点时溶液的 pH 值即为该弱酸的 pK_a。

因为
$$HA \rightleftharpoons H^+ + A^-$$
$$K_a = [H^+][A^-]/[HA]$$
半计量点时，有
$$V = V_e/2,\quad [HA] = [A^-]$$
所以
$$K_a = [H^+]_{V_e/2},\quad pK_a = pH_{V_e/2}$$

三、仪器与试剂

1. 仪器

酸度计、玻璃电极和 SCE 或复合 pH 玻璃电极、电磁搅拌器、搅拌磁子、碱式滴定管(25 mL)、移液管(25 mL)、烧杯(100 mL)。

2. 试剂

邻苯二甲酸氢钾标准缓冲液(0.05 mol/L pH 4.00)。

NaOH 标准溶液(0.1 mol/L)、HAc 溶液(0.1 mol/L)、酚酞指示剂。

四、实验步骤

(1) 接通电源，仪器预热 15 min。用 0.05 mol/L 邻苯二甲酸氢钾标准缓冲液(pH 4.00)定位(操作方法同酸度计的使用)。

(2) 精密移取 0.1 mol/L HAc 溶液 25.00 mL 于 100 mL 烧杯中，放入搅拌磁子，插入电极(若电极未能浸没，可适当加入一些蒸馏水)，加 2 滴酚酞指示剂作为对照，开动电磁搅拌器，测定并记录滴定前 HAc 试液的 pH 值。

(3) 用 0.1 mol/L NaOH 标准溶液进行滴定。开始阶段，每加 5 mL，5 mL，2 mL，2 mL，…NaOH 溶液记录一次 pH 值，在接近计量点（加入 NaOH 溶液引起 pH 值变化逐渐增大）时，每次加入体积逐渐减少（1 mL，1 mL，…，0.2 mL，0.2 mL，…，2 滴，2 滴，…），在计量点前后每加入 2 滴 NaOH 溶液，记录一次 pH 值，继续滴定至计量点后适当量，每次加入体积又可逐渐增大（为方便数据处理，在计量点前后每次加入体积最好相等）。

(4) 按 pH-V、ΔpH/ΔV-V' 作图法，Δ^2pH/ΔV^2-V'' 作图法及计算法确定终点 V_{ep}，计算 HAc 溶液的浓度。

(5) 由 pH-V 曲线上找出半计量点时溶液的 pH 值，即为 HAc 的 pK_a。

五、数据记录及处理

完成 HAc 电位滴定的数据记录及处理，填入表 4-8。

表 4-8　HAc 的电位滴定

No	V/mL	pH	ΔV	ΔpH	ΔpH/ΔV	V'	$\Delta V'$	Δ(ΔpH/ΔV)	Δ^2pH/ΔV^2	V''
1	0.00	2.88								
2	5.00									
3	10.00									
4										
5										
⋮										

六、讨论与思考

(1) 如何根据 pH-V、ΔpH/ΔV-V'、Δ^2pH/ΔV^2-V'' 作图法确定终点？如何按 Δ^2pH/ΔV^2-V'' 计算法确定终点？

(2) 试计算滴定前 HAc 试液的 pH 值，并与实测值对比。

(3) 通过实验和数据处理，体会为何计量点前后加入的 NaOH 体积以相等为好。

(4) 如何测定弱碱的 pK_b？

实验三十五　维生素 B_{12} 的鉴别与注射液含量测定

一、实验目的

(1) 掌握紫外-可见分光光度计的操作。

(2) 熟悉吸收曲线的绘制及测量波长选择的方法。

(3) 熟悉紫外-可见分光光度法在定性、定量分析中的应用。

(4) 掌握吸光系数法测定含量以及标示量百分含量的计算方法。

二、实验原理

维生素 B_{12} 是一类含钴的卟啉类化合物,其水溶液在(278±1) nm、(361±1) nm与(550±1) nm 波长处有最大吸收峰。现行版《中国药典》维生素 B_{12} 的鉴别项规定为:$A_{361\ nm}/A_{278\ nm}$ 应为 1.70~1.88;$A_{361\ nm}/A_{550\ nm}$ 应为 3.15~3.45。含量测定项:已知百分吸光系数 $E_{1\ cm}^{1\%}$(361 nm)为 207,由百分吸光系数定义,可得

$$c_{样} = c_{测}D = \frac{A_{测}}{lE_{1\ cm}^{1\%}} \times D \times 10^4$$

式中:D 为稀释倍数,$c_{样}$ 的单位为 μg/mL。

$$标示量百分含量 = \frac{c_{样}}{标示量} \times 100\%$$

维生素 B_{12} 注射液规格常见的有 100 μg/mL,合格品的标示量百分含量为90.0%~110.0%。

三、仪器与试剂

1. 仪器

紫外-可见分光光度计、石英比色皿(1 cm)、分析天平(0.01 mg)、移液管(25 mL)、容量瓶(10 mL、100 mL)。

2. 试剂

乙醇(AR)、维生素 B_{12} 对照品、维生素 B_{12} 注射液(标示量 100 μg/mL)。

四、实验步骤

1. 溶液制备

(1) 维生素 B_{12} 对照品溶液:取维生素 B_{12} 对照品 10 mg,精密称定,置于 100 mL 容量瓶中,加蒸馏水至刻度,摇匀,精密量取 3 mL,置于 10 mL 容量瓶中,加蒸馏水至刻度,摇匀。

(2) 维生素 B_{12} 注射液溶液:精密量取维生素 B_{12} 注射液(标示量 100 μg/mL)3

mL,置于 10 mL 容量瓶,加蒸馏水至刻度,摇匀。

2. 测定

(1) 开机、预热:按仪器说明书操作,设置仪器参数。

(2) 绘制吸收曲线并选择测量波长:以蒸馏水作为参比溶液,以维生素 B_{12} 对照品溶液为测定液,在 330～390 nm,先每隔 10 nm 测定一次吸光度(A),找到波峰和波谷。在波峰附近,每隔 2 nm 测定一次,读取并记录溶液的吸光度(A)。以波长为横坐标,吸光度(A)为纵坐标,绘制维生素 B_{12} 的部分吸收曲线。以吸收曲线上的最大吸收波长(λ_{max})作为测定波长。(或在 200～760 nm 进行光谱扫描,选择吸收曲线的最大吸收波长(λ_{max})作为测量波长。)

(3) 测定百分吸光系数 $E_{1\,cm}^{1\%}(\lambda_{max})$:以蒸馏水作为参比溶液,在 λ_{max} 处测定维生素 B_{12} 对照品溶液的吸光度,根据朗伯-比尔定律计算 $E_{1\,cm}^{1\%}(\lambda_{max})$,并与药典值比较。

(4) 定性鉴别:以蒸馏水作为参比溶液,在 278 nm、361 nm 与 550 nm 波长处分别测定维生素 B_{12} 注射液溶液的吸光度,求比值,按要求进行判断。

(5) 含量测定:以蒸馏水作为参比溶液,在 λ_{max} 处测定维生素 B_{12} 注射液溶液的吸光度,依据 $E_{1\,cm}^{1\%}(\lambda_{max})$ 计算溶液浓度,并计算注射液的标示量百分含量,按要求进行判断;同时采用药典值计算并比较。

3. 仪器复原

实验完毕,关机,将仪器归位,进行使用登记。清洗比色皿与容量瓶等,如果比色皿染色,则用乙醇浸泡。

五、数据记录及处理

(1) 维生素 B_{12} 吸收曲线($T_{水}=100\%$)。

λ/nm	330	340	350	360	370	380	390
A							
λ/nm	355	357	359	361	363	365	367
A							

以波长(λ)为横坐标,吸光度(A)为纵坐标,绘制吸收曲线;λ_{max}=________ nm。

(2) 维生素 B_{12} 定性鉴别。

	278 nm	361 nm	550 nm		
A				规定值	结论
$A_{361\,nm}/A_{278\,nm}$				1.70～1.88	
$A_{361\,nm}/A_{550\,nm}$				3.15～3.45	

(3) 维生素 B_{12} 含量测定。

A_0	A	A_i	c/(μg/mL)	标示量百分含量/(%)	规定值	结论
					90.0%～110.0%	

六、讨论与思考

1. 注意事项

(1) 绘制吸收曲线时，应由小到大调整测定波长，以防空回引起测定误差。

(2) 每变动一次波长，均需对空白溶液调吸光度为0(透光率为100%)。

2. 思考题

(1) 用标准曲线法与吸光系数法定量各有何优缺点？

(2) 试述百分吸光系数与摩尔吸光系数的物理意义。将本实验中的百分吸光系数换算成摩尔吸光系数($M_{C_{63}H_{88}CoN_{14}O_{14}P}=1355.38\ g/mol$)。

五　英文篇

Experiment 36　EDTA Titration of Ca^{2+} and Mg^{2+} in Natural Waters

The most common multivalent metal ions in natural waters are Ca^{2+} and Mg^{2+}. In the first experiment, we will find the total concentration of metal ions that can react with EDTA, and we will assume that this equals the concentration of Ca^{2+} and Mg^{2+}. In the second experiment, Ca^{2+} is analyzed separately by precipitating Mg^{2+} with strong base.

Reagents

Buffer(pH 10): Add 142 mL of 28% (wt) aqueous NH_3 to 17.5 g of NH_4Cl and dilute to 250 mL with water.

Eriochrome black T indicator: Dissolve 0.2 g of the solid indicator in 15 mL of triethanolamine plus 5 mL of absolute ethanol.

Procedure

(1) Dry $Na_2H_2EDTA \cdot 2H_2O$ ($M_r = 372.25$) at 80 ℃ for 1 h and cool in the desiccator. Accurately weigh out 0.6 g and dissolve it in 400 mL of warm water, then transfer it in a 500 mL volumetric flask. Cool to room temperature, dilute to the mark, and mix well.

(2) Pipet an unknown sample into a 250 mL flask. A 1.0 mL sample of seawater or a 50.0 mL sample of tap water is usually reasonable. If you use 1.0 mL of seawater, add 50 mL of distilled water. To each sample, add 3 mL of pH 10 buffer and 6 drops of eriochrome black T indicator. Titrate with EDTA solution from a 50 mL buret and note when the color changes from wine red to blue(V_1). You may need to practise finding the end point several times by adding a little tap water and titrating with more EDTA solution. Save a solution at the end point to use as a color comparison for other titrations.

(3) Repeat the titration with three samples to find an accurate value of the to-

tal concentration of Ca^{2+} and Mg^{2+}. Perform a blank titration with 50 mL of distilled water and subtract the value of the blank from each result.

(4) For the determination of Ca^{2+}, pipet four unknown samples into clean flasks (adding 50 mL of distilled water if you use 1.0 mL of seawater). Add 30 drops of 50% (wt) NaOH to each solution and swirl for 2 min to precipitate Mg^{2+} (which may not be visible). Add 0.1 g of solid hydroxynaphthol blue to each flask (This indicator is used because it remains blue at higher pH than eriochrome black T). Titrate one sample rapidly to find the end point(V_2); practise finding it several times, if necessary.

(5) Titrate the other three samples carefully. After reaching the blue end point, allow each sample to place for 5 min with occasional swirling so that any $Ca(OH)_2$ precipitate may redissolve. Then titrate back to the blue end point (Repeat this procedure if the blue color turns to red upon standing). Perform a blank titration with 50 mL of distilled water.

(6) Calculate the total concentration of Ca^{2+} and Mg^{2+}, as well as the individual concentration of each ion. Calculate the relatively average deviation of replicate titrations.

Note Data and Process

According to format of Table 5-1, note experimental data.

Table **5-1**　Determined Ca^{2+} and Mg^{2+} of Natural Waters

	Ⅰ	Ⅱ	Ⅲ
V_1/mL			
The total concentration of Ca^{2+} and Mg^{2+} /(mg · L^{-1})			
Average concentration of Ca^{2+} and Mg^{2+} /(mg · L^{-1})			
Relatively average deviation (Ca^{2+}, Mg^{2+})/(%)			
V_2/mL			
The concentration of Ca^{2+}/(mg · L^{-1})			
Average concentration of Ca^{2+}/(mg · L^{-1})			
Relatively average deviation(Ca^{2+})/(%)			
The concentration of Mg^{2+}/(mg · L^{-1})			
Average concentration of Mg^{2+}/(mg · L^{-1})			
Relatively average deviation(Mg^{2+})/(%)			

Notes

Hardness refers to the total concentration of alkaline earth ions in water. Because the concentrations of Ca^{2+} and Mg^{2+} are usually much greater than the concentrations of other alkaline earth ions, hardness is commonly expressed as the equivalent number of milligrams of $CaCO_3$ per liter. Thus, if $[Ca^{2+}]+[Mg^{2+}]=1$ mmol, we will say that the hardness is 100 mg $CaCO_3$ per liter. Water whose hardness is less than 60 mg $CaCO_3$ per liter is considered to be "soft". If the hardness is above 270 $mg \cdot L^{-1}$, the water is considered to be "hard". *Individual hardness* refers to the individual concentration of each alkaline earth ion. To measure total hardness, the sample is treated with ascorbic acid (or hydroxylamine) to reduce Fe^{3+} to Fe^{2+} and mask Fe^{2+}, Cu^{+}, and several other minor metal ions with cyanide. Titration with EDTA at pH 10 in ammonia buffer then gives the total concentration of Ca^{2+} and Mg^{2+}. The concentration of Ca^{2+} can be determined separately if the titration is carried out at pH 13 without ammonia. At this pH, $Mg(OH)_2$ precipitates and is inaccessible to the EDTA. Interferences by many metal ions can be reduced by the right choice of indicators.

Insoluble carbonates are converted to soluble bicarbonates by excess CO_2:

$$CaCO_3(s)+CO_2+H_2O \longrightarrow Ca(HCO_3)_2 \quad (A)$$

Heating converts bicarbonate to carbonate (driving off CO_2) and causes $CaCO_3$ to precipitate. The reverse of reaction (A) forms a solid scale that clogs boiler pipes. The fraction of hardness due to $Ca(HCO_3)_2(aq)$ is called *temporary hardness* because this calcium is lost (by precipitation of $CaCO_3$) upon heating. Hardness arising from other salts (mainly dissolved $CaSO_4$) is called *permanent hardness*, because it is not removed by heating.

Experimental Questions and Discussion

(1) What is total hardness of water?

(2) How to count total hardness of water?

Reference

Daniel C H. Quantitative Chemical Analysis[M]. fifth edition. New York: W. H. Freeman and Company, 1998.

Experiment 37 Preparing Standard Acid and Base Solution

Standard NaOH Solution

(1) A 50% (wt) aqueous NaOH solution must be prepared in advance and allowed to settle. Sodium carbonate is insoluble in this solution and precipitates.

The solution is stored in a tightly sealed polyethylene bottle and handled gently to avoid stirring the precipitate when supernate is taken. The density of solution is close to 1.50 g NaOH per milliliter.

(2) Primary standard grade potassium hydrogen phthalate should be dried for 1 h at 110 ℃ and stored in a desiccator.

$$C_6H_4(COOK)(COOH) + NaOH \longrightarrow C_6H_4(COOK)(COONa) + H_2O$$

$(M_r = 204.223)$

(3) Boil 1 L of water for 5 min to expel CO_2. Pour the water into a polyethylene bottle, which should be tightly capped whenever possible. Calculate the volume of 50% (wt) aqueous NaOH solution needed to produce 1 L of 0.1 mol · L^{-1} NaOH solution. Use a graduated cylinder to transfer this much-concentrated NaOH solution to the bottle of water. Mix well and allow the solution to cool to room temperature (preferably overnight).

(4) Weigh four samples of solid potassium hydrogen phthalate and dissolve in 25 mL of distilled water in a 125 mL flask. Each sample should contain enough solid to react with 25 mL of 0.1 mol · L^{-1} NaOH solution. Add 3 drops of phenolphthalein indicator to each, and titrate one of them rapidly to find the approximate end point. The buret should have a loosely fitted cap to minimize entry of CO_2.

(5) Calculate the volume of NaOH solution required for each of the other three samples and titrate, you should periodically tilt and rotate the flask to wash all liquid from the walls into the bulk solution. When very near the end, you should deliver less than 1 drop of titrant at a time. To do this, carefully suspend a fraction of a drop from the buret tip, touch it to the inside wall of the flask, wash it into the bulk solution by careful tilting, and swirl the solution. The end point is the first appearance of faint pink color that persists for 15 s (The color will slowly fade as CO_2 from the air dissolves in the solution).

(6) Calculate the average molarity, the standard deviation, and the relatively standard deviation ($s/\overline{x}$). The relatively standard deviation should be less than 0.2%.

Standard HCl Solution

(1) Calculate the volume of concentrated (37% (wt)) HCl solution that should be added to 1 L of distilled water to produce 0.1 mol · L^{-1} HCl solution, and prepare this solution.

(2) Dry primary standard grade sodium carbonate for 1 h at 110 ℃ and cool it in a desiccator.

(3) Weigh four samples containing enough Na_2CO_3 to react with 25 mL of 0.1 mol · L^{-1} HCl solution and place each in a 125 mL flask. As you are ready to titrate each one, dissolve it in 25 mL of distilled water.

$$2HCl + Na_2CO_3 \longrightarrow CO_2\uparrow + 2NaCl + H_2O$$

Add 3 drops of bromocresol green indicator to each and titrate one rapidly (to a green color) to find the approximate end point.

(4) Carefully titrate each sample until it just turns from blue to green. Then boil the solution to expel CO_2. The solution should return to a blue color.

(5) Carefully add HCl solution from the buret until the solution turns green again. As desired, a blank titration can be performed, by using 3 drops of indicator in 50 mL of 0.05 mol · L^{-1} NaCl solution. Subtract the volume of HCl solution needed for the blank titration from that required to titrate Na_2CO_3.

(6) Calculate the mean HCl molarity, standard deviation, and relatively standard deviation.

Experiment 38 Analysis of a Mixture of Carbonate and Bicarbonate

This procedure involves two titrations. First, total alkalinity ($[HCO_3^-] + 2[CO_3^{2-}]$) is measured by titrating the mixture with standard HCl solution to a bromocresol green end point:

$$HCO_3^- + H^+ \longrightarrow H_2CO_3$$

$$CO_3^{2-} + 2H^+ \longrightarrow H_2CO_3$$

An unknown separate aliquot is treated with excess standard NaOH solution to convert HCO_3^- to CO_3^{2-}:

$$HCO_3^- + OH^- \longrightarrow CO_3^{2-} + H_2O$$

Then all the carbonate is precipitated with $BaCl_2$:

$$Ba^{2+} + CO_3^{2-} \longrightarrow BaCO_3\downarrow$$

The excess NaOH is immediately titrated with standard HCl solution to determine how much HCO_3^- is present. From the total alkalinity and bicarbonate concentration, we can calculate the original carbonate concentration. Unknown solid may be prepared from either reagent-grade sodium or potassium carbonate and bicarbonate.

Procedure

(1) Unknown solid should be stored in a desiccator to keep it dry, but should not be heated. Even mild heating at 50～100 ℃ converts $NaHCO_3$ to Na_2CO_3. Accurately weigh 2.0～2.5 g of unknown solid into a 250 mL volumetric flask. Weig-

hing the sample in a capped weighing bottle, delivering some to a funnel in the volumetric flask, and reweighing the bottle conveniently. Continue this process until the desired mass of reagent has been transferred to the funnel. Rinse the funnel repeatedly with small portions of freshly boiled and cooled water to dissolve the sample. Remove the funnel, dilute to the mark, and mix well.

(2) Pipet a 25.00 mL aliquot of the unknown solution into a 250 mL flask and titrate with 0.1 mol · L^{-1} standard HCl solution, using bromocresol green indicator. Repeat this procedure with two more 25.00 mL samples.

(3) Pipet a 25.00 mL unknown aliquot and 50.00 mL of 0.1 mol · L^{-1} standard NaOH solution into a 250 mL flask. Swirl and add 10 mL of 10% (wt) $BaCl_2$ solution, using a graduated cylinder. Swirl again to precipitate $BaCO_3$, add 2 drops of phenolphthalein indicator, and immediately titrate with standard 0.1 mol · L^{-1} HCl solution. Repeat this procedure with two more 25.00 mL samples.

(4) From the results of step (2), calculate the total alkalinity and its standard deviation. From the results of step (3), calculate the bicarbonate concentration and its standard deviation. Using the standard deviations as estimates of uncertainty, calculate the concentration (and uncertainty) of carbonate in the sample. Express the composition of the unknown solid as weight percent (± uncertainty) for each component. For example, your final results might be written 63.4 (± 0.5)% (wt) Na_2CO_3 and 36.6(±0.2)% (wt) $NaHCO_3$.

附　　录

附录A　分析方法英文名称及缩写

AAS　atomic absorption spectrometry　原子吸收光谱
ADC　ascending-descending chromatography　升降色谱
AES　atomic emission spectrometry　原子发射光谱
AES　Auger electron spectroscopy　俄歇电子能谱
AES-LEED　Auger electron spectroscopy-low energy electron diffraction　俄歇电子能谱-低能电子衍射法
AFS　atomic fluorescence spectrometry　原子荧光光谱
AS　Auger spectroscopy　俄歇(电子)能谱
AT　amperometric titration　安培滴定
BPC　bonded phase chromatography　键合(固定)相色谱
CBPC　chemical bonded phase chromatography　化学键合相色谱
CCM　column chromatographic method　柱色谱法
CFNAA　Cf-252 neutron activation analysis　锎 252 中子活化分析
CGC　capillary gas chromatography　毛细管气相色谱
CIMS　chemical ionization mass spectrometry　化学电离质谱
CMR　carbon magnetic resonance　碳核磁共振
CNAA　continuos neutron activation analysis　连续中子活化分析
CPAA　charged particle activation analysis　带电粒子活化分析
CPC　controlled-potential coulometry　控制电位库仑法
DAPS　disappearance potential spectroscopy　消失电位谱
DDTA　derivative differential thermal analysis　微分差(示)热分析
DEA　differential enthalpic analysis　差示热焓分析
DLTA　dielectric loss thermal analysis　介电损失热分析
DSC　differential scanning calorimetry　差示扫描量热法
DTA　differential thermal analysis　差(示)热分析

DTG differential thermal gravimetric analysis 差(示)热重分析
DTM dynamic thermomechanical analysis 动态热机械分析
EC-GC electron capture-gas chromatography 电子捕获-气相色谱法
EC-GLC electron capture-gas liquid chromatography 电子捕获-气液色谱法
EC electrocity chromatography 电色谱法
EDXA energy-dispersive X-ray analysis 能量色散 X 射线分析
EDXRF energy-dispersive X-ray fluorescence 能量色散 X 射线荧光分析
EGA evolved gas analysis 逸出气体分析
EELS electron energy loss spectroscopy 电子能量损失能谱(法)
EMS emission spectrometry 发射光谱法
ENAA epithermal neutron activation analysis 超热中子活化分析
ENDOR electron nuclear double resonance 电子核磁双共振
EPMA electron probe mass analysis 电子探针质谱分析
ESA emission spectrometric analysis 发射光谱分析
ESCA electron spectroscopy for chemical analysis 化学分析电子能谱法
ESR electron spin resonance 电子自旋共振
EA electrothermal analysis 电热分析
FAAS flame atomic absorption spectrometry 火焰原子吸收光谱法
FAES flame atomic emission spectrometry 火焰原子发射光谱法
FAFS flame atomic fluorescence spectrometry 火焰原子荧光光谱法
FIA flow injection analysis 流动注射分析
FIM field ion microscopy 场离子显微镜分析
FIMS field ion mass spectroscopy 场致离子质谱法
FNAA fast neutron activation analysis 快中子活化分析
FP flame photometry 火焰光度法
FS fluorescence spectroscopy 荧光光谱(法)
FTIR Fourier transform infrared spectrometry 傅里叶变换红外光谱法
FTMS Fourier transform mass spectrometry 傅里叶变换质谱法
FTNMR Fourier transform nuclear magnetic resonance 傅里叶变换核磁共振
GC gas chromatography 气相色谱
GCGC glass capillary gas chromatography 玻璃毛细管气相色谱
GC/IR gas chromatography-infrared spectrometry 气相色谱-红外光谱(联用)
GC-MS gas chromatography-mass spectrometry 气相色谱-质谱(联用)
GC-MS-COM gas chromatograph-mass spectrometer-computer 气相色谱仪-质谱仪-计算机(联用系统)
GC/NMRS gas chromatography-nuclear magnetic resonance spectrometry 气相

色谱-核磁共振谱

GLC　gas liquid chromatography　气液色谱

GLC-MS　gas-liquid chromatography-mass spectrometry　气液色谱-质谱(联用)

GLPC　gas-liquid partition chromatography　气液分配色谱

GLSC　gas-liquid-solid chromatography　气液固色谱

GPC　gas partition chromatography　气相分配色谱

GPC　gel permeation chromatography　凝胶渗透色谱

HEED　high-energy electron diffraction　高能电子衍射(法)

HPLC　high performance liquid chromatography　高效液相色谱

HPLC　high-pressure liquid chromatography　高压液相色谱

HRMS　high-resolution mass spectrometry　高分辨率质谱

HR-NMR　high-resolution nuclear magnetic resonance　高分辨率核磁共振

HTGC　high-temperature gas chromatography　高温气相色谱

HVE　high voltage electrophoresis　高压电泳

HVPE　high voltage paper electrophoresis　高压纸上电泳

IC　ion chromatography　离子色谱

ICP　inductively coupled plasma　电感耦合等离子体

ICPAA　instrumental charged-particle activation analysis　仪器带电粒子活化分析

IDA　isotope dilution analysis　同位素稀释分析

IEC　ion exchange chromatography　离子交换色谱法

IEC　ion exclusion chromatography　离子排斥色谱法

IEPC　ion exchange paper chromatography　离子交换纸色谱法

IETLC　ion exchange thin layer chromatography　离子交换薄层色谱法

IFNAA　instrumental fast neutron activation analysis　仪器快中子活化分析

IGC　isothermal gas chromatography　等温气相色谱法

IGLC　inverse gas liquid chromatography　反相气液色谱法

IKES　ion kinetic energy spectroscopy　离子动能谱法

IMMS　ion microprobe mass spectrometry　离子微探针质谱法

INAA　instrumental (thermal) neutron activation analysis　仪器(热)中子活化分析

INS　ion-neutralization spectroscopy　离子中和谱

IPAA　instrumental photon activation analysis　仪器光子活化分析

IR　infrared spectroscopy　红外光谱法

ISV　invert stripping voltammetry　反向溶出伏安法

ITLC　instant thin-layer chromatography　瞬时薄层色谱法

ITP　isotachoelectrophoresis　等速电泳

IVNAA　in vivo neutron activation analysis　活体中子活化分析、体内中子活化分析

LC　liquid chromatography　液相色谱

LC/MS　liquid chromatography-mass spectrometry　液相色谱-质谱(联用)

LEC　liquid elution chromatography　液相洗脱色谱

LEC　ligand exchange chromatography　配位体交换色谱

LEED　low-energy electron diffraction　低能电子衍射(法)

LEELS　low-energy electron loss spectroscopy　低能电子能量损失谱(法)

LEES　low-energy electron scattering　低能电子散射(法)

LM　laser microanalysis　激光微量分析

LRS　laser Raman spectroscopy　激光拉曼光谱(法)

LSC　liquid solid chromatography　液固色谱法

MS　mass spectrometry　质谱法

MSTA　mass spectrometric thermal analysis　质谱热分析

MTA　mass thermal analysis　质谱热分析

NAA　neutron activation analysis　中子活化分析

NCGA　neutron capture gamma-ray analysis　中子俘获 γ 射线分析

NDIR　non-dispersive infrared　非色散红外(光谱法)

NDXF　non-dispersive X-ray fluorescence　非色散 X 射线荧光

NIR　near infrared spectroscopy　近红外光谱(法)

NMR　nuclear magnetic resonance　核磁共振

PC　paper chromatography　纸色谱法

PCE　paper chromatoelectrophoresis　纸色谱电泳法

PES　photoelectron spectroscopy　光电子能谱

PESIS　photoelectron spectroscopy of inner shell electron　内层电子光电能谱法

PESOS　photoelectron spectroscopy of outer shell electron　外层电子光电能谱法

PFGC　programming flow gas chromatography　程序变流气相色谱法

PGC　pyrolysis gas chromatography　裂解气相色谱法

PGC-FDMS　pyrolysis gas chromatography-field desorption mass spectroscopy　裂解气相色谱-场脱附质谱(联用)

PGC-FIMS　pyrolysis gas chromatography-field ionization mass spectroscopy　裂解气相色谱-场离子化质谱(联用)

PGC-MS　pyrolysis gas chromatography-mass spectroscopy　裂解气相色谱-质谱(联用)

PIX、PIXE、PIXEA　particle induced X-ray emission analysis　粒子诱发 X 射线发射分析

PMR proton magnetic resonance　质子核磁共振
PPC paper partition chromatography　纸上分配色谱法
PPGC programmed pressure gas chromatography　程序变压气相色谱
PTGC programmed temperature gas chromatography　程序升温气相色谱
Raman effect　拉曼效应
RGAA　radiochemical gamma activation analysis　放射化学γ活化分析
RGC　radio gas chromatography　放射气相色谱
RHEED　reflection high energy electron diffraction spectroscopy　反射高能电子衍射能谱(法)
RNAA　radiochemical neutron activation analysis　放射化学中子活化分析
RTA　radiothermal analysis　放射(示踪)热分析
RTLC　radiothin-layer chromatography　放射薄层色谱法
SEM　scanning electron microscopy　扫描电子显微镜(分析)
SID　selective ion detection　离子选择性检测(色质联用)
SIDT　stable isotope dilution technique　稳定同位素稀释技术
SIMS　secondary ion mass spectroscopy　次级离子质谱法
TBNAA　total body neutron activation analysis　全身中子活化分析
TDA　thermodifferential analysis　差(示)热分析
TG　thermogravimetry　热重(分析)法
TGA　thermogravimetric analysis　热重分析
TG-GC-MS　thermal gravity-gas chromatography-mass spectroscopy　热重分析-气相色谱-质谱法(联用)
TLC　thin layer chromatography　薄层色谱法
TLE　thin layer electrophoresis　薄层电泳法
TLGC　thin layer gel chromatography　薄层凝胶色谱法
TLRC　thin layer radiochromatography　薄层放射色谱法
TMA　thermomechanical analysis　热机械分析
TMR　triton magnetic resonance　氚核磁共振
UPS　ultraviolet photoelectron spectroscopy　紫外光电子能谱
UV-PES　ultraviolet photoelectron spectroscopy　紫外光电子能谱
VPC　vapor-phase chromatography　气相色谱法
VPPGC　vapor phase pyrolysis GC　气相热解气相色谱
XPS　X-ray photoelectron spectroscopy　X射线光电子能谱法
XRF　X-ray fluorescence　X射线荧光

附录B　英汉对照常用分析化学术语

分析化学	analytical chemistry
1-(2-吡啶偶氮)-2-萘酚	1-(2-pyridylazo)-2-naphthol (PAN)
绝对误差	absolute error
吸光度	absorbance
吸附剂	absorbent
吸收曲线	absorption curve
吸收峰	absorption peak
吸光系数	absorptivity
偶然误差	accident error
准确度	accuracy
酸效应系数	acidic effective coefficient
酸效应曲线	acidic effective curve
酸度常数	acidity constant
酸碱滴定	acid-base titration
活度	activity
活度系数	activity coefficient
吸附	adsorption
吸附指示剂	adsorption indicator
亲和力	affinity
陈化	aging
无定形沉淀	amorphous precipitate
两性物质	amphiprotic substance
两性溶剂	amphiprotic solvent
放大反应	amplification reaction
分析天平	analytical balance
分析浓度	analytical concentration
分析试剂	analytical reagent (A. R.)
表观形成常数	apparent formation constant
水相	aqueous phase
银量法	argentimetry
灰化	ashing
原子光谱	atomic spectrum
质子自递常数	autoprotolysis constant
助色团	auxochromic group
平均偏差	average deviation
反萃取	back extraction
带状光谱	band spectrum
带宽	bandwidth
红移	bathochromic shift
空白	blank
指示剂的封闭	blocking of indicator
溴量法	bromometry
缓冲容量	buffer capacity
缓冲溶液	buffer solution
滴定管	buret
钙指示剂	calconcarboxylic acid
校准曲线	calibrated curve
校准	calibration
催化反应	catalyzed reaction
铈量法	cerimetry
电荷平衡	charge balance
螯合物	chelate
螯合物萃取	chelate extraction
化学分析	chemical analysis
化学因素	chemical factor
化学纯	chemically pure
色谱法	chromatography
发色团	chromophoric group
变异系数	coefficient of variation
显色剂	color reagent
颜色转变点	color transition point
比色计	colorimeter
比色法	colorimetry
柱色谱	column chromatography
互补色	complementary color
配合物	complex
配位反应	complexation
配位滴定法	complexometry、complexometric titration
氨羧配位剂	complexone
浓度常数	concentration constant
条件萃取常数	conditional extraction constant

续表

条件形成常数	conditional formation coefficient	分配比	distribution ratio
条件电位	conditional potential	双光束分光光度计	double beam spectrophotometer
条件溶度积	conditional solubility product	双盘天平	dual-pan balance
置信区间	confidence interval	双波长分光光度法	dual-wavelength spectrophotometry
置信水平	confidence level	电子天平	electronic balance
共轭酸碱对	conjugate acid-base pair	电泳	electrophoresis
		淋洗剂	eluent
恒量	constant weight	终点	end point
沾污	contamination	终点误差	end point error
连续萃取	continuous extraction	富集	enrichment
连续光谱	continuous spectrum	曙红	eosin
共沉淀	coprecipitation	平衡浓度	equilibrium concentration
校正	correction	等摩尔系列法	equimolar series method
相关系数	correlation coefficient	锥形瓶	Erlenmeyer flask、conical flask
坩埚	crucible		
晶形沉淀	crystalline precipitate	铬黑 T	eriochrome black T (EBT)
累积常数	cumulative constant	误差	error
凝乳状沉淀	curdy precipitate	乙二胺四乙酸	ethylenediamine tetraacetic acid (EDTA)
自由度	degree of freedom		
解蔽	demasking	蒸发皿	evaporation dish
导数光谱	derivative spectrum	交换容量	exchange capacity
干燥剂	desiccant、drying agent	交联度	extent of crosslinking
干燥器	desiccator	萃取	extraction
可测误差	determinate error	萃取常数	extraction constant
氘灯	deuterium lamp	萃取率	extraction rate
偏差	deviation	萃取光度法	extraction spectrophotometric method
二元酸	dibasic acid		
二氯荧光黄	dichloro fluorescein	法杨斯法	Fajans method
重铬酸钾法	dichromate titration	邻二氮菲亚铁离子	ferroin
介电常数	dielectric constant		
示差光度法	differential spectrophotometry	滤光片	filter
		漏斗	funnel
区分效应	differentiating effect	滤纸	filter paper
色散	dispersion	过滤	filtration
解离常数	dissociation constant	荧光黄	fluorescent yellow
蒸馏	distillation	熔剂	flux
分配系数	distribution coefficient	形成常数	formation constant
分布图	distribution diagram	频率	frequency

续表

频率密度	frequency density	线性回归	linear regression
频率分布	frequency distribution	液相色谱	liquid chromatography (LC)
熔融	fusion	常量分析	macroanalysis
气相色谱	gas chromatography (GC)	掩蔽	masking
光栅	grating	掩蔽指数	masking index
重量因素	gravimetric factor	物料平衡	mass balance
重量分析	gravimetry	最大吸收	maximum absorption
保证试剂	guarantee reagent (G. R.)	平均值	mean、average
高效液相色谱	high performance liquid chromatography (HPLC)	测量值	measured value
		量筒	measuring cylinder
直方图	histogram	吸量管	measuring pipet
均相沉淀	homogeneous precipitation	中位数	median
氢灯	hydrogen lamp	汞量法	mercurimetry
紫移	hypochromic shift	汞灯	mercury lamp
灼烧	ignition	[筛]目	mesh
指示剂	indicator	金属指示剂	metallochromic indicator
诱导反应	induced reaction	甲基橙	methyl orange (MO)
惰性溶剂	inert solvent	甲基红	methyl red (MR)
不稳定常数	instability constant	微量分析	microanalysis
仪器分析	instrumental analysis	混合常数	mixed constant
固有酸度	intrinsic acidity	混晶	mixed crystal
固有碱度	intrinsic basicity	混合指示剂	mixed indicator
固有溶解度	intrinsic solubility	流动相	mobile phase
碘量法	iodimetry	莫尔法	Mohr method
碘钨灯	iodine-tungsten lamp	摩尔吸光系数	molar absorptivity
滴定碘量法	iodometry	摩尔比法	mole ratio method
离子缔合物	ion association	分子光谱	molecular spectrum
离子色谱	ion chromatography (IC)	一元酸	monoacid
离子交换	ion exchange	单色光	monochromatic light
离子交换树脂	ion exchange resin	单色器	monochromator
离子强度	ionic strength	中性溶剂	neutral solvent
等吸收点	isoabsorptive point	中和	neutralization
卡尔·费歇尔法	Karl Fischer titration	非水滴定	non-aqueous titration
		正态分布	normal distribution
凯氏定氮法	Kjeldahl determination	包藏	occlusion
朗伯-比尔定律	Lambert-Beer's law	有机相	organic phase
拉平效应	leveling effect	指示剂的僵化	ossification of indicator
配位体	ligand	离群值	outlier
光源	light source	烘箱	oven
线状光谱	line spectrum	纸色谱	paper chromatography(PC)

续表

平行测定	parallel determination	氧化还原滴定	redox titration
光程	path length	仲裁分析	referee analysis
高锰酸钾法	permanganate titration	参考水平	reference level
相比	phase ratio	标准物质	reference material (RM)
酚酞	phenolphthalein (PP)	参比溶液	reference solution
光电池	photocell	相对误差	relative error
光电比色计	photoelectric colorimeter	分辨率	resolution
光度滴定法	photometric titration	游码	rider
光电倍增管	photomultiplier	常规分析	routine analysis
光电管	phototube	样本、样品	sample
移液管	pipette	取样	sampling
极性溶剂	polar solvent	自身指示剂	self indicator
多元酸	polyprotic acid	半微量分析	semimicro analysis
总体	population	分离	separation
后沉淀	postprecipitation	分离因数	separation factor
沉淀剂	precipitant	副反应系数	side reaction coefficient
沉淀形式	precipitation form	显著性检验	significance test
沉淀滴定法	precipitation titration	有效数字	significant figure
精密度	precision	多组分同时测定	simultaneous determination of multicomponents
预富集	preconcentration		
优势区域图	predominance-area diagram	单光束分光光度计	single beam spectrophotometer
基准物质	primary standard		
棱镜	prism	单盘天平	single-pan balance
概率	probability	狭缝	slit
质子	proton	二苯胺磺酸钠	sodium diphenylamine sulfonate
质子条件	proton condition		
质子化	protonation	溶度积	solubility product
质子化常数	protonation constant	溶剂萃取	solvent extraction
纯度	purity	类型(物种)	species
定性分析	qualitative analysis	比消光系数	specific extinction coefficient
定量分析	quantitative analysis	光谱分析	spectral analysis
四分法	quartering	分光光度计	spectrophotometer
随机误差	random error	分光光度法	spectrophotometry
全距(极差)	range	稳定常数	stability constant
试剂空白	reagent blank	标准曲线	standard curve
试剂瓶	reagent bottle	标准偏差	standard deviation
自动记录式分光光度计	recording spectrophotometer	标准电位	standard potential
		标准系列法	standard series method
回收率	recovery	标准溶液	standard solution
氧化还原指示剂	redox indicator	标定	standardization

续表

淀粉	starch	变色间隔	transition interval
固定相	stationary phase	透射比、透光率	transmittance
蒸汽浴	steam bath		
逐级稳定常数	stepwise stability constant	三元酸	triacid
化学计量点	stoichiometric point	真值	true value
结构分析	structure analysis	钨灯	tungsten lamp
过饱和	supersaturation	超痕量分析	ultratrace analysis
系统误差	systematic error	紫外-可见分光光度法	UV-Vis spectrophotometry
试液	test solution		
热力学常数	thermodynamic constant	挥发	volatilization
薄层色谱	thin layer chromatography (TLC)	佛尔哈德法	Volhard method
		容量瓶	volumetric flask
被滴物	titrand	容量分析	volumetry
滴定剂	titrant	洗瓶	wash bottle
滴定	titration	洗液	washings
滴定常数	titration constant	水浴	water bath
滴定曲线	titration curve	称量瓶	weighing bottle
滴定误差	titration error	称量形式	weighing form
滴定指数	titration index	砝码	weights
滴定突跃	titration jump	工作曲线	working curve
滴定分析	titrimetry	二甲酚橙	xylenol orange (XO)
痕量分析	trace analysis	零水平	zero level

附录C　相对原子质量

元素	符号	相对原子质量	元素	符号	相对原子质量	元素	符号	相对原子质量
锕	Ac	[227]	锗	Ge	72.641	镨	Pr	140.91
银	Ag	107.87	氢	H	1.0079	铂	Pt	195.08
铝	Al	26.982	氦	He	4.0026	钚	Pu	[244]
镅	Am	[243]	铪	Hf	178.49	镭	Ra	226.03
氩	Ar	39.948	汞	Hg	200.59	铷	Rb	85.468
砷	As	74.922	钬	Ho	164.93	铼	Re	186.21
砹	At	[210]	碘	I	126.90	铑	Rh	102.91
金	Au	196.97	铟	In	114.82	氡	Rn	[222]
硼	B	10.811	铱	Ir	192.22	钌	Ru	101.07
钡	Ba	137.33	钾	K	39.098	硫	S	32.066
铍	Be	9.0122	氪	Kr	83.80	锑	Sb	121.76
铋	Bi	208.98	镧	La	138.91	钪	Sc	44.956
锫	Bk	[247]	锂	Li	6.9412	硒	Se	78.963
溴	Br	79.904	铹	Lr	[260]	硅	Si	28.086
碳	C	12.011	镥	Lu	174.97	钐	Sm	150.36
钙	Ca	40.078	钔	Md	[258]	锡	Sn	118.71
镉	Cd	112.41	镁	Mg	24.305	锶	Sr	87.621
铈	Ce	140.12	锰	Mn	54.938	钽	Ta	180.95
锎	Cf	[251]	钼	Mo	95.941	铽	Tb	158.93
氯	Cl	35.453	氮	N	14.007	锝	Tc	[98]
锔	Cm	[247]	钠	Na	22.990	碲	Te	127.60
钴	Co	58.933	铌	Nb	92.906	钍	Th	232.04
铬	Cr	51.996	钕	Nd	144.24	钛	Ti	47.867
铯	Cs	132.91	氖	Ne	20.180	铊	Tl	204.38
铜	Cu	63.546	镍	Ni	58.693	铥	Tm	168.93
镝	Dy	162.50	锘	No	[259]	铀	U	238.03
铒	Er	167.26	镎	Np	237.05	钒	V	50.942
锿	Es	[252]	氧	O	15.999	钨	W	183.84
铕	Eu	151.96	锇	Os	190.23	氙	Xe	131.29
氟	F	18.998	磷	P	30.974	钇	Y	88.906
铁	Fe	55.845	镤	Pa	231.04	镱	Yb	173.04
镄	Fm	[257]	铅	Pb	207.21	锌	Zn	65.409
钫	Fr	[223]	钯	Pd	106.42	锆	Zr	91.224
镓	Ga	69.723	钷	Pm	[145]			
钆	Gd	157.25	钋	Po	[209]			

附录D 常用化合物相对分子质量

化合物	相对分子质量	化合物	相对分子质量	化合物	相对分子质量
$AgBr$	187.77	$CoSO_4 \cdot 7H_2O$	281.10	$Hg(NO_3)_2$	324.60
$AgCN$	133.89	$CrCl_3$	158.36	$Hg_2(NO_3)_2$	525.19
$AgCl$	143.32	$CrCl_3 \cdot 6H_2O$	266.45	$Hg_2(NO_3)_2 \cdot 2H_2O$	561.22
Ag_2CrO_4	331.73	$Cr(NO_3)_3$	238.01	HgO	216.59
AgI	234.77	Cr_2O_3	151.99	$HgSO_4$	296.65
$AgNO_3$	169.87	$CuCl_2$	134.45	Hg_2SO_4	497.24
$AgSCN$	165.95	$CuCl_2 \cdot 2H_2O$	170.48	KBr	119.00
Al_2O_3	101.96	CuI	190.45	$KBrO_3$	167.00
$Al(OH)_3$	78.00	$Cu(NO_3)_2$	187.56	KCl	74.55
$AlCl_3$	133.34	CuO	79.55	$KClO_3$	122.55
$AlCl_3 \cdot 6H_2O$	241.43	Cu_2O	143.09	$KClO_4$	138.55
$Al_2(SO_4)_3$	342.14	$CuSCN$	121.63	KCN	65.12
$Al_2(SO_4)_3 \cdot 18H_2O$	666.41	$CuSO_4$	159.61	K_2CO_3	138.21
As_2O_3	197.84	$CuSO_4 \cdot 5H_2O$	249.68	K_2CrO_4	194.19
As_2O_5	229.84	$FeCl_3$	162.20	$K_2Cr_2O_7$	294.18
$BaCO_3$	197.34	$FeCl_3 \cdot 6H_2O$	270.29	$K_3Fe(CN)_6$	329.25
$BaCl_2$	208.24	FeO	71.85	$K_4Fe(CN)_6$	368.35
$BaCl_2 \cdot 2H_2O$	244.27	Fe_2O_3	159.69	$KHSO_4$	136.17
$BaCrO_4$	253.32	Fe_3O_4	231.53	KI	166.00
BaO	153.33	$FeSO_4 \cdot H_2O$	169.92	KIO_3	214.00
$Ba(OH)_2$	171.34	$FeSO_4 \cdot 7H_2O$	278.01	$KMnO_4$	158.03
$BaSO_4$	233.39	$Fe_2(SO_4)_3$	399.88	KNO_2	85.10
$BiCl_3$	315.34	H_3AsO_3	125.94	KNO_3	101.10
$CaCO_3$	100.09	H_3AsO_4	141.94	K_2O	94.20
$CaCl_2$	110.98	H_3BO_3	61.83	KOH	56.11
$CaCl_2 \cdot 6H_2O$	219.08	HBr	80.91	$KSCN$	97.18
CaF_2	78.07	HCl	36.46	K_2SO_4	174.26
$Ca(NO_3)_2$	164.09	HCN	27.03	$MgCO_3$	84.31
CaO	56.08	HF	20.01	$MgCl_2$	95.21
$Ca(OH)_2$	74.10	HI	127.91	$MgCl_2 \cdot 6H_2O$	203.30
$CaSO_4$	136.14	HIO_3	175.91	$Mg(NO_3)_2 \cdot 6H_2O$	256.41
$Ca_3(PO_4)_2$	310.17	HNO_3	63.01	$MgNH_4PO_4$	137.31

续表

化合物	相对分子质量	化合物	相对分子质量	化合物	相对分子质量
$Ce(SO_4)_2$	332.24	H_2O	18.02	MgO	40.30
$Ce(SO_4)_2 \cdot 4H_2O$	404.30	H_2O_2	34.01	$Mg(OH)_2$	58.32
CO_2	44.01	H_3PO_4	98.00	$Mg_2P_2O_7$	222.55
$CoCl_2$	129.84	H_2S	34.08	$MgSO_4$	120.37
$CoCl_2 \cdot 6H_2O$	237.93	H_2SO_4	98.08	$Na_2B_4O_7$	201.22
$Co(NO_3)_2$	182.94	$HgCl_2$	271.50	$Na_2B_4O_7 \cdot 10H_2O$	381.37
$CoSO_4$	154.99	Hg_2Cl_2	472.09	$NaBiO_3$	279.97
$NaBr$	102.89	$NiCl_2 \cdot 6H_2O$	237.69	ZnO	81.38
$NaCN$	49.01	$Ni(NO_3)_2 \cdot 6H_2O$	290.79	ZnS	97.44
Na_2CO_3	105.99	$NiSO_4 \cdot 7H_2O$	280.86	$ZnSO_4$	161.47
$Na_2CO_3 \cdot 10H_2O$	286.14	P_2O_5	141.95	$ZnSO_4 \cdot 7H_2O$	287.57
$NaCl$	58.44	$PbCO_3$	267.22	BaC_2O_4	225.35
NaF	41.99	$PbCl_2$	278.12	CaC_2O_4	128.10
$NaHCO_3$	84.01	$PbCrO_4$	323.20	$CaC_2O_4 \cdot H_2O$	146.11
NaH_2PO_4	119.98	PbI_2	461.01	CH_3COOH	60.05
Na_2HPO_4	141.96	$Pb(NO_3)_2$	331.22	CH_3OH	32.04
NaI	149.89	PbO	223.20	CH_3COCH_3	58.07
$NaNO_2$	69.00	PbO_2	239.21	C_6H_5COOH	122.12
$NaNO_3$	85.00	$PbSO_4$	303.26	C_6H_5COONa	144.10
Na_2O	61.98	SO_2	64.06	CH_3COONa	82.02
$NaOH$	40.00	SO_3	80.06	$CH_3COONa \cdot 3H_2O$	136.08
Na_3PO_4	163.94	$SbCl_3$	228.11	CH_3COONH_4	77.08
Na_2SO_3	126.04	$SbCl_5$	299.02	C_6H_5OH	94.11
Na_2SO_4	142.04	Sb_2O_3	291.52	CCl_4	153.82
$Na_2SO_4 \cdot 10H_2O$	322.19	SiF_4	104.08	$H_2C_2O_4$	90.03
$Na_2S_2O_3$	158.11	SiO_2	60.08	$H_2C_2O_4 \cdot 2H_2O$	126.06
$Na_2S_2O_3 \cdot 5H_2O$	248.18	$SnCl_2$	189.60	$HCOOH$	46.02
NH_3	17.03	$SnCl_4$	260.52	$KHC_2O_4 \cdot H_2O$	146.14
NH_4Cl	53.49	SnO_2	150.71	MgC_2O_4	112.32
NH_4HCO_3	79.05	TiO_2	79.87	$Na_2C_2O_4$	134.00
$(NH_4)_2HPO_4$	132.06	WO_3	231.84	邻苯二甲酸氢钾	204.22
$(NH_4)_2MoO_4$	196.01	$ZnCO_3$	125.39	酒石酸	150.09
NH_4SCN	76.12	$ZnCl_2$	136.32	酒石酸氢钾	188.18
$(NH_4)_2SO_4$	132.14	$Zn(NO_3)_2$	189.39	乙二胺四乙酸二钠	372.24

附录E 常用酸碱溶液的配制

试剂名称	浓度/(mol·L^{-1})	相对密度(20 ℃)	质量分数/(%)	配制方法
HCl	12	1.19	37.23	取浓盐酸
	6	1.10	20.0	取浓盐酸500 mL与500 mL水混合
	2	1.03	7.15	取浓盐酸167 mL,与833 mL水混合,稀释至1 L
HNO_3	16	1.42	69.80	取浓硝酸
	6	1.20	32.36	取浓硝酸380 mL,与620 mL水混合,稀释至1 L
	2			取浓硝酸126 mL,与874 mL水混合,稀释至1 L
H_2SO_4	18	1.84	95.6	取浓硫酸
	2	1.18	14.8	取浓硫酸111 mL,缓缓倾入889 mL水中
	1	1.05	9.3	取浓硫酸56 mL,缓缓倾入944 mL水中
HAc	17	1.05	99.5	取冰乙酸
	6	1.04	35.0	取冰乙酸350 mL,与650 mL水混合
	2	1.01	10	取冰乙酸120 mL,与880 mL水混合
$NH_3·H_2O$	15	0.90	25～27	取浓氨水
	6	0.96	10	取浓氨水400 mL,与600 mL水混合
	2			取浓氨水134 mL,与866 mL水混合
NaOH	6	1.22	19.7	取NaOH 240 g,溶于水中,稀释至1 L
	2			取NaOH 80 g,溶于水中,稀释至1 L

注:盛装各种试剂的试剂瓶应贴上标签。标签上用碳素墨汁写明试剂名称、浓度及配制日期。标签上面涂一薄层石蜡保护。

附录F　常用指示剂

一、酸碱指示剂

名　称	变色 pH 值范围	颜色变化	pK_{HIn}	浓　　度
百里酚蓝	1.2～2.8	红～黄	1.62	0.1%的 20%乙醇溶液
甲基黄	3.0～4.0	红～黄	3.25	0.1%的 90%乙醇溶液
甲基橙	3.1～4.4	红～黄	3.45	0.1%的水溶液
溴酚蓝	3.0～4.6	黄～紫	4.1	0.1%的 20%乙醇溶液或其钠盐水溶液
溴甲酚绿	3.8～5.4	黄～蓝	4.9	0.1%的 20%乙醇溶液或其钠盐水溶液
甲基红	4.4～6.2	红～黄	5.0	0.1%的 60%乙醇溶液或其钠盐水溶液
溴百里酚蓝	6.0～7.6	黄～蓝	7.3	0.1%的 20%乙醇溶液或其钠盐水溶液
中性红	6.8～8.0	红～黄橙	7.4	0.1%的 60%乙醇溶液
苯酚红	6.8～8.4	黄～红	8.0	0.1%的 60%乙醇溶液或其钠盐水溶液
酚酞	8.2～10.0	无～红	9.1	0.2%的 90%乙醇溶液
百里酚酞	8.0～9.6	黄～蓝	8.9	0.1%的 20%乙醇溶液
百里酚酞	9.4～10.6	无～蓝	10.0	0.1%的 90%乙醇溶液

二、混合指示剂

指示剂溶液的组成	变色时 pH 值	颜色		备　　注
		酸色	碱色	
一份 0.1%甲基黄乙醇溶液 一份 0.1%次甲基蓝乙醇溶液	3.25	蓝紫	绿	pH=3.2　蓝紫色 pH=3.4　绿色
一份 0.1%甲基橙水溶液 一份 0.25%靛蓝(二磺酸)水溶液	4.1	紫	黄绿	
一份 0.1%溴百里酚绿钠盐水溶液 一份 0.2%甲基橙水溶液	4.3	黄	蓝绿	pH=3.5　黄色 pH=4.05　黄绿色 pH=4.3　蓝绿色
三份 0.1%溴甲酚绿乙醇溶液 一份 0.2%甲基红乙醇溶液	5.1	酒红	绿	
一份 0.1%溴甲酚绿钠盐水溶液 一份 0.1%氯酚红钠盐水溶液	6.1	黄绿	蓝紫	pH=5.4　蓝绿色 pH=5.8　蓝色 pH=6.2　蓝紫色
一份 0.1%中性红乙醇溶液 一份 0.1%次甲基蓝乙醇溶液	7.0	蓝紫	绿	pH=7.0　蓝紫色

续表

指示剂溶液的组成	变色时pH值	颜色		备注
		酸色	碱色	
一份 0.1%甲酚红钠盐水溶液 三份 0.1%百里酚蓝钠盐水溶液	8.3	黄	紫	pH=8.2 玫瑰红 pH=8.4 清晰的紫色
一份 0.1%百里酚蓝的 50%乙醇溶液 三份 0.1%酚酞的 50%乙醇溶液	9.0	黄	紫	从黄到绿，再到紫
一份 0.1%酚酞乙醇溶液 一份 0.1%百里酚酞乙醇溶液	9.9	无	紫	pH=9.6 玫瑰红 pH=10 紫色
二份 0.1%百里酚酞乙醇溶液 一份 0.1%茜素黄 R 乙醇溶液	10.2	黄	紫	

三、氧化还原指示剂

名称	$E^{\ominus}$/V	颜色		配制方法
		氧化态	还原态	
二苯胺	0.76	紫	无	将 1 g 二苯胺在搅拌下溶于 100 mL 浓硫酸和 100 mL 浓磷酸，储于棕色瓶中
二苯胺磺酸钠(0.5%)	0.85	紫	无	将 0.5 g 二苯胺磺酸钠溶于 100 mL 水中，必要时过滤
邻二氮菲-Fe(Ⅱ)(0.5%)	1.06	淡蓝	红	将 0.5 g $FeSO_4 \cdot 7H_2O$ 溶于 100 mL 水中，加 2 滴 H_2SO_4 溶液、0.5 g 邻二氮菲
N-邻苯氨基苯甲酸(0.2%)	1.08	紫红	无	将 0.2 g 邻苯氨基苯甲酸加热溶解在 100 mL 0.2% Na_2CO_3 溶液中，必要时过滤
淀粉(1%)				将 1 g 可溶性淀粉，加少许水调成糨糊状，在搅拌下注入 100 mL 沸水中，微沸 2 min，静置，取上层溶液使用(若要保持稳定，可在研磨淀粉时加入 1 mg HgI_2)

四、沉淀及金属指示剂

名称	颜色		配制方法
	游离态	化合物	
铬酸钾	黄	砖红	5%水溶液
铁铵矾(40%)	无	血红	$NH_4Fe(SO_4)_2 \cdot 12H_2O$ 饱和水溶液，加数滴浓硝酸
荧光黄(0.5%)	绿色荧光	玫瑰红	将 0.5 g 荧光黄溶于乙醇，并用乙醇稀释至 100 mL

续表

名　　称	颜　　色		配制方法
	游离态	化合物	
铬黑 T(EBT)	蓝	酒红	(1)将 0.2 g EBT 溶于 15 mL 三乙醇胺及 5 mL 甲醇中 (2)将 1 g EBT 与 100 g NaCl 研细、混匀
钙指示剂	蓝	红	将 0.5 g 钙紫红素与 100 g NaCl 研细、混匀
二甲酚橙(XO,0.1%)	黄	红	将 0.1 g 二甲酚橙溶于 100 mL 去离子水中
K-B 指示剂	蓝	红	将 0.5 g 酸性铬蓝 K 与 1.25 g 萘酚绿 B,以及 25 g K_2SO_4 研细、混匀
磺基水杨酸	无	红	10%水溶液
吡啶偶氮萘酚(PAN 指示剂,0.2%)	黄	红	将 0.2 g PAN 溶于 100 mL 乙醇中
邻苯二酚紫(0.1%)	紫	蓝	将 0.1 g 邻苯二酚紫溶于 100 mL 去离子水中
钙镁试剂(Calmagite,0.1%)	红	蓝	将 0.1 g 钙镁试剂溶于 100 mL 去离子水中

附录 G　常用缓冲溶液的配制

缓冲溶液组成	pK_a	缓冲溶液 pH 值	配制方法
一氯乙酸-NaOH	2.86	2.8	将 200 g 一氯乙酸溶于 200 mL 水中,加 NaOH 40 g,溶解后稀释至 1 L
甲酸-NaOH	3.76	3.7	将 95 g 甲酸和 40 g NaOH 溶解于 500 mL 水中,稀释至 1 L
NH_4Ac-HAc		4.5	将 77 g NH_4Ac 溶于 200 mL 水中,加冰乙酸 60 mL,稀释至 1 L
NaAc-HAc	4.74	5.0	将 160 g 无水 NaAc 溶于 500 mL 水中,加冰乙酸 60 mL,稀释至 1 L
$(CH_2)_6N_4$-HCl	5.15	5.4	将 40 g 六亚甲基四胺溶于 200 mL 水中,加浓盐酸 10 mL,稀释至 1 L
NH_4Ac-HAc		6.0	将无水 NH_4Ac 600 g 溶于 500 mL 水中,加冰乙酸 20 mL,稀释至 1 L
NH_4Cl-NH_3	9.26	8.0	将 100 g NH_4Cl 溶于水中,加浓氨水 48 mL,稀释至 1 L
NH_4Cl-NH_3	9.26	9.2	将 54 g NH_4Cl 溶于水中,加浓氨水 63 mL,稀释至 1 L
NH_4Cl-NH_3	9.26	10.0	将 54 g NH_4Cl 溶于水中,加浓氨水 350 mL,稀释至 1 L

附录 H　常用基准物质的干燥条件和应用

基准物质		干燥后的组成	干燥条件	标定对象
名称	分子式			
碳酸氢钠	$NaHCO_3$	Na_2CO_3	270～300 ℃	酸
十水合碳酸钠	$Na_2CO_3 \cdot 10H_2O$	Na_2CO_3	270～300 ℃	酸
硼砂	$Na_2B_4O_7 \cdot 10H_2O$	$Na_2B_4O_7 \cdot 10H_2O$	放在含 NaCl 和蔗糖饱和溶液的干燥器中	酸
碳酸氢钾	$KHCO_3$	K_2CO_3	270～300 ℃	酸
二水合草酸	$H_2C_2O_4 \cdot 2H_2O$	$H_2C_2O_4 \cdot 2H_2O$	室温空气干燥	碱或 $KMnO_4$
邻苯二甲酸氢钾	$KHC_8H_4O_4$	$KHC_8H_4O_4$	110～120 ℃	碱
重铬酸钾	$K_2Cr_2O_7$	$K_2Cr_2O_7$	140～150 ℃	还原剂
溴酸钾	$KBrO_3$	$KBrO_3$	130 ℃	还原剂
碘酸钾	KIO_3	KIO_3	130 ℃	还原剂
铜	Cu	Cu	室温干燥器中保存	还原剂
三氧化二砷	As_2O_3	As_2O_3	同上	氧化剂
草酸钠	$Na_2C_2O_4$	$Na_2C_2O_4$	130 ℃	氧化剂
碳酸钙	$CaCO_3$	$CaCO_3$	110 ℃	EDTA
硝酸铅	$Pb(NO_3)_2$	$Pb(NO_3)_2$	室温干燥器中保存	EDTA
氧化锌	ZnO	ZnO	900～1000 ℃	EDTA
锌	Zn	Zn	室温干燥器中保存	EDTA
氯化钠	NaCl	NaCl	500～600 ℃	$AgNO_3$
氯化钾	KCl	KCl	500～600 ℃	$AgNO_3$
硝酸银	$AgNO_3$	$AgNO_3$	280～290 ℃	氯化物

附录 I　常用洗涤剂的配制

名　称	配制方法	备　注
合成洗涤剂	将合成洗涤剂粉用热水搅拌配成浓溶液	用于一般的洗涤
皂角水	将皂角捣碎,用水熬成溶液	用于一般的洗涤
铬酸洗液	取 $K_2Cr_2O_7$(L. R.)20 g 于 500 mL 烧杯中,加水 40 mL,加热溶解,冷后,缓缓加入 360 mL 浓 H_2SO_4 溶液即可(注意边加边搅拌),储于磨口细口瓶中	用于洗涤油污及有机物,使用时防止被水稀释。用后倒回原瓶,可反复使用,直至溶液变为绿色*
$KMnO_4$ 碱性洗液	取 $KMnO_4$(L. R.)4 g,溶于少量水中,缓缓加入 100 mL 10% NaOH 溶液	用于洗涤油污及有机物,洗后玻璃壁上附着的 MnO_2 沉淀,可用粗亚铁盐或 Na_2SO_3 溶液洗去
碱性乙醇溶液	30%～40%NaOH 乙醇溶液	用于洗涤油污
乙醇-浓硝酸洗液		用于洗涤沾有有机物或油污的结构较复杂的仪器。洗涤时先加入少量乙醇于待洗涤仪器中,再加入少量浓硝酸,即产生大量棕色 NO_2,使有机物被氧化而破坏

注意:已还原为绿色的铬酸洗液,可加入固体 $KMnO_4$ 使其再生,这样,实际消耗的是 $KMnO_4$,可减少铬对环境的污染。

附录 J　常用酸碱试剂的密度、质量分数和近似浓度

试　剂	相对密度	物质的量浓度/($mol \cdot L^{-1}$)	质量分数/(%)
冰乙酸	1.05	17.4	99.7
盐酸	1.19	11.9	36.5
氢氟酸	1.14	27.4	48.0
氢溴酸	1.49	8.6	47.0
硝酸	1.42	15.8	70.0
高氯酸	1.67	11.6	70.0
磷酸	1.69	14.6	85.0
硫酸	1.84	17.8	95.0
氨水	0.90	14.8	28.0
苯胺	1.022	11.0	
三乙醇胺	1.124	7.5	
浓氢氧化钠	1.44	14.4	40.0
饱和氢氧化钠	1.539	20.07	

附录 K　溶解无机样品的一些典型方法

物料类型		典型的溶剂
	活性金属	HCl、H_2SO_4、HNO_3
	惰性金属	HNO_3、王水、HF
	氧化物	HCl、熔融 Na_2CO_3、熔融 Na_2O_2
	黑色金属	HCl、稀 H_2SO_4、$HClO_4$
	铁合金	HNO_3、HNO_3+HF、熔融 Na_2O_2
非铁合金	铝或锌合金	HCl、H_2SO_4、HNO_3
	镁合金	H_2SO_4
	铜合金	HNO_3
	锡合金	HCl、H_2SO_4、H_2SO_4+HCl
	铅合金	王水、HNO_3、HNO_3+$C_4H_6O_6$(酒石酸)
	镍或镍-铬合金	王水、$HClO_4$、H_2SO_4
Zr、Hf、Ta、Nb、Ti 的金属氧化物、硼化物、碳化物、氮化物		HNO_3+HF
硫化物	酸溶	HCl、H_2SO_4、$HClO_4$
	酸不溶	HNO_3、HNO_3+Br_2、熔融 Na_2O_2
	As、Sb、Sn 等	熔融 Na_2CO_3+S
磷酸盐		HCl、H_2SO_4、$HClO_4$
硅酸盐	二氧化硅含量较少	HCl、H_2SO_4、$HClO_4$
	硅不测定	HF+H_2SO_4(或 $HClO_4$)、熔融 KHF_2
	一般	熔融 Na_2CO_3、熔融 Na_2CO_3+KNO_3

附录L　定量化学分析仪器清单

仪器名称	规格	数量/个	仪器名称	规格	数量/个
烧杯	400 mL	2	容量瓶	250 mL	2
	250 mL	2		100 mL	2
	100 mL	2	玻璃漏斗	d=7 cm	2
量筒	100 mL	1	洗瓶	塑料	1
	25 mL	1	碘瓶	50 mL	1
	10 mL	1	表面皿		2
滴定管	50 mL,酸式	1	石棉网		1
	50 mL,碱式	1	煤气灯		1
移液管	25 mL	1	牛角勺		1
	10 mL	1	洗耳球		1
	2 mL	1	漏斗	长颈	2
吸量管	1 mL	1	泥三角		1
	2 mL	1	坩埚钳		1
	5 mL	1	瓷坩埚		2
	10 mL	1	滴管		1
锥形瓶	250 mL	3	玻棒		2
称量瓶	40 mm×25 mm	2	试管架		1
试剂瓶	500 mL	2	移液管架		1
干燥器	ϕ12 cm	1	水浴锅		1

附录M 滴定分析实验操作(NaOH溶液浓度的标定)考查表

__________专业__________年级,学号__________姓名__________

对象	项　　目	分数	评分
天平	(1)取下、放好天平罩,检查水平,清扫天平	1	
	(2)检查和调节空盘零点	1	
	(3)称量(称量瓶+邻苯二甲酸氢钾)		
	①重物置于盘中央	1	
	②加减砝码顺序	3	
	③天平开关控制(取放砝码试样——关,试重——半开,读数——全开,轻开轻关)	3	
	④关天平门读数、记录	1	
	(4)差减法倒出邻苯二甲酸氢钾		
	①手不直接接触称量瓶	1	
	②敲瓶动作(距离适中,轻敲上部,逐渐竖直,轻敲瓶口)	2	
	③未倒至杯外	1	
	④称一份试样,倒样不多于3次,多1次扣1分	3	
	⑤称量范围1.6～2.4 g,超出±0.1 g扣1分	3	
	⑥称量时间(调好零点到记录第二次读数)在12 min内,超过1 min扣1分	3	
	(5)结束工作(砝码复位,清洁,关天平门,罩好天平罩)	2	
	小计	25	
容量瓶	(1)清洁(内壁不挂水珠)	1	
	(2)溶解邻苯二甲酸氢钾(全溶;若加热溶解,溶解后应冷至室温)	1	
	(3)定量转入100 mL容量瓶(转移溶液操作,冲洗烧杯、玻棒5次,不溅失)	4	
	(4)稀释至标线(最后用滴管加水)	2	
	(5)摇匀	2	
	小计	10	
移液管	(1)清洁(内壁和下部外壁不挂水珠,吸干尖端内外水分)	2	
	(2)25 mL移液管用待吸液润洗3次(每次适量)	2	
	(3)吸液(手法规范,吸空不给分)	2	
	(4)调节液面至标线(管竖直,容量瓶倾斜,管尖靠容量瓶内壁,调节自如;只能一到两次完成,每超过1次扣1分)	2	
	(5)放液(管竖直,锥形瓶倾斜,管尖靠锥形瓶内壁,最后停留15 s)	2	
	小计	10	

续表

<table>
<tr><th>对象</th><th colspan="4">项　　目</th><th>分数</th><th>评分</th></tr>
<tr><td rowspan="10">滴定</td><td colspan="4">(1)清洁</td><td>1</td><td rowspan="10"></td></tr>
<tr><td colspan="4">(2)用操作液润洗 3 次</td><td>2</td></tr>
<tr><td colspan="4">(3)装液,调初读数,无气泡,不漏水</td><td>3</td></tr>
<tr><td colspan="4">(4)滴定(确保平行滴定 3 次)</td><td></td></tr>
<tr><td colspan="4">①滴定管(手法规范;连续滴加,加 1 滴,加半滴;不漏水)</td><td>4</td></tr>
<tr><td colspan="4">②锥形瓶(位置适中,手法规范,溶液做圆周运动)</td><td>3</td></tr>
<tr><td colspan="4">③终点判断(近终点加 1 滴,半滴,颜色适中)</td><td>4</td></tr>
<tr><td colspan="4">(5)读数(手不捏盛液部分,管竖直;眼与液面水平,读弯月面下缘实线最低点;读至 0.01 mL,及时记录)</td><td>3</td></tr>
<tr><td colspan="4">小计</td><td>20</td></tr>
<tr><td colspan="4"></td><td></td></tr>
<tr><td rowspan="6">结果</td><td colspan="4">$\bar{c}_{NaOH}$ =　　　　mol · L^{-1},相对平均偏差=　　　　%</td><td rowspan="6">25</td><td rowspan="6"></td></tr>
<tr><td>准确度</td><td>分数</td><td>相对平均偏差</td><td>分数</td></tr>
<tr><td>±0.2%内</td><td>15</td><td>≤0.2%</td><td>10</td></tr>
<tr><td>±0.5%内</td><td>12</td><td>0.2%~0.4%</td><td>8</td></tr>
<tr><td>±1%内</td><td>9</td><td>0.4%~0.6%</td><td>6</td></tr>
<tr><td>±1%以外</td><td>6</td><td>>0.6%</td><td>4</td></tr>
<tr><td rowspan="3">其他</td><td colspan="4">(1)数据记录,结果计算(列出计算式),报告格式</td><td>6</td><td rowspan="3"></td></tr>
<tr><td colspan="4">(2)清洁整齐</td><td>4</td></tr>
<tr><td colspan="4">小计</td><td>10</td></tr>
<tr><td colspan="5">总　　分</td><td>100</td><td></td></tr>
</table>

参考文献

[1] 武汉大学. 分析化学实验[M]. 4版. 北京:高等教育出版社,2000.

[2] Daniel C H. Quantitative Chemical Analysis[M]. fifth edition. New York:W. H. Freeman and Company. 1998.

[3] 北京大学化学系分析化学教学组. 基础分析化学实验[M]. 2版. 北京:北京大学出版社,1998.

[4] 佘振宝,姜桂兰. 分析化学实验[M]. 北京:化学工业出版社,2006.

[5] 夏玉宇. 化验员实验手册[M]. 2版. 北京:化学工业出版社,2005.

[6] 四川大学化工学院,浙江大学化学系. 分析化学实验[M]. 3版. 北京:高等教育出版社,2003.

[7] 龚凡,马玲俊. 分析化学实验[M]. 哈尔滨:哈尔滨工业大学出版社,2000.

[8] 胡伟光,张文英. 定量分析化学实验[M]. 北京:化学工业出版社,2004.

[9] 成都科技大学,浙江大学分析化学教研组. 分析化学实验[M]. 北京:人民教育出版社,1989.

[10] 山东大学. 基础化学实验——无机及分析化学部分[M]. 北京:化学工业出版社,2003.

[11] 天津大学. 分析化学实验[M]. 天津:天津大学出版社,1995.

[12] 武汉大学. 分析化学[M]. 北京:高等教育出版社,2000.

[13] 陈若暾,陈青萍,李振滨,等. 环境监测实验[M]. 上海:同济大学出版社,1993.

[14] 华中师范大学. 分析化学实验[M]. 3版. 北京:高等教育出版社,2001.

[15] 蔡明招. 分析化学实验[M]. 北京:化学工业出版社,2004.

[16] 赵清泉,姜言权. 分析化学实验[M]. 北京:高等教育出版社,1995.

[17] 柴华丽,马林,徐华华,等. 定量分析化学实验教程[M]. 上海:复旦大学出版社,1993.

[18] 王正烈,王元欣. 化学化工文献检索与利用[M]. 北京:化学工业出版社,2005.

[19] 吴水生. 分析化学文献及其检索[M]. 北京:高等教育出版社,1988.

[20] 李克安. 分析化学教程[M]. 北京:北京大学出版社,2005.

[21] 张水华. 食品分析[M]. 北京:中国轻工业出版社,2006.

[22] 许家琪,邹荫生. 化学化工情报检索[M]. 武汉:华中师范大学出版社,1986.

[23] 龚忠武. 科技文献检索与利用[M]. 上海:上海交通大学出版社,1986.

[24] 董若璟,杨大启. 科技文献检索[M]. 冶金工业出版社,1986.

[25] 邹荫生. 化学化工文献实用指南[M]. 武汉:华中工学院出版社,1985.

[26] 余向春. 化学文献及查阅方法[M]. 北京:科学出版社,1983.

[27] 张明哲. 有机化学文献及其查阅法[M]. 北京:高等教育出版社,1982.

[28] 托迪施民 C,等. 文献标引手册及实例[M]. 谭重安,等译. 北京:科学技术文献出版社,1981.

[29] 杨善济,程宗德. 化学情报实用指南[M]. 上海:上海科学技术文献出版社,1982.

[30] Maizell R E. How to Find Chemical Information[M]. New York:Wiley,1979.

[31] Bottle R T. 化学文献的使用[M]. 冯宗获等,译. 北京:化学工业出版社,1987.

[32] Baiulesu G E,Patroescu C,Chalmers R A. Education and Teaching in Analytical Chemistry[M]. Chichester:Ellis Horwood,1982.

[33] 兰开斯特 F W. 情报检索词汇规范化[M]. 杨劲夫等,译. 北京:科学技术文献出版社,1982.

[34] 余向春. 化学文献及查阅方法[M]. 2 版. 北京:科学出版社,1998.

[35] 余向春,许家琪,邹荫生. 化学化工信息检索与利用[M]. 2 版. 大连:大连理工大学出版社,1997.

[36] 王立成. 科技文献检索与利用[M]. 南京:东南大学出版社,1998.

[37] 娆仲尧. 化学化工文献检索[M]. 广州:华南理工大学出版社,1993.

[38] 倪光明. 化学文献检索与利用[M]. 合肥:安徽教育出版社,1992.

[39] 王少云,姜维林. 分析化学与药物分析实验[M]. 济南:山东大学出版社,2003.

[40] 陈焕光,李焕然,张大经,等. 分析化学实验[M]. 2 版. 广州:中山大学出版社,1998.

[41] 邓珍灵. 现代分析化学实验[M]. 长沙:中南大学出版社,2002.

[42] 周井炎. 基础化学实验[M]. 武汉:华中科技大学出版社,2004.

[43] 金谷,江万权,周俊英. 定量分析化学实验[M]. 合肥:中国科技大学出版社,2005.

[44] 刘淑萍,孙晓然,高筠,等. 分析化学实验教程[M]. 北京:冶金工业出版社,2004.

[45] 赵清泉. 分析化学实验[M]. 北京:高等教育出版社,2001.

[46] 刑文卫,李炜. 分析化学实验[M]. 2 版. 苏州:苏州大学出版社,2007.

[47] 龙琪,丁小婷,李晓婷,等. 食用纯碱成分测定的生活化设计[J]. 化学教

育,2016,37(15):51-55.

[48]　梁淑芳,马柏林,赵晓明,等. 双指示剂法测定食碱时滴定终点的确定[J]. 实验技术与管理,2000,17(5):121-123.

[49]　达古拉. 微量滴定法测定食用碱的组成. 见:第八届全国微型化学实验研讨会暨第六届全国中学微型化学实验研讨会论文集[C]. 万方数据库.